"十四五"国家重点出版物出版规划项目

城市安全出版工程·城市基础设施生命线安全工程丛书

名誉总主编　范维澄
总　主　编　袁宏永

城市供热安全工程

中国城镇供热协会
北京市热力工程设计有限责任公司　　组织编写

赵泽生　主　　编
牛小化　执行主编

URBAN HEATING SAFETY
ENGINEERING

中国建筑工业出版社

图书在版编目（CIP）数据

城市供热安全工程 = URBAN HEATING SAFETY
ENGINEERING / 中国城镇供热协会，北京市热力工程设计
有限责任公司组织编写；赵泽生主编；牛小化执行主编 .
北京：中国建筑工业出版社，2025.4. ——（城市基础设
施生命线安全工程丛书 / 范维澄，袁宏永主编）.
ISBN 978-7-112-30996-2

Ⅰ. TU995

中国国家版本馆 CIP 数据核字第 2025GW2842 号

责任编辑：张文胜　杜　洁
责任校对：姜小莲

城市安全出版工程 · 城市基础设施生命线安全工程丛书
名誉总主编　范维澄
总　主　编　袁宏永

城市供热安全工程
URBAN HEATING SAFETY ENGINEERING
中国城镇供热协会
北京市热力工程设计有限责任公司　　　　组织编写
赵泽生　主　　编
牛小化　执行主编
*
中国建筑工业出版社出版、发行（北京海淀三里河路9号）
各地新华书店、建筑书店经销
北京海视强森图文设计有限公司制版
建工社（河北）印刷有限公司印刷
*
开本：787毫米×1092毫米　1/16　印张：19¾　字数：419千字
2025 年 4 月第一版　2025 年 4 月第一次印刷
定价：88.00元
ISBN 978-7-112-30996-2
　　（44666）

丛书编委会

城市安全出版工程·城市基础设施生命线安全工程丛书
编 委 会

名誉总主编：范维澄

总 主 编：袁宏永

副总主编：付 明　陈建国　章林伟　刘锁祥　张荣兵　高文学　王 启　赵泽生　牛小化
　　　　　李 舒　王静峰　吴建松　刘胜春　丁德云　高昆仑　于 振

编　　　委：韩心星　汪正兴　侯龙飞　徐锦华　贾庆红　蒋 勇　屈 辉　高 伟　谭羽非
　　　　　马长城　林建芬　王与娟　王 芃　牛 宇　赵作周　周 宇　甘露一　李跃飞
　　　　　油新华　周 睿　汪亦显　柳 献　马 剑　冯 杰　罗 娜

组织单位：清华大学安全科学学院
　　　　　中国建筑工业出版社

编写单位：清华大学合肥公共安全研究院
　　　　　中国城镇供水排水协会
　　　　　北京市自来水集团有限责任公司
　　　　　北京城市排水集团有限责任公司
　　　　　中国市政工程华北设计研究总院有限公司
　　　　　中国土木工程学会燃气分会
　　　　　金卡智能集团股份有限公司
　　　　　中国城镇供热协会
　　　　　北京市热力工程设计有限责任公司
　　　　　合肥工业大学
　　　　　中国矿业大学（北京）
　　　　　北京交通大学
　　　　　北京九州一轨环境科技股份有限公司
　　　　　中国电力科学研究院有限公司

城市供热安全工程

指导委员会

刘水洋　袁宏永　刘　荣　裴连军　李建刚

安振源　辛奇云　潘世英　龚　俊　刘　伟

编写委员会

主　　编：赵泽生

执行主编：牛小化

副 主 编：张立申　宋盛华　王　芃　朱咏梅　胡周海　郭　华

编　　委：王与娟　刘　军　张昌豪　王耀杰　牛　宇　石光辉

　　　　　赵　洁　陈鸣镝　陈立刚　唐立新　张学谦　杨　阳

　　　　　高永军　刘亚男　邝晓梭　刘海燕　刘秀清　郭文星

　　　　　邱华伟　杨玉强　刘海涛　郝志忠　段　军　孙　鹏

　　　　　秦　苑　张宪旗　张　永　高永学　涂　新　毛　丁

　　　　　颜增祥　赵杨阳　杜世聪　王　炎　刘广州　欧阳瑞庭

　　　　　王智旭　杨林涛　郑本强　董君永　张　欣

主编单位：中国城镇供热协会

　　　　　北京市热力工程设计有限责任公司

参编单位：北京市热力集团有限责任公司

　　　　　哈尔滨工业大学

　　　　　天津能源投资集团有限公司

　　　　　北京市公用工程设计监理有限公司

　　　　　青岛顺安热电有限公司

郑州热力集团有限公司

承德热力集团有限责任公司

唐山市热力集团有限公司

太原市热力集团有限责任公司

合肥热电集团有限公司

天津市热电有限公司

济南热力集团有限公司

牡丹江热电有限公司

乌鲁木齐热力（集团）有限公司

吉林省春城热力股份有限公司

清华大学合肥公共安全研究院

《区域供热》杂志社有限公司

天津天地龙管业股份有限公司

唐山兴邦管道工程设备有限公司

大连良格科技发展有限公司

北京威克斯威阀门有限公司

中船双瑞（洛阳）特种装备股份有限公司

北京圣法瑞特热工科技有限公司

瑞纳智能设备股份有限公司

丛书序言

　　我们特别欣喜地看到由袁宏永教授领衔，清华大学安全科学学院和中国建筑工业出版社共同组织，国内住建行业和公共安全领域的相关专家学者共同编写的"城市安全出版工程·城市基础设施生命线安全工程丛书"正式出版。丛书全面梳理和阐述了城市生命线安全工程的理论框架和技术体系，系统总结了我国城市基础设施生命线安全工程的实践应用。这是一件非常有意义的工作，可谓恰逢其时。

　　城市发展要把安全放在第一位，城市生命线安全是国家公共安全的重要基石。城市生命线安全工程是保障城市供水、排水、燃气、热力、桥梁、综合管廊、轨道交通、电力等城市基础设施安全运行的重大民生工程。我国城市生命线规模世界第一，城市生命线设施长期高密度建设、高负荷运行，各类地下管网长度超过550万km。城市生命线设施在地上地下互相重叠交错，形成了复杂巨系统并在加速老化，已经进入事故集中爆发期。近10年来，城市生命线发生事故两万多起，伤亡超万人，每年造成450多万居民用户停电，造成重大人员伤亡和财产损失。全面提升城市生命线的保供、保畅、保安全能力，是实现高质量发展的必由之路，是顺应新时代发展的必然要求。

　　国内有一批长期致力于城市生命线安全工程科学研究和应用实践的学者和行业专家，他们面向我国城市生命线安全工程建设的重大需求，深入推进相关研究和实践探索，取得了一系列基础理论和技术装备创新成果，并成功应用于全国70多个城市的生命线安全工程建设中，创造了显著的社会效益和经济效益。例如，清华大学合肥公共安全研究院在国家部委和地方政府大力支持下，开展产学研用联合攻关，探索出一条以场景应用为依托、以智慧防控为导向、以创新驱动为内核、以市场运作为抓手的城市生命线工程安全发展新模式，大幅提升了城市安全综合保障能力。

　　丛书坚持问题导向，结合新一代信息技术，构建了城市生命线风险

"识别—评估—监测—预警—联动"的全链条防控技术体系，对各个领域的典型应用实践案例进行了系统总结和分析，充分展现了我国城市生命线安全工程在风险评估、工程设计、项目建设、运营维护等方面的系统性研究和规模化应用情况。

丛书坚持理论与实践相结合，结构比较完整，内容比较翔实，应用覆盖面广。丛书编者中既有从事基础研究的学者，也有从事技术攻关的专家，从而保证了内容的前沿性和实用性，对于城市管理者、研究人员、行业专家、高校师生和相关领域从业人员系统了解学习城市生命线安全工程相关知识有重要参考价值。

目前，城市生命线安全工程的相关研究和工程建设正在加快推进。期待丛书的出版能带动更多的研究和应用成果的涌现，助力城市生命线安全工程在更多的城市安全运行中发挥"保护伞""护城河"的作用，有力推动住建行业与公共安全学科的进一步融合，为我国城市安全发展提供理论指导和技术支撑作用。

中国工程院院士、清华大学公共安全研究院院长　范维澄

2024 年 7 月

丛书前言

党和国家高度重视城市安全，强调要统筹发展和安全，把人民生命安全和身体健康作为城市发展的基础目标，把安全工作落实到城市工作和城市发展的各个环节、各个领域。城市供水、排水、燃气、热力、桥梁、综合管廊、轨道交通、电力等是维系城市正常运行、人民群众生产生活需要的重要基础设施，是城市的生命线，而城市生命线是城市运行和发展的命脉。近年来，我国城市化水平不断提升，城市规模持续扩大，导致城市功能结构日趋复杂，安全风险不断增大，燃气爆炸、桥梁垮塌、路面塌陷、城市内涝、大面积停水停电停气等城市生命线事故频发，造成严重的人员伤亡、经济损失及恶劣的社会影响。

城市生命线工程是人民群众生活的生命线，是各级领导干部的政治生命线，迫切要求采取有力措施，加快城市基础设施生命线安全工程建设，以公共安全科技为核心，以现代信息、传感等技术为手段，搭建城市生命线安全监测网，建立监测运营体系，形成常态化监测、动态化预警、精准化溯源、协同化处置等核心能力，支撑宜居、安全、韧性城市建设，推动公共安全治理模式向事前预防转型。

2015年以来，清华大学合肥公共安全研究院联合相关单位，针对影响城市生命线安全的系统性风险，开展基础理论研究、关键技术突破、智能装备研发、工程系统建设以及管理模式创新，攻克了一系列城市风险防控预警技术难关，形成了城市生命线安全工程运行监测系统和标准规范体系，在守护城市安全方面蹚出了一条新路，得到了国务院的充分肯定。2023年5月，住房和城乡建设部在安徽合肥召开推进城市基础设施生命线安全工程现场会，部署在全国全面启动城市生命线安全工程建设，提升城市安全综合保障能力、维护人民生命财产安全。

为认真贯彻国家关于推进城市安全发展的精神，落实住房和城乡建设部关于城市基础设施生命线安全工程建设的工作部署，中国建筑工业出版社相关编辑对住房和城乡建设部的相关司局、城市建设领域的相关协会以及公共安全领域的重点科研院校进行了多次走访和调研，经过深入沟通和交流，确定与清华大学安全科学学院共同组织编写"城市安全出版工程·城市基础设施生命线安全工程丛书"。通过全面总结全国城市生命线安全领域的现状和挑战，坚持目标驱动、需求导向，系统梳理和提炼最新研究成果和实践经验，充分展现我国在城市生命线安全工程建设、运行和保障的最新科技创新和应用实践成果，力求为城市生命线安全工程建设和运行保障提供理论支撑和技术保障。

"城市安全出版工程·城市基础设施生命线安全工程丛书"共9册。其中，《城市生命线安全工程》在整套丛书中起到提纲挈领的作用，介绍城市生命线安全工程概况、安全运行现状、风险评估、安全风险综合监测理论、监测预警技术与方法、平台概述与应用系统开发、安全监测运营体系、安全工程应用实践和标准规范。其他8个分册分别围绕供水安全、排水安全、燃气安全、供热安全、桥梁安全、综合管廊安全、轨道交通安全、电力设施安全，介绍该领域的行业发展现状、风险识别评估、风险防范控制、安全监测监控、安全预测预警、应急处置保障、工程典型案例和现行标准规范等。各分册相互呼应，配套应用。

"城市安全出版工程·城市基础设施生命线安全工程丛书"的作者有来自清华大学、清华大学合肥公共安全研究院、北京交通大学、中国矿业大学（北京）等高校和科研院所的知名教授，也有中国市政工程华北设计研究总院有限公司、国网智能电网研究院有限公司等工程单位的知名专家，也有来自中国城镇供水排水协会、中国城镇供热协会等的行业专家。通过多轮的研讨碰撞和互相交流，经过诸位作者的辛勤耕耘，丛书得以顺利出版。本套丛书可供地方政府尤其是住房和城乡建设、安全领域的主管部门、行业企业、科研机构和高等院校在工程设计与项目建设、科学研究与技术攻关、风险防控与应对处置、人才培养与教育培训时参考使用。

衷心感谢住房和城乡建设部的大力指导和支持，衷心感谢各位编委和各位编辑的辛勤付出，衷心感谢来自全国各地城市基础设施生命线安全工程的科研工作者，共同为全国城市生命线安全工程发展贡献力量。

随着全球气候变化、工业化与城镇化持续加速，城市面临的极端灾害发生频度、破坏强度、影响范围和级联效应等超预期、超认知、超承载。城市生命线安全工程的科技发展和实践应用任重道远，需要不断深化加强系统性、联锁性、复杂性风险研究。希望"城市安全出版工程·城市基础设施生命线安全工程丛书"能够抛砖引玉，欢迎大家批评指正。

凛冬之下，万家灯火的中华大地暖意自地脉深处悄然升腾。城市供热系统，犹如大地经络中流淌的温热血脉，无声串联起楼宇街巷，为寒夜注入生命的温度。自燧人氏钻木取火，人类对温暖的追寻从未止息；而今，这古老的火种已化作纵横交错的管网，在钢筋混凝土的肌理间蜿蜒，成为现代城市不可或缺的"生命线"。

截至 2023 年，全国集中供热面积逾 143 亿 m^2，管网绵延超过 62 万 km，规模冠绝全球。这不仅是数字的辉煌，更是无数建设者以匠心织就的温暖图卷。然而，伴随岁月流转，管网渐染风霜，隐患暗生。每一次管道的震颤，每一处焊缝的叹息，皆牵系着千万户窗棂后的笑靥与安宁。供热安全，既是技术的命题，亦是民生的诗行——它关乎耄耋老者炉边的一盏热茶，关乎学童笔尖未凝的墨迹，更关乎城市在风雪中挺立的脊梁。

当下，"双碳"目标如晨钟叩响，智慧化浪潮奔涌而至。供热系统正立于传统与未来的交汇处，既需守护烟火人间的温度，亦要回应生态文明的呼唤。住房城乡建设部部长倪虹曾言：城市安全，当以数字为眼，以人心为尺。"城市安全出版工程·城市基础设施生命线安全工程丛书"（以下简称"丛书"）正是承此使命而生，丛书由中国建筑工业出版社联合清华大学安全科学学院共同组织国内公共安全领域的权威专家编写，其中《城市供热安全工程》作为丛书供热专业分册，交由中国城镇供热协会（以下简称"协会"）负责完成。这是中华人民共和国成立以来，国内第一次编写有关"供热安全"的技术专著，为此，协会和北京市热力工程设计有限责任公司携手学界、业界几十位专家，悉心打磨，历时数月，淬炼完成书稿。本书旨在为政府及有关部门、行业从业人员提供参考，增强安全意识，提升防范能力，共同推进城市供热安全工作的开展。

全书共 10 章，以"生命线"为脉络，层层延展。既溯源供热历史长河，亦探究智慧管理云巅；既剖析钢管热流中的风险暗涌，亦勾勒风险识别里的温情防线。从规划勘察的蓝图初绘，到管网运行的脉搏监测；从应急预案的未雨绸缪，到数字孪生技术的未来图景；从法规标准的严谨框架，到抢险一线的炽热身影……字里行间，既有工程师的理性锋芒，亦藏人文关怀的柔光。书中案例，或为雪夜抢修的星火燎原，或为智慧平台的明眸洞察，皆以真实为墨，为行业立镜。

本书编写之际，恰如一场跨越山河的温暖接力。这里有高校老师的学术精粹，也有热力企业的实践积淀；有建设才俊的技术积累，也有供热智造的步履革新；有行业主管的初心使命，也有冰雪北国的寒地经验……南北西东，众志成城；深入浅出，荟萃融合。在此，谨向所有参编单位及专家致以诚挚谢意。

供热安全之路道阻且长，书中若有疏漏之处，诚望广大专家学者、供热同仁斧正。

愿以烛火之光，共筑城市温暖。

编者

2025 年 2 月于京城

目录

第1章 供热行业发展状况

第2章 供热项目建设安全

第 3 章　供热生产安全运行主要风险识别与防范

第 4 章　供热事故应急管理

第7章 供热安全数字化与信息网络安全

第8章　供热安全工程新技术及新产品应用

第 9 章 供热安全法制与文化建设

第 10 章 供热安全典型案例

附　录

第 1 章

供热行业发展状况

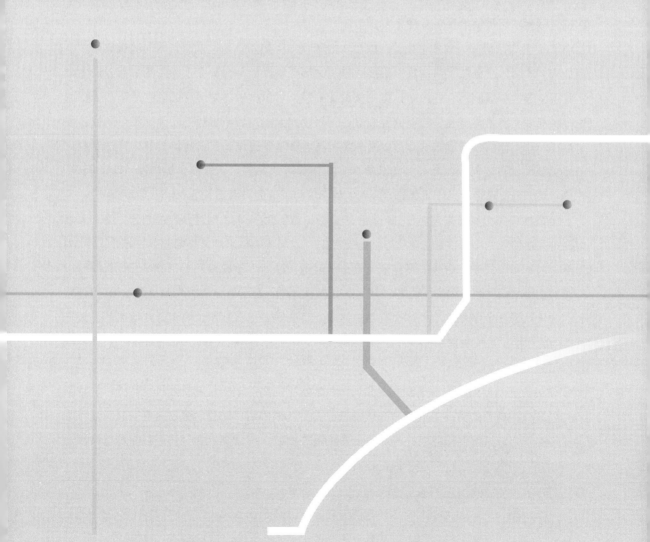

1.1 供热行业概述

供热是人类为了抵御寒冷对生存的威胁而发展起来的最早的建筑环境控制技术，它起源于早期的火炕、火盆、小火炉独立取暖，从原始社会直至工业革命前，其发展变化并没有本质上的区别。工业革命时期蒸汽机的发明给供热技术发展带来了根本的变化，那就是蒸汽锅炉的出现以及后来发展起来的连片供热技术。时至今日，在我国广大北方地区，城市供热已形成以热电联产为主、锅炉等多种能源综合利用为辅的大规模集中供热系统，供热已经成为不可或缺的民生保障工程。

集中供热是从一个或多个热源、以热水或蒸汽作为热媒，通过供热管网向城镇热用户供热的方式。相较于分散供热，集中供热通过消纳热电联产电厂余热和工业余热，可以最大限度实现能源的梯级利用；通过对污染物集约化处理，可以把供热对环境的影响降至最低；通过多种能源尤其是与低品位热能的互联互通，可以大大提高城市供热的安全性和可靠性；通过热电协同、储能调峰等方式，可以进一步提高城市基础设施防灾抗险的韧性；通过专业化的供热公司，可以向居民和公共建筑热用户提供管家式服务。因其在余热利用、清洁低碳、安全运营、稳定保障、高效服务等方面的优势，成为我国北方城市主要的供热方式。

我国城市集中供热发展始于20世纪50年代，按照我国南北气候分界线划分，秦—淮线以北地区是传统的集中供热保障地区。截至目前，我国集中供热地域覆盖北京、天津、河北、山西、内蒙古、辽宁、吉林、黑龙江、山东、河南、陕西（秦岭以北）、甘肃、青海、宁夏、新疆的全部城镇地区（简称"北方15省"），以及四川的一部分。此外，青藏高原、云贵高原、长江中下游等部分冬季寒冷地区也有供热需求，有些地方也在利用余热资源或地热能、太阳能等可再生能源发展供热。据统计，我国北方供暖地区城镇供热面积已达173亿 m^2[1]，集中供热率已经超过80%。

供热行业是伴随着城市建设发展和人民生活水平提高逐渐成长起来的民生行业，是我国北方地区公用事业的重要组成部分，承担着保民生、保供给、保社会稳定的重大责任。与此同时，由于北方城镇供热能耗约占全社会总能耗的4%[1]，在我国社会经济面临能源革命和低

---

[1] 数据来源：《中国建筑节能年度发展研究报告2025》（初稿）。

碳发展的新时代背景下，供热也是节能减排、全面绿色转型的重点领域。集中供热涉及生产、服务和监督等系列过程，既有公用事业的一般属性，包括公益性、自然垄断性、基础性等，也存在一些独特属性，主要有地域性、季节性以及资源、气候、环保对其的约束性等。

　　集中供热系统是我国北方城市重要的基础设施，其发展水平是城市现代化与环境友好的标志。供热质量与供热安全保障能力事关政府形象、城市宜居环境和居民幸福指数，对维护社会和谐、稳定，促进经济高质量、可持续发展具有重要意义。鉴于此，在本书中，供热安全工程的研究对象聚焦于城市集中供热。

1.1.1　集中供热系统构成

　　集中供热系统一般包括热源、管网（包括一级管网和二级管网）、热力站和热用户，见图 1-1。在这些架构的基础上，供热企业为了实现集中供热系统的运行管理，需要建立统一的供热生产运行与调度中心，具备对系统进行自动监控、智能调节、热能调度与应急指挥功能。近年来，随着供热企业逐渐从生产型向服务型转变，几乎所有的供热企业都建立了客户服务中心，主要针对热用户的技术咨询、设备维修、投诉建议提供及时服务。

　　从 21 世纪初开始，以信息技术为核心的第三次工业革命席卷全球，工业互联网、大数据、云计算、人工智能技术也被逐步应用到供热系统运行和供热企业管理中，越来越多的供热企业基于原有的软硬件系统和管理模式自主开发智慧供热应用平台，对供热系统进行

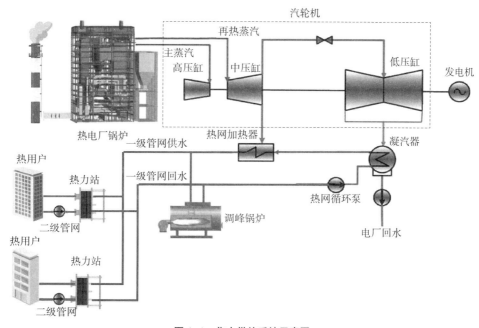

图 1-1　集中供热系统示意图

智能化升级改造，从而替代传统的运行和管理模式，实现分区域、分系统甚至全区域、全系统的智能化运行和信息化、数字化管理。

1. 热源

集中供热热源包括热电联产电厂（燃煤、燃气、生物质或核能）、区域锅炉房（燃煤、燃气、燃油、电或生物质等）、工业余热、生产生活余热以及太阳能、地热能等可再生能源。热电联产电厂通常设置于城市主城区外或城市边缘，区域锅炉房或采用其他形式供热的能源站一般设置于城市负荷中心区。对于纳入城市供热规划的大型供热热源，通常在规划的市政用地范围内独立建厂；中、小型热源一般设置于居民小区或公共建筑建设范围内。热源厂的建设、运行管理边界通常为厂区外墙外 1m，设置于居民小区或公共建筑建设范围内独立建筑的热源，其建设、运行管理边界通常为独立建筑物外 1m。

2. 管网

集中供热管网是连接热源和热用户的热力输送管道，一般分为一级管网和二级管网（注：也有极少数城市或区域存在热源与隔压站连接的零级管网或热源与热用户直接连接的管网），其中一级管网一般指从热源输送热媒至热力站的管网（图 1-2），二级管网一般指从

图 1-2　地下供热管道

热力站输送热媒至热用户建筑物的管网。一级管网的建设、运行管理起点通常为管道出热源厂站边界或结构墙外 1m 处，终点至热力站结构墙外 1m 处；二级管网的建设、运行管理起点通常为热力站结构墙外 1m 处至用热建筑结构墙外 1m 处；热力站（包括中继泵站、能源站）的建设运行管理范围通常为出厂站边界或结构墙外 1m 以内。

在实践中，热源、管网、供热厂站的管理边界由于种种原因与上述说法可能存在一定差异，实际管理边界和范围一般由供热、用热双方根据产权归属或管理权限具体划分。

3. 热用户

广义上的热用户是指消费供热热能的单位或个人，对于集中供热系统通常指民用建筑热用户，分为居住建筑、公共建筑热用户两类，其中公共建筑热用户包括学校、医院、交通枢纽、体育场馆、剧院、商场、政府办公场所以及建筑底商等。用热建筑是集中供热系统的终端，室外供热管线通过用户楼内供热系统与末端散热装置相连。用户楼内供热系统一般由水平干管、公共立管、户内系统组成，户内通常使用散热片、地暖、风机盘管等接收管道传输过来的热量（图 1-3）。一般来说，居住建筑供热系统入户后的户内系统产权属于居民用户，除此以外的楼内系统、小区建筑红线内的供热管道的产权均属于公共产权。

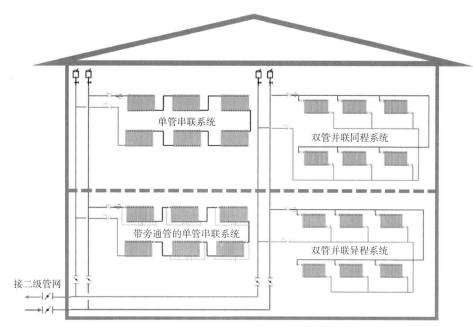

图 1-3　用户楼内供热系统示意图

图中标注：单管串联系统、双管并联同程系统、带旁通管的单管串联系统、双管并联异程系统、接二级管网

1.1.2　行业发展历史沿革

1. 奠基阶段

中华人民共和国成立初期至 20 世纪 70 年代末，集中供热从无到有，在我国北方重点城市初见雏形。

新中国成立初期，我国广大北方地区主要采用以小火炉、火炕和地炕为主的分户供暖方式，实现集中供暖的仅限于为数不多的公共建筑和极少数住宅。为了把我国从落后的农业国变为先进的工业国，从 1953 年到 1957 年，我国开始执行发展国民经济的第一个五年计划，首次进行大规模、有重点的工业化建设。"一五"计划的制定和实施，得到了苏联政府很大帮助，中苏双方经过谈判，确定由苏联帮助我国进行大规模工业建设，以设计和兴建 156 个（后增至 166 个）建设项目为中心、由 694 个（实际施工的达到 921 个）大中型建设项目组成的工业建设，为我国社会主义工业化奠定了初步基础❶。

在上述 156 个重点工程中，电力工业建设项目有：阜新热电站、抚顺电站、重庆电站、丰满水电站、大连热电站、太原第一热电站、西安热电站（灞桥热电厂 1—2 期）、郑州第二热电站、富拉尔基热电站、乌鲁木齐热电站、吉林热电站、太原第二热电站、石家庄热电站（1—2 期）、户县热电站（1—2 期）、兰州热电站、青山热电站、个旧电站（1—2 期）、

---

❶　新华社 . 新中国档案：我国经济建设的第一个五年计划 [EB/OL].（2009-08-14）[2024-06-23].https：//www.gov.
cn/jrzg/2009-08/14/content_1391783.htm.

包头四道沙河热电站、包头宁家壕热电站、佳木斯纸厂热电站、株洲热电站、成都热电站、洛阳热电站、三门峡水利枢纽、北京热电站25个建设项目，其中热电站占有数量上的绝对优势。在所有重点工程中，第一个建成投产的民用工程是郑州第二热电站（1953年投产）[1]。

在这段时期，我国在华北电力设计院组建了供热管道室，负责研究热化发展规划及热力网建设等问题，该机构同时承担了区域热电厂的热力网工程设计。经过数年的努力，该机构全面掌握了与热化相关的规划设计工作，并建立了一套符合我国彼时国情的热化发展基础资料，形成了国家发展热化的调查研究报告。

依托这些热电站，当地开始逐步发展区域供热。以北京市为例，1955年，北京城市总体规划提出的供热规划，确定了以热电厂为主、区域锅炉房为辅的集中供热方针，为北京市未来发展热电联产集中供热奠定了基础。1958年，北京市首次建成7.2km蒸汽管线和6.2km热水管线，供热面积2.75万m^2。同年，"北京第一热电厂"正式发电，主要给附近工厂和少量民用建筑供热。1959年，北京市供热面积增加到了61万m^2，主要供热范围包括20余个工厂、部分民用建筑，以及当年建成的中国革命历史博物馆、全国农业展览馆、中国人民革命军事博物馆等国庆十大工程[2]。在这个时期，其他各个地区的热电厂也开始陆续兴建，我国集中供热事业发展从此迈出了坚实的第一步。

但从1959年起，我国经历了三年困难时期，热电建设也受到一定影响。从1959年到1978年，一些工厂、学校、机关新建了大量锅炉房，但锅炉容量绝大多数在6t/h以下。1978年，我国集中供热普及率仅为1%，锅炉房供暖面积约占48%，小火炉、火炕供暖占50%以上[3]。一直到"五五"计划前期，我国经济社会仍处于缓慢发展阶段，这段时期我国集中供热面积不足1000万m^2。

1978年，党的十一届三中全会做出了实行改革开放的历史性决策，我国国民经济开始复苏，供热事业走向新的发展阶段。

2.快速发展阶段

自20世纪80年代改革开放至20世纪90年代末，供热行业迎来大发展，以热电联产为主导的集中供热成为北方主要城市的重大民生工程。

改革开放以来，在党和国家的坚强领导下，我国经济取得了举世瞩目的巨大成就。随着经济的快速增长，人民生活水平不断提升，北方城镇居民对于冬季取暖的需求逐步增高，我国城镇供热事业开始向满足广大北方居民取暖需求方向发展。20世纪80年代，我国在能源政策上提出了"开发与节约并重、近期把节约放在优先地位"的发展方针，确立了节能

[1] 人民政协报."156项工程"的尘封记忆[EB/OL].（2015-03-12）[2024-06-23].http://dangshi.people.com.cn/n/2015/0312/c85037-26683214.html.

[2] 新京报.这个行业需要更多高端数字化人才[EB/OL].（2020-12-10）[2024-06-23].https://www.bjgr.cn/?c=i&a=idetail&id=1212.

[3] 武文龙.论我国城市集中供热情况和发展方向[J].区域供热，1986，（2）：1-5.

在能源发展中的地位。由于发展热电联产具备节能环保的综合效益，因此受到相关部门的广泛重视，积极鼓励发展热电联产集中供热。原国家计划委员会在计划安排上专列了"重大节能措施"投资，支持热电厂项目建设。在上述政策方针指引下，城市集中供热事业快速崛起，城市热网供热发展势头强劲。

　　1986 年 1 月，国务院发布了《节约能源管理暂行条例》，成为《中华人民共和国节约能源法》的前身。该条例明确提出了发展热电联产和集中供热的相关要求。在发展热电联产方面，提出热用户生产用汽量达到一定规模，并有常年稳定的热负荷时，必须按照"以热定电"的原则，实行热电联产；在发展集中供热方面，提出凡新建供暖住宅及公共建筑，应当统一规划，采用集中供热。1986 年 2 月，城乡建设环境保护部、国家计划委员会关于"加强城市集中供热管理工作的报告"对我国城市集中供热提出了更为全面的要求。该报告提出，凡是新建住宅、公用设施和工厂用热，在技术经济合理的条件下，都应采取集中供热，一般不再建分散的供热锅炉房。1988 年 6 月开始施行的《中华人民共和国大气污染防治法》也指出城市建设应当统筹规划，统一解决热源，发展集中供热。1992 年 2 月，建设部印发的《城市集中供热当前产业政策实施办法》提出严格限制新建分散锅炉房，对现有分散锅炉房要限制，逐步改造，提高城市集中供热的普及率。1998 年 1 月，《中华人民共和国节约能源法》开始施行，提出推广热电联产和集中供热，发展热能梯级利用技术，热、电、冷联产技术和热、电、煤气三联供技术，提高热能综合利用率。上述政策和文件对我国 20 世纪末期发展集中供热起到了极大的推动作用。据不完全统计，1980 年全国共有 10 个城市采用集中供热，"三北"（东北、西北、华北）地区集中供热面积为 1124.8 万 m^2。截至 1990 年底，全国已有 117 个城市建设了集中供热设施，供热面积达 21263 万 m^2，"三北"地区集中供热普及率达到 12%[1]。截至 1999 年底，全国城市集中供热面积达到 96775 万 m^2，管网长度达 3.87 万 km[2]。

　　城市集中供热的建设和发展，在节约能源、治理环境、减少污染、促进经济发展、改善人民生活等方面发挥了显著作用，与此同时，发展质量也在不断提高。以北京为例，20 世纪 90 年代，北京市主城区在全国率先尝试以热电联产为主、区域锅炉房为辅，燃煤、燃气、燃油多种能源、多个热源联网建设，并于 1997 年实现了多热源联网的调度运行。热源和热网的互联互通，不仅大大提高了主城区的供热质量，也为城市供热安全保障和经济运行提供了强有力的手段。此后，各地纷纷学习北京的先进经验，开展"一城一网"多热源联网供热系统的建设和运营。

---

[1]　《建设部关于印发〈城市集中供热当前产业政策实施办法〉的通知》（建设部建城字第 45 号）。
[2]　数据来源《中国城乡建设统计年鉴 2017》。

3. 腾飞阶段

2000 年以来，特别是党的十八大以来，供热行业实现了从量变到质变的高质量发展。

进入 21 世纪，我国经济发展速度进一步加快，工业化、城镇化进程使得供热规模进一步扩大，同时国家对生态环境保护也愈发重视，供热行业在这一时期迎来了高质量发展阶段。供热体制改革、大气环境治理以及能源革命使得供热行业全面实施供热商品化改革，新技术和新产品大量涌现，多种新能源供热方式也逐步在各地涌现。随着清洁供热方式的全面推进，供热行业逐步向智慧化、低碳化转型。

2003 年 7 月，建设部等八部门联合印发《城镇供热体制改革试点工作的指导意见》，提出稳步推进城镇用热商品化、供热社会化，停止福利供热，逐步实行按用热量计量收费制度；继续发展和完善以集中供热为主导、多种方式相结合的城镇供暖系统；深化供热企业改革，积极培育和规范供热市场。这一政策有力推动了我国供热行业的市场化发展。

2005 年，《建设部国家发展和改革委员会 财政部 人事部 民政部 劳动和社会保障部 国家税务总局 国家环境保护总局关于进一步推进城镇供热体制改革的意见》，就供热价格改革问题明确提出要求：城镇供热实行政府定价，并按照合理补偿成本，合理确定收益，维护消费者利益的原则，完善供热价格形成机制。同年，鉴于市场上煤炭价格快速增长，严重影响供热企业的正常运营，在广泛深入调研和征求意见的基础上，国家发展改革委、建设部印发《关于建立煤热价格联动机制的指导意见》，提出"热力出厂价格与煤炭价格联动"，启动了热价调整机制的改革。

2007 年 6 月，国家发展改革委、建设部发布《城市供热价格管理暂行办法》，该办法规定：热价原则上实行政府定价或者政府指导价，由省（区、市）人民政府价格主管部门或者经授权的市、县人民政府（以下简称热价定价机关）制定。城市供热价格分为热力出厂价格、管网输送价格和热力销售价格。热价的制定和调整应当遵循合理补偿成本、促进节约用热、坚持公平负担的原则。这些政策的出台有力地推动了供热价格改革的进程，规范了各地的热价管理。

我国工业化、城镇化快速推进的过程中，能源资源消耗持续增加，大气污染防治压力不断加大。为积极应对快速发展带来的环境问题，切实改善空气质量，我国积极推动生态环境保护，加快节能环保产业发展，为供热行业发展注入了新动能。2010 年，国务院办公厅转发环境保护部等部门《关于推进大气污染联防联控工作改善区域空气质量的指导意见》中提出，推进城市集中供热工程建设，加强城镇供热锅炉并网工作，不断提高城市集中供热面积。2013 年 8 月，《国务院关于加快发展节能环保产业的意见》提出，加快突破能源高效和分质梯级利用、污染物防治和安全处置、资源回收和循环利用、二氧化碳热泵、低品位余热利用、供热锅炉模块化等关键技术和装备，引领供热行业提质增效发展。同年 9 月，《国务院关于印发大气污染防治行动计划的通知》提出，全面整治燃煤小锅炉。加快推进集中供热、"煤改气""煤改电"工程建设。为进一步加强城市规划建设管理工作、深入推进新型城镇化建设，2016 年 2 月《国务院关于深入推进新型城镇化建设的若干意见》提出推进北方县城和重点镇集中供热全覆盖。

2016 年 12 月 21 日，中央财经领导小组第十四次会议强调，推进北方地区冬季清洁取暖等 6 个问题，都是大事，是重大的民生工程、民心工程。推进北方地区冬季清洁取暖，关系北方地区广大群众温暖过冬，关系雾霾天能不能减少，是能源生产和消费革命、农村生活方式革命的重要内容。要按照企业为主、政府推动、居民可承受的方针，宜气则气，宜电则电，尽可能利用清洁能源，加快提高清洁供暖比例。

为加快推进北方采暖地区城镇清洁供暖，2017 年 9 月，《住房城乡建设部　国家发展改革委　财政部　能源局关于推进北方采暖地区城镇清洁供暖的指导意见》提出京津冀及周边地区"2+26"城市重点推进"煤改气""煤改电"及可再生能源供暖工作，减少散煤供暖，加快推进"禁煤区"建设。其他地区要进一步发展清洁燃煤集中供暖等多种清洁供暖方式，加快替代散烧煤供暖，提高清洁供暖水平。在这一时期，我国集中供热事业持续发展，清洁能源供暖比例进一步提高。同年 12 月，国家发展改革委、国家能源局、财政部等十部委印发《北方地区冬季清洁取暖规划（2017—2021 年）》，总结了北方地区冬季清洁取暖现状和问题，明确了推动该项工作的方向目标、推进策略和支持政策等，该规划提出，北方地区清洁取暖率 2019 年达到 50%，2021 年达到 70%。力争用 5 年左右时间，基本实现雾霾严重城市化地区的散煤供暖清洁化，形成公平开放、多元经营、服务水平较高的清洁供暖市场。

2020 年 9 月 22 日，习近平主席在第七十五届联合国大会一般性辩论上指出：中国将提高国家自主贡献力度，采取更加有力的政策和措施，二氧化碳排放力争于 2030 年前达到峰值，努力争取 2060 年前实现碳中和。2021 年，《中共中央　国务院关于完整准确全面贯彻新发展理念做好碳达峰碳中和工作的意见》（本段以下简称《意见》）以及《2030 年前碳达峰行动方案》为实现"双碳"目标作出顶层设计，明确了碳达峰碳中和工作的时间表、路线图、施工图。《意见》提出，在北方城镇加快推进热电联产集中供暖，加快工业余热供暖规模化发展，积极稳妥推进核电余热供暖，因地制宜推进热泵、燃气、生物质能、地热能等清洁低碳供暖。《2030 年前碳达峰行动方案》则提出积极推动严寒、寒冷地区清洁取暖，推进热电联产集中供暖，加快工业余热供暖规模化应用，积极稳妥开展核能供热示范，因地制宜推行热泵、生物质能、地热能、太阳能等清洁低碳供暖；引导夏热冬冷地区科学取暖，因地制宜采用清洁高效取暖方式。2022 年 7 月，《城乡建设领域碳达峰实施方案》正式发布，提出实施 30 年以上老旧供热管网更新改造工程，加强供热管网保温材料更换，推进供热场站、管网智能化改造，到 2030 年城市供热管网热损失比 2020 年下降 5 个百分点。在"双碳"相关政策的引领下，供热行业开始走向绿色低碳的高质量发展之路。

这一阶段，国家发布的各类政策文件极大地推动了供热行业从量变到质变的飞跃发展。在国家的大力支持下，在无数供热人的共同努力下，不仅供热行业规模增长超过国内生产总值（GDP）增速，各种新技术纷纷涌现，如热源的脱硫脱硝、超低排放治理技术，污水源、空气源、浅层与中深层地热等新能源利用技术，大温差长距离输送供热技术，地理信息技术，供热系统数字仿真水力计算等。此外，大数据、物联网、人工智能等信息化技术等引入供热系统的智能化运行中，极大地推动了城市清洁供热工作，使得行业发展质量和科技水平不断提升。2001—2020 年，全国城市集中供热面积从 14.6 亿 m^2 增长到 98.8 亿 m^2，年均增长率为 10.0%，城市集中供热管网长度从 5.3 万 km 增加到 42.6 万 km，全国参与集中供热建设城市达 330 个 [1]。与此同时，各地纷纷提升供暖室内温度达标要求，很多城市室内达标温度由原先的 16℃提高到 18℃，甚至由 18℃提升至 20℃，充分满足老百姓冬季取暖的需求。即便在室内供暖温度纷纷提升的情况下，北方城镇供暖平均单位面积能耗也从 2001 年的 23kgce/m^2，降低到 2020 年 13.7kgce/m^2，反映出供热行业节能增效工作取得了显著成效 [2]。

1.1.3　行业发展现状与未来展望

1. 供热规模未来仍有一定增长空间

根据《中国城乡建设统计年鉴 2022》的数据，2022 年我国城镇集中供热面积约 137.8 亿 m^2，其中城市集中供热面积约 111.3 亿 m^2。2022 年全国共有 337 个城市采用集中供热方式。另一方面，随着清洁供热工程的大力推进，截至 2022 年底，北方地区清洁供暖面积达到 179 亿 m^2，清洁供暖率达 75%[3]。全国集中供热管线总长度为 59.1 万 km，一级网长度约 16.0 万 km，二级网长度约 43.1 万 km[3]。供热行业在满足我国社会发展和人民生活基本需求的同时实现跨越式发展。但与工业化程度较高的行业相比，供热行业仍处于从传统行业向现代行业的转型阶段，供热系统自动化、智能化程度仍需极大提升，行业的管理水平、运营效率、综合效益仍有很大的改善空间。现阶段我国城镇化进程不断加快，南方地区供热需求日益强烈，供热行业未来一段时期还将有较大的存量改善空间和增量发展空间。根据清华大学的预测，到 2030 年，全国城镇供热面积将达到 200 亿 m^2[4]。

供热行业未来可期，同时也面临极大的挑战！

面对全球气候的不利变化，我国提出了"双碳"目标。供热行业作为用能大户，面临艰巨的减碳任务，一方面需要进行化石热源的替代，让尽可能多的余热资源、非化石能源

---

[1] 《中国城乡建设统计年鉴 2022》。
[2] 《中国建筑节能年度发展研究报告 2022（公共建筑专题）》。
[3] 付毕安 . 重视建筑节能改造，推进我国北方农村地区清洁取暖可持续发展 . 中国能源，2023.45（Z1）。
[4] 《中国建筑节能年度发展研究报告 2024（农村住宅专题）》。

纳入供热系统；另一方面需要做好自身原有系统的节能增效工作。同时，伴随着供热规模的扩大和非化石能源供热方式的多样化，在气候复杂多变的情况下如何应对冬季极端寒冷天气频发带来的保障不力问题是摆在供热企业和各级政府主管部门面前的一个重大课题。

综上所述，未来供热行业将面临"低碳发展迫切性增长、供热系统运行复杂性提高、供热安全保障不确定性增加"的局面，这一切都对城市供热安全提出了新的、更高的要求。供热行业要把挑战和机遇转化为发展的新动能，从而迈向高质量发展的新台阶，为我国经济社会绿色转型、能源资源节约和高品质生态环境保护做出应有的贡献。

2. 供热市场集中度逐步提高

纵观当前北方地区供热市场，已形成以大型国有供热企业为主，集体企业、民营企业、混合所有制企业等多种所有制并存的格局。不同所有制供热企业在产品、技术和服务等方面各具优势和特色，行业竞争日趋激烈。据不完全统计，北方地区主要城市大型国有企业凭借其规模和资源优势占据 60% 以上的市场份额；民营企业和混合所有制企业凭借其灵活的经营模式和精细化的管理水平，也取得了一定的市场占有率。根据中国城镇供热协会（以下称协会）统计数据，2022 年参与统计的 127 家供热企业中，国有或国有控股企业、民营企业及其他类型企业占比分别为 64%、33% 和 3%，其供热面积占比分别为 84%、11% 和 5%[1]。

进入新时代，供热作为民生和民心行业更加受到各级政府的高度重视。为了满足老百姓对供热品质和服务越来越高的要求，政府加大了对供热企业的监管力度。为了更好地加强供热管理，越来越多的地方政府希望做大做强当地管理更加规范、能效领跑的供热企业，逐步引导这些龙头供热企业兼并、重组、收购小、散、乱的供热企业，从而实现供热资源的整合，提高城市整体的资源利用效率，节能减排，提升供热服务质量，增强供热的安全保障能力和抵御风险能力。城市供热资源整合逐渐成为行业发展的一个新趋势，根据协会统计数据，2017 年 10 家供热面积均在 3000 万 m^2 以上的供热企业，发展至 2023 年总供热面积由 9.1 亿 m^2 增加到 15.2 亿 m^2，6 年增长了 67%，其供热面积的增长主要来自并购和重组[1]。

适度的市场集中度有利于促进供热的稳定和高质量发展，但同时也需要防止少数企业做大做强后对市场的垄断以及政府对其过度依赖带来的问题。

3. "直管到户"成为政府主导下供热企业主要管理模式

供热企业是供热的具体运营者和服务的直接提供者。根据供热企业对供热系统（热源—一级管网—热力站—二级管网—用户）管理的范围，供热企业运营模式可分为直管到户和非直管到户两类，其中直管到户是指从热源到供热末端用户均由供热企业来管理。从

---

[1]　中国城镇供热协会《中国城镇供热发展报告（2023）》。

现有的统计数据看，目前京津冀、东北地区供热企业的管理方式以直管到户为主。河北省为了强化这一管理模式，于 2018 年印发《关于全面落实集中供热直管到户工作的通知》，要求全省供热实行管网、换热站、用户一体化经营管理体制，由供热单位直管到户，取消单位或物业服务企业自行管理换热站的模式，实现居民供热直管到户全覆盖、无死角。陕西省是直管到户普及率较低的省份，近年来也在加快推进集中供热"直管到户"。协会 2022 年度统计数据显示，127 家供热企业 41.7 亿 m^2 供热面积的直管到户率达到 73.4%❶。在此模式下，供热企业必须加强对末端供热设施、设备的统一维护和保养，及时发现和消除安全隐患；同时，对热用户反映的问题要及时处理，提高热用户的满意度。

直管到户是目前我国北方地区大多数城市现行的主要管理模式，该模式避免了供热质量出现问题或者出现供热纠纷时的"扯不清"，有利于减少供热纠纷，提高供热质量，增强城市供热应急响应能力；也是政府加大对行业监管的有力抓手，对提升供热系统的安全性与可靠性，维护社会稳定具有积极意义。

不同于我国供热是以政府主导的民生、民心工程的发展理念，北欧一些集中供热发展水平较高国家，其供热管理模式往往是末端由物业公司托管，供热企业只负责产热，随时给终端用户提供热量需求，供热服务与水、电等生活必需品一样由房屋的维护管理单位来提供统一的管理。这与这些国家集中供热发展历史悠久，围绕"热"有明确的公共产品定位，其对公用工程的建设、维护、使用以及围绕物业管理等服务有比较完善的管理与法律法规体系的支撑是分不开的。我国供热事业起步晚，尚处于发展阶段，法律法规体系不够健全，"热"的商品属性定位不明确，更多的是依靠政府和企业共同背负保民生的社会责任。

4. 智慧供热引领行业新发展

在国家大力推进各行各业绿色转型和数字化转型的背景下，信息、控制和电子技术飞速发展，无线通信和网络传输费用逐年降低，这为建设和完善信息化、数字化、智能化的供热系统，提高供热管理水平以及建设智慧城市提供了良好的基础。智慧供热系统建设是智慧城市建设的重要组成部分，目前已成为各级政府在城市管理中密切关注的问题。

有关智慧供热的定义很多，概念也在不断地演化。根据《中国供热蓝皮书 2019——城镇智慧供热》的定义，智慧供热是在我国推进能源生产与消费革命，构建清洁低碳、安全高效的现代能源体系，大力发展清洁供热的新时代背景下，以供热信息化和自动化为基础，以信息系统与物理系统深度融合为技术路径，运用物联网、空间定位、云计算、信息安全等"互联网＋"技术感知连接供热系统"源—网—荷—储"全过程的要素，运用大数据、人工智能、建模仿真等技术统筹分析优化系统中的各种资源，运用模型预测等先进控制技术按需精准调控系统中各层级、各环节对象，通过构建具有自感知、自分析、自诊断、

---

❶ 中国城镇供热协会《中国城镇供热发展报告（2023）》。

自优化、自调节、自适应特征的供热系统，显著提升供热政府监管、规划设计、生产管理、供需互动、客户服务等各环节业务能力和技术水平的现代供热生产与服务新范式。

从智慧供热系统建设的角度来说，主要是利用人工智能、云计算、大数据、仿真系统以及物联网和数字孪生等技术，对供热系统的热源、管网、热力站和热用户这四大部分的生产和调度运行进行一体化管理，对系统重要设施设备和运行参数实时监控，对系统进行负荷预测、生产运行分析和策略优化，并根据用户、政府以及供热企业自身的管理要求实现供热目标。智慧供热系统作为集中供热行业的创新技术，实现了供热系统的自动化和智能化管理，提升了系统的运行效率，提高了能源利用效率，减少了能源消耗和成本，增强了用户体验感和舒适度。在实际应用中，智慧供热的物理基础体现为各类智慧设备，包括智慧能源网络检测控制转换各个环节的核心单元与各关键能量自律子系统，以及智慧阀门、智慧水泵、智慧换热站、智慧锅炉等。利用这些智慧设备可以将能源网的节点数据测量智慧化，实现能量输配与节点用能需求的平衡，实现物联网与通信技术超集成，提高能源系统能效。举例而言，智慧阀门无须现场调试，即通即用，提供标准的通信接口，能实现对流量、压力、压差、水温等的就地控制，同时还具有温度闭环控制、能量计量、气候补偿等功能。智慧水泵采用先进的无线通信技术、嵌入式单片机技术、工程测量与控制技术，稳定性强、可靠性高，具有遥测、遥信、遥控和通信等功能，用户可以通过手机（App）或计算机界面，实时监控并可故障报警。智慧热力站可以采用标准控制系统，采集、转换信号，并通过宽带或其他通信方式，将工艺数据传送到监控中心；监控中心通过宽带或通信对热力站实现生产参数调整、远程控制等功能，从而实现无人值守。只有基于智慧设备的制造、集成，并实现智能化的自我优化调节和控制运行，智慧供热系统才能实现供热运行能耗分析、用户热量远程抄表、供热安全预警管理、应急预案管理和辅助决策管理等功能，从而实现统一指挥调度的智慧管理平台，实现以末端按需供热为目标的智慧化供热。

我国供热系统的自动化及信息化经历了长期的建设历程，为未来智慧供热的实施奠定了基础。目前已有的应用系统有：热网自动化控制运行系统、能源管理系统、源网站指挥调度系统、供热应急指挥系统、供热设施设备管理系统、在线模拟仿真系统、地理信息系统、热计量及收费系统、客户服务系统等。

智慧供热可以解决城市集中供热系统供热范围扩大、多种热源接入带来的系统动态复杂性增加、环保排放要求更加严格以及按需供热、均衡供热、舒适供热技术要求越来越高带来的一系列难题；可以全面提升供热系统的安全性、可靠性、灵活性、舒适性，可以有效降低系统能耗、减少污染物与碳排放；对城市供热提升安全监控能力、优化故障应对机制、强化风险预警系统、保障供热系统稳定运行具有重要意义。智慧供热是加速城镇化建设、实现全面绿色转型的重要手段，并将带动整个供热行业的技术升级和管理模式创新，是今后供热行业发展的方向。

1.2　城市供热安全工程概况

伴随着集中供热系统规模的发展壮大和城市热网使用年限的增长，供热安全事故的发生不可避免，其产生的危害包括以下几方面：第一，供暖期出现的供热安全事故会造成部分区域停热，大的事故甚至造成热网瘫痪，直接影响人民群众正常的生产生活。特别是在极端寒冷季节，系统长时间停热会造成冻伤，威胁生命安全甚至发生人身事故。第二，供热系统运行过程中出现的安全事故，有可能引起其他次生灾害，比如坍塌或烫伤直接造成运行维修、抢修人员甚至附近居民的人身伤害。第三，重大供热安全事故发生后会直接降低供热系统整体使用寿命，造成严重的经济损失。第四，安全事故发生后如应对不及时、处理不当，还容易引发舆情，造成公共安全事件，不利于社会和谐稳定。

1.2.1　城市供热安全关注的重点

城市供热安全工程是一项涉及多方面多环节的系统工程，具有动态性、复杂性的特点，同时兼具经济性和社会性的特征。它不仅涵盖供热系统自身从热源、管网、热力站到热用户工程建设和运行管理等多个方面，同时也与社会治理、民生关怀、行业监督密切相关。加强城市供热安全管理，需要重点关注以下方面。

1. 供热能源安全

无论采用煤炭、天然气还是其他新能源供热，城市供热都必须依赖稳定、可靠的能源供应。能源安全始终是影响供热安全甚至社会稳定的关键。能源安全问题主要受能源来源构成、供给能力、供应稳定性，以及运输、储存安全和价格等因素影响。

能源供应和保障能力是城市供热安全、稳定运行的首要因素。例如，北方地区某市自1998 年实施大规模"煤改气"工程以来，天然气已成为该市供热的主要能源支撑。在过去的十几年中的少数年份，由于受上游天然气供应的影响，该市不得不在严寒期甚至极端天气条件下采取"限气保供"措施，主要做法是降低公共建筑供暖温度或商业用气量，以缓解供暖期天然气资源紧缺的压力，保障居民供暖。又比如，2021—2022 供暖期，种种原因使得全国煤炭、天然气供应紧张，燃料价格均创历史同期最高纪录，供暖形势严峻。国家发展改革委、国家能源局等相关部门以及多地政府及时密集发文保暖保供，多措并举，从而有力地排除险情，保障了供暖能源稳定供应和群众温暖过冬。

电力行业关乎国计民生和各个行业的发展，更是与供热行业息息相关。我国北方地区集中供热一直以来都是以热电联产供热为主导，热源构成中，热电联产占到 50% 以上。根据协会 2022 年度的统计数据，127 家供热企业的 41.7 亿 m^2 供热面积中，燃煤热电联产热源能力占比达 55.4%，燃气热电联产热源能力占比达 6.6%，热电联产实际供热量占比达到 70.6%[❶]。可见电力系统不仅仅为供热提供了生产、生活用电，更是为供热系统提供了主要的热能供应。

相关数据显示，我国二氧化碳排放中，能源活动占比 88%，其中电力排放占比 40%，可见在"双碳"目标下，传统能源逐步让位于新型能源体系的建设迫在眉睫。2021 年，中央财经委员会第九次会议提出，要构建清洁低碳安全高效的能源体系，构建新型电力系统。当前，我国正在构建以新能源为主的新型电力系统。传统的"以热定电"的模式将发生颠覆性的改变，转为"以电定热"模式，也就是说，新能源发电上网成为首选，火电越来越多地成为调峰电力。为克服大规模新能源发电的间歇性和波动性，现状火电参与电力调峰的深度和频率逐步提升，也导致热电联产电厂的供热量频繁波动。根据某大型供热企业的统计数据，以某市为例，2023—2024 供暖期，中心城区 4 座热电厂理论可输送供热能力总计 3914MW，实际极寒天气最大输出功率仅 2568MW，与理论值相差约 34%。某新区 3 座热电厂理论可输送能力 1765MW，实际极寒天气最大输出功率 1131MW，与理论值相差约 36%。

2023 年 11 月 9 日至 2024 年月 2 日该供热企业对供热 54d 的供热调度温度、流量和热电厂实际出力进行了统计，如表 1-1 所示。

某供热企业热电厂供热调度参数　　　　　　　　表 1-1

序号	热电厂	供热天数（d）	供热达标天数（d）	每日最大不达标时长（h）	最大波动温差（℃）	最大瞬时热量缺口（MW）
中心城区						
1	A	54	6	24	26	277
2	B	54	3	24	24	201
3	C	54	11	24	22	237
4	D	54	0	24	28	376
某新区						
5	E	54	3	24	27	321
6	F	54	0	24	40	136
7	G	54	0	24	49	146

7 座热电厂全天均按照调度曲线达标供热的天数最多的仅为 11d，约占总天数的 20%，有 3 座热电厂达标天数为 0。每日最大不达标时长均为 24h，G 热电厂的最大波动温差达到

❶　中国城镇供热协会《中国城镇供热发展报告（2023）》。

49℃；在波动期间，D 热电厂最大瞬时热量缺口达到 376MW。热源波动持续时间长、热量缺口大、温升剧烈造成了以下三方面影响。

一是供热质量无法保障。巨大的热量缺口造成供热质量下降，供热企业投诉工单大幅度增加，严重影响服务口碑和企业形象。

二是管网安全受到威胁。热电厂温度波动的剧烈程度也对供热安全造成威胁，据统计，7 座热电厂在一小时内波动温差超过 10℃的共计 79 次，造成管网泄漏次数同比上升 6%，其中影响供热面积超 10 万 m² 的 10 次。

三是次生问题持续影响。因供热质量不达标造成的退费问题日渐突出，在热量严重不足采取"压公建保居民"的措施后，公共建筑用户相继投诉并要求退费，涉及金额巨大，增加了各供热企业的经营压力。

供暖期温度波动直接导致火电热电联产机组供热温度骤变、温度变化超过相关规范的（管道升温速度不超过 10℃/h）❶的运行要求，严重影响供热管网弯头、补偿器等设施的运行安全和使用寿命。同时，随着电力现货市场化交易机制的推广，火电厂为满足效益最大化，根据电力市场价格调节机组运行状态，导致高电价和低电价阶段供热成本均显著增加，直接影响供热保障和供热质量。

综上所述，新型电力系统下热电联产热源保障面临供热能力不能保障、供热安全风险加剧和成本大幅攀升的多重考验，电力行业和供热行业需上下兼顾，做好热电协同和储能调峰、余热利用工作，切实解决城市供电和供热双重保障矛盾突出的问题，共同承担保民生的社会责任。

2. 供热工程建设质量

工程质量是指工程满足业主需要以及符合国家法律法规、技术规范标准、设计文件、合同规定的综合特性。工程质量的内涵既包括设施性能质量、设计建造质量，还包括系统运行服务质量。城市供热工程质量是指供热项目在设计、施工、调试、验收等各个环节所达到的技术水平和满足规定要求的程度，涵盖从方案设计到最终交付使用的全过程，是确保供热系统安全、稳定、高效运行的关键。

城市供热工程建设质量是供热系统安全运营的根本，影响建设质量的主要因素有：招标投标过程管理、工程材料质量、工程设计水平、设备选型与安全管理、施工质量控制等。招标投标过程本身并不直接对城市供热安全产生影响，但能否选择合格的承包商和能否确保建设项目全过程合规，对项目投运后的城市供热安全起到关键作用。工程材料质量是供热系统安全的基础，若采用劣质材料，如不合格的管道、阀门和保温材料等，可能导致系统在使用过程中出现泄漏、腐蚀、老化等问题，从而威胁供热安全。工程设计是供热系统

---

❶ 《城镇供热系统运行维护技术规程》CJJ 88—2014。

建设的灵魂，高水平的设计是系统合理布局、节能优化运行、安全可靠供热的保证。供热系统设计不合理，不仅造成建设资金的浪费，管网运营成本增加，还可能会造成管网运行可靠性降低。供热设备的选型和安装质量直接关系系统的运行效率和安全，设备选型不当可能导致能效低、噪声大、维护困难等问题；而安装质量不佳则可能引发泄漏、振动、故障等安全隐患。施工过程中的质量控制是确保供热系统建设质量的关键，若施工质量控制不严，可能导致隐蔽工程暗藏隐患、结构工程成为"豆腐渣工程"、管道应力或整体强度超出安全许可等重大问题，进而影响供热系统的正常运行和安全。

3. 老旧供热设施的更新改造

随着供热系统持久运行，城市供热设施普遍存在老化、腐蚀等问题。供热管道长期埋于地下，在日常巡检中因为缺少科技手段支撑，靠运行巡检人员目测埋在地下的管线运行状态，无法直观发现初期的跑冒滴漏隐患，以致泄漏造成路面塌陷或者管道爆裂等严重后果。因此，供热事故具有明显的不确定性。同时，供热管道输送的是高温高压热水或者蒸汽，除了设备设施的损坏外，敷设在城市道路、居民区的供热管道突发泄漏后，高温高压热水或者蒸汽喷出，对周边人员、环境设施和社会秩序均会造成严重威胁。根据协会 2022 年统计结果，一级管网、二级管网中老旧管网占比分别为 22% 和 30%。西北某大型供热企业 2021—2022 供暖期对其分公司 11 个供热区域发生的管网故障进行统计发现，管道老化破裂是供热管网发生故障的主要原因（表 1-2）●。

某供热企业 2021—2022 供暖期管网故障统计　　　　　　　　　　　表 1-2

区域	故障次数	管长（km）	百公里故障次数（次）	平均/最长管龄（a）	故障情况
区域 1	2	113.8	1.8	12.7/29	管道老化破裂
区域 2	8	160.4	5.0	13.4/23	管道老化、锈蚀破裂
区域 3	2	333.5	0.6	5.7/15	管道老化破裂
区域 4	2	174.7	1.1	8.3/18	补偿器失效
区域 5	4	163.7	2.4	7.2/28	管道老化破裂、施工挖断管道
区域 6	0	41	0	7/7	—
区域 7	4	36.2	11.0	4.7/5	管道老化破裂、施工挖断管道
区域 8	6	183.3	3.3	7.8/24	管道老化破裂、补偿器失效
区域 9	1	105.5	0.9	10.8/28	管道老化破裂
区域 10	2	84.4	2.4	5.7/10	管道老化破裂
区域 11	0	119	0	6/6	—
合计	31	1516	2	8.6/29	—

● 申鹏飞.智慧供热基础上大型热网安全运行保障 [J].区域供热，2022，（6）：133-139。

供热设施更新改造是提高供热安全的关键着力点。2022 年 6 月，国务院办公厅印发《城市燃气管道等老化更新改造实施方案（2022—2025 年）》，明确城市管道等老化更新改造对象包括运行年满 20 年的供热管道，以及存在泄漏隐患、热损失大等问题的其他管道。及时对城市供热设施更新改造，一方面可以改造老旧的供热管道和设施，消除潜在的安全隐患，减少因设施老化而引发的停暖抢修事故；另一方面，更新改造可以根据实际需求对供热管网进行优化调整，实现精准控制，消除供暖死角和冷热不均情况，提高供热质量和室内温度的稳定性，提高供热安全性、可靠性和舒适性。

在进行管道翻修更新工作的同时，应加大改造项目的科技升级，提升管网巡检自动化、智能化水平，要对城市热力管网关键部位设备、设施运行状态以及重要节点参数进行实时监测，采用北斗定位技术、大数据分析技术、人工智能技术对管道或公共设施故障进行预警，把智能化改造融入老旧管网改造工程中，从而切实提高城市供热管网运行安全。

4. 供热运营安全管理

供热系统运营管理能力对供热系统安全稳定运行具有最直接的意义。供热企业运营管理能力受供热战略规划与决策能力、设备维护与管理、安全生产意识、人员技能等因素综合影响。供热系统运营者如缺乏长远的战略规划，将导致资源分配不合理、技术更新滞后，无法满足日益增长的供热需求和安全性要求。同时，决策过程中若缺乏充分的数据支持和风险评估，将使决策偏离实际需求。供热系统设备维护和管理是确保系统稳定运行的关键。如果运营者不重视这项工作，可能导致设备监管维护不及时、检修不到位，设备老化和损坏的问题得不到有效解决，从而增加事故风险。供热企业员工应把安全生产意识始终放在首位。供热运营人员如果缺乏足够的安全生产意识，忽视安全操作规程，将致使违规操作频发，增加安全事故风险。供热系统运营需要建立一支具备专业知识和技能的团队。若员工技能水平低下、无法胜任岗位要求，将对供热系统安全带来极大安全隐患。

供热运营安全管理是一项系统工程，包括加强提高员工安全意识、加强企业安全文化建设、提高运行人员技能、做好安全风险识别管控及强化隐患排查治理等内容。构建企业安全文化，目标是从安全生产各个环节出发，进行全方位的有效协调和管理，通过良好的企业安全文化氛围，构建起员工所认同并自觉遵守的安全理念、价值尺度和行为准则（见本书 9.3 节）。职工安全培训也是技能培训的一项重要内容。2023 年 11 月，某企业作业人员在供热管道阀门检查井内进行排气作业时发生窒息事故，共造成 4 人死亡，直接经济损失约717.9 万元。经事故调查组认定，该事故是一起因作业人员违章作业和盲目施救造成的较大生产安全责任事故。如果企业在日常工作中做好有限空间作业培训工作，严格执行作业制度和操作规程，有较强的安全意识，并在作业前做好风险识别和管控工作，应该能够避免这一悲剧的发生。

同时，应针对供热工程的特点，做好安全风险识别，从源头辨识风险，对风险进行分级管控，把隐患消灭在萌芽状态（详见本书第 3 章）。通过安全隐患排查，不仅能查出供热企业在生产运营中存在的安全隐患，而且能够及时向企业管理决策部门反馈最新的相关安全信息，供热企业相关负责人可以根据这些信息做出决策或采取措施，能够快速消除安全隐患，避免发生安全事故。

5. 供热防灾和应急能力建设

在高度重视供热运营安全管理的基础上，城市供热防灾和应急能力建设同样是不可或缺的内容。供热应急救援具有现场环境复杂、时效性要求高、救援行动专业性强、需要随时根据现场及时应对以及多部门协同等特点。供热应急与救援能力建设需要根据各个城市的特点由政府主导，供热主管部门组织各供热企业和应急、市政、交通、卫生、媒体、街道社区等相关各方统筹考虑，统一建设。当供热系统发生事故时，如果供热应急响应机制不完善、救援队伍反应迟钝，将会导致供热事故不能得到及时处理，并有可能引发次生灾害。救援能力不足将导致救援效率低下。缺乏供热专业的救援设备和人员，或者救援队伍之间协调不畅，都可能使救援工作进展缓慢，无法有效控制事故蔓延。因此，供热安全事故发生时，及时有效的应急响应和救援是最大限度降低事故造成的经济损失、社会影响以及预防发生次生灾害的关键。供热有关管理部门和单位应高度重视应急响应与救援能力建设，完善应急响应机制，加强应急救援队伍建设，提升救援能力和救援效率，保障城市供热系统安全稳定运行。城市供热应急管理更多内容详见本书第 4 章。

建议今后城市供热应逐步建立健全以供热企业为单元，覆盖各县、地级市、省会城市（或直辖市）的三级供热重点设施运行状态监测以及应对灾害和突发事故的应急保障体系，覆盖范围内的城市应对供热能源保障能力、能源运输和储存状况，集中供热热源、城市主热力网、大型中继泵站、隔压站、重点功能区用户的运行状况进行针对性地监测，对重点用能设施的污染物排放指标、碳排放指标、建筑物能耗指标进行监督和考核，建立网格化与垂直管理相结合的应急管理和调度指挥体系，提升各级政府和相关企业的供热应急保障能力。

6. 外部因素的影响

影响城市供热安全的外部因素主要包括自然因素、第三方破坏等。自然因素指某些突发性灾害，如暴雨和洪涝、极寒天气、不良地质（地面塌陷、沉降及地震）等自然灾害对供热系统造成的损害。随着全球气候变化，极端天气频发，极寒天气对供热安全的影响不容小觑。2023 年 12 月至春节前一段时间，北方地区迎来两次短时间内断崖式降温，部分地区最低气温跌破历史同期极值，且持续时间较长，多地供热系统热源、管网、温度和压力已经达到安全极限，处于极限运行状态。极端气候灾害导致供热系统长期在极限运行状态运行将会引发更多的设备故障和管网泄漏事故的发生。不少供热企业的统计数据表明，2023 年 12 月供热事故发生概率较历史同期大大上升。

第三方破坏是指由外力或其他机械、设备不当操作等引发造成的供热管道所遭受的外部破坏。城市供热管道大多随路敷设，经常需要穿越十字路口、交通要道、桥梁、河流等，与其他市政管线以及地铁等地下建（构）筑物毗邻或垂直交叉。在实际运行过程中，难免会受到因道路维护、掘路开挖、其他基础设施施工等第三方作业引发的对供热管道的损毁和破坏，严重的情况下会造成供热事故。供热管道第三方破坏主要表现在两个方面：一是直接导致管道破裂，引发泄漏事故，威胁人们的生命财产安全，影响供热管道安全供热；二是造成管道变形或在一定程度上破坏了防腐层等，继而引起管道腐蚀、疲劳破坏或应力集中，间接导致管道破坏。

对第三方破坏造成影响的评估，通常从管道的埋深、地面活动情况、社会因素和自然因素等方面考虑。针对供热直埋管道，管道施工时埋深越浅，管道越容易受到损毁。地面活动指管道所处位置人员活动情况，如建筑施工、地铁等公共设施的修建，都使得供热管道的安全运行存在潜在风险。社会因素包括两个方面：一是管道所处特殊地理位置，处于重要的政治中心以及为人口密集的商业、文化中心的供热管道在特殊时期有可能遭受恐怖袭击或人为的恶意破坏，需予以特别关注；二是供热管道服务区域公众的文化素质和道德水平，有些发生第三方破坏的情况，是由于当地居民缺乏爱护公共财产的意识或者是由于对管道的情况不了解、缺乏相关常识等造成的。

综上所述，城市供热安全重点涉及能源安全、供热工程建设质量、老旧供热设施更新改造、运营安全管理与防灾与应急能力建设、外部因素影响等方面，只有充分运用各种有效措施和手段对城市供热安全事故做到早预防、早诊断、早发现、早报告，综合协调、及时处理，才能降低供热事故发生概率，将各种危害和损失降到最低。

1.2.2　供热管理

冬季供暖是我国北方地区城乡居民基本的生活需求，供热是直接关系公众利益的基础性公共事业。城市供热管理主要涉及行业主管部门、供热企业、热用户、街道社区、上下游产业链等，应遵循统一规划、属地管理、保障安全、规范服务、促进节能环保和优化资源配置的原则，依据国家和地方法律法规、管理办法、规章制度等，由属地政府督促各方履行相应责任与义务。

1. 供热行业管理

城市供热行业涉及能源供应、资源调配、价格管理、工程建设、安全生产、建筑环境、用户服务等多方面，其生产、运营和服务服从多个政府部门的监督管理，主要有发展改革、能源、住房城乡建设、环境保护、城市规划、城市管理等部门。横向来看，还涉及国土资源、财政、工业信息化、生态环境、自然资源、市场监督管理等多个部门。

供热行业管理工作，主要包括以下方面：

（1）供热保障：建立并完善供热能源保障、应急处置等安全供热保障体系，按照国家和地方有关规定，组织实施供热突发事件应急预案，并设置应对供热突发事件专项准备资金，保障供热突发事件应对工作所需经费。

（2）规划和发展：制定供热发展规划，包括城市供热规模、供热方式、技术标准等规划，以满足城市的供热需求，并促进供热行业的可持续发展。

（3）监督和执法：制定和执行供热行业相关法规、标准和政策，监督供热企业运营行为和服务质量，进行执法检查和处罚违规行为，维护市场秩序和公平竞争。

（4）许可和监管：对供热企业的许可和审批管理，包括新建、改扩建和运营许可等事项的审批或备案，确保供热企业合法、规范、可持续地开展供热业务。

（5）安全监管：监督和管理供热系统安全运行，包括供热设备的安全性评估、安全生产标准的制定和执行，监测和防范供热事故的发生，做好应急管理和灾害防范工作。

（6）市场管理：监督和管理供热市场竞争秩序和市场行为，防止虚假宣传、不正当竞争和垄断行为，保护用户的合法权益，促进供热市场健康发展。

（7）技术支持和研究：推动供热技术创新和应用，提供技术支持和咨询，开展行业研究和标准制定，推动供热行业技术进步和可持续发展。

（8）环境保护和能源管理：推动供热行业环境保护工作，包括控制燃烧产生的污染物排放、加强能源利用效率管理、推广清洁能源应用等，以减少环境污染和能源消耗。

（9）服务监督和投诉处理：对供热单位的供热服务质量进行监督检查，设置用户公开投诉电话，及时查处投诉人反映的问题。

2. 供热运营管理

供热运营单位按照单位性质分为经营性供热单位和非经营性供热单位。经营性供热单位主要包括主营业务为供热的国有企业、集体企业、股份合作企业、联营企业、私营企业等类型，此外还包括房屋开发商、物业公司等；非经营性供热单位主要为各种机关、企事业单位后勤部门。本书以经营性供热单位即供热企业作为论述对象。

目前供热经营主要实行许可和备案两种制度。供热单位依法取得供热经营许可证或在主管部门备案后，方可从事供热经营活动。供热单位应当具备法人资格，具有与经营规模相适应的供热设备设施、专业人员、资金和能力，具备完善的管理制度。供热单位不得伪造、变造、买卖、出租、出借经营许可证。

供热企业是城市供热主体单位，对供热的建设、运行管理负主体责任，其主要责任如下。

（1）建设责任：根据供热规划，对供热设施进行投资建设，负责制定供热系统的建设方案，包括供热设备的选型、供热管网的布置以及热源的选择和建设等。目标是确保供热系统能够满足城市居民的供热需求，并考虑节能环保的要求。

（2）运行责任：供热企业负责供热系统的日常运行和维护，包括供热设备的操作、供热管网的监控、维修以及热源的调度等。目标是确保供热系统的稳定运行，提供可靠的供热服务。供热企业应当按照国家、地方相关标准、规范，向用户提供安全、稳定、质量合格的供热服务，建立健全供热运营管理制度、服务规范和安全操作规程。

建立供热设施巡检制度，对管理范围内的供热设施进行检查，并做好记录。对自有产权供热设施存在隐患的，应及时消除；对非自有产权，由供热企业代为管理的供热设施，发现隐患时，应当书面告知产权单位及时消除隐患，因产权单位未及时消除隐患造成供热安全事故的，产权单位应负主要责任，当产权归属不清时，供热企业应及时消除隐患，改造完成后应进行产权移交，明确产权归属；对于用户自行管理的供热设施，发现隐患时，应当书面告知用户及时消除。

供热前应当进行供热系统充水、试压、排气、试运行等工作，并提前在供热范围内进行公告。

建立用户供暖室温抽测制度，定期对用户室温进行采集和检测。采用直管到户运营方式的供热企业在供暖期内实行24h服务，并及时处理和回复用户反映的问题。

（3）管理责任：供热企业负责对供热系统的管理，包括与用户订立供暖合同来约定各自的职责和权利，供热收费管理、用户服务管理和投诉处理等，确保供热服务公平、合理，并提供高效的用户支持。

（4）安全责任：供热企业负责供热系统的安全管理，包括安全生产的组织和实施、应急预案的制定等，确保供热系统安全，保障用户的人身和财产安全。

（5）节能减排责任：供热企业需要积极推行节能减排策略，采用先进的供热技术和设备，提高供热系统的能效，减少能源消耗和温室气体排放，为可持续发展作出贡献。

（6）环保责任：供热企业应当积极履行环境保护责任，采取有效措施减少供热过程中的环境污染，如控制烟尘、废气和废水的排放，合理处理和利用燃烧产生的废弃物等，保护环境和居民的身体健康。

（7）技术进步责任：供热企业应当关注和推动供热技术的创新和研发，引入新技术、新材料，提高供热系统的效率和性能，加强供热运行安全，优化供热服务质量，并适应未来能源转型和智能化发展的要求。

3. 热用户的权利和责任

在城市供热体系中，热用户是指有偿使用供热单位提供的热能用于供暖的单位和个人。热用户是供热服务的终端，在享有权利的同时，也需要履行一定的责任和义务。

（1）保护供热设施：热用户不得拆改室内共用供热设施、扩大供暖面积或者增加散热设备。热用户装饰装修房屋不得影响供热效果或者妨碍对设施进行正常维修养护。热用户拆改室内自用供暖设施的，应当经供热单位确认不影响其他用户正常供暖和不妨碍设施维修养护。热用户因拆改室内供暖设施造成他人损失的，应当承担相应责任。

（2）遵守安全使用规定：热用户需要遵守供热企业制定的安全使用规定。应正确、安全地使用供热设备，定期检查和清理设备，确保供热过程中没有安全隐患。

（3）及时报修和反馈问题：如果热用户发现供热设备故障、供热效果不佳或其他问题，应及时向供热企业报修，并配合供热企业进行必要的检修、维护和改进工作。

（4）监督供热服务：热用户有权对供热服务进行监督，确保供热企业提供符合标准和约定的服务。热用户可以通过观察供热效果、测量室温等方式来评估供热质量，并及时向供热企业反馈意见和建议。此外，热用户还可以通过投诉渠道对供热企业的不当行为进行举报和维权。

以上列举的是供热管理者、供热运营者以及热用户三方主要的责任、权利和义务，相关内容在各地的"供热管理办法"或"供热管理条例"中都有更为具体的规定，在此不做赘述。

1.2.3　供热安全面临的挑战

1. 非化石能源供应的不确定性影响城市供热安全

在"双碳"目标的引领下，全面绿色转型已经成为各行各业发展的重要任务。供热行业是用能和碳排放大户，据统计，化石能源热源占总热源的比例超过 95%。因此，一方面，城市供热绿色转型甚至达到零碳供热对"双碳"目标的实现具有重要意义；另一方面，从清洁供暖向低碳清洁供暖的巨大转变，任务十分艰巨。

能源安全是城市供热安全的首要问题，大量的化石能源需要稳定的零碳能源进行替代，而大多数可再生能源供应不连续、不稳定，可靠性相对较差。热源替代对城市供热工程安全影响非常大，成功与否直接关系到城市供热系统的可靠性、稳定性、经济性和环境友好性。当前，供热行业绿色转型面临的主要问题有：新能源新技术优先使用意识不强、动力不足、推广应用力度不够，新能源发展规模无法满足庞大的用热需求，零碳供热技术创新不足，碳排放责任及政策尚未配套落实，多种新能源与传统能源、储能技术耦合运用不够成熟等，行业绿色转型之路任重道远。

2. 韧性城市建设对城市供热安全提出新要求

韧性城市是指具备抵御、吸收、适应和快速恢复各类灾害能力的城市。它不仅关注重灾后的快速恢复，更强调预防和减少灾害对城市功能、生态和社会结构的破坏。韧性城市建设对城市供热安全的影响主要体现在以下方面：一是需要着力提高供热系统的抗灾能力，即供热系统在遭遇极端天气、自然灾害、设备故障以及反恐防恐突发事件时，系统能够更快地恢复正常运行、减少中断时间，从而保障居民的供热需求；二是如何优化供热基础设施的更新维护，包括定期评估与更新老旧设备、优化提高设备效率、加强管网维护等，从而确保供热系统的可靠性；三是如何通过智能化和数字化手段，实现对供热系统的实时监控、预测和维护，及时发现和处理潜在的安全隐患，提高供热系统的安全性和稳定性。

3. 现有城市供热安全工程亟需进行智能化升级改造

随着科技的进步和智慧城市建设的推进，智能化供热正逐渐取代传统的供热方式。智能化供热通过应用先进的技术手段，如物联网、大数据、人工智能等，能够实现对供热系统的实时监控、预测和优化。这不仅可以提高供热效率，确保热量供应的稳定性和连续性，还可以有效减少能源浪费，降低供热成本。然而，传统供热系统通过智能化升级改造为城市供热带来节能、经济、高效运行的同时，也带来了一系列挑战。要形成真正的智慧供热模式，不仅要针对供热系统的运行调节功能进行智能化升级，还需要对涉及城市供热安全的软硬件系统进行智能化改造。当前，城市供热安全管理体系尚没有与智能化供热系统很好地进行融合，城市供热安全监测尚没有突破性、可靠的技术手段来支撑，供热突发事故尚没有及时、精确、有效的预测手段。因而在智能化升级的过程中面临的挑战包括安全技术的集成与现有系统的兼容匹配、数据安全与隐私保护、应急响应与故障处理、系统更新与维护、效率提升与稳定性的协调、用户需求与满意度等。只有充分认识到这些挑战并采取相应的措施，不断进行新技术和安全管理体系的融合创新，对存在的问题加以应对和解决，现有的智能化供热才能够上升到真正智慧供热的层级，才能针对可能出现的供热事故，系统能够自我感知、分析和决策，做到提前预防、自我诊断、自动处理，从而为城市供热提供强有力的安全保障。

4. 老旧供热设施安全隐患消除难度大

北方地区城市中存在大量"跑、冒、滴、漏"的老旧供热设施，由于种种原因不能及时更新改造。特别是敷设在城市道路下的老旧供热管网，其超期服役不仅造成热能的浪费，还可能对周边环境造成安全隐患，对城市居民的生命财产安全构成威胁。老旧管网还导致供热不稳定、供热不足等问题，直接影响居民的生活质量，引发群众的不满情绪，影响城市的和谐稳定。对老旧管网改造，各级政府高度重视，近年来出台了许多政策，涉及城市规划、资金筹措、技术实施等多个方面。老旧管网分布广泛，各地都存在改造难度大的问题。一是老旧管网改造遵循原有路由，一般都在老城区，沿途存在大量占压问题，主要是老建筑、地下构筑物或其他设施占压，拆迁困难；二是施工改造难度大，恢复难度大，施工并行或穿越老旧城区不明地下构筑物、市政设施多；三是改造过程中对城市交通、环境等造成无法避免的影响，尤其一些供热主干线通常敷设在交通主干道下，或者穿越城市繁华路段，对城市日常运维产生较大的影响。

供热老旧管网改造的另一个特点是，建设周期非常短，一般来说必须在停热后进行，而且当年供热前必须完成改造并投入使用，尤其在一些供暖时间超过半年的严寒地区，老旧管网改造面临极大的困难。故而，老旧管网改造前需要政府和相关部门进行充分的研究和统筹协调、规划，确保一路绿灯、手续完备、顺利开工；在改造过程中还要因地制宜，做到应改尽改。老旧管网的改造需要大量的资金投入，包括管道和设备更换、系统升级、人员培训等方面。对于经济能力较弱的城市和企业来说，可能会面临较大的经济压力，需要多方筹集资金，确保工程能够保质保量完成并交付使用。老旧管网改造困难对城市供热安全的影响是多方面的，需要政府和相关部门高度重视，加强规划和管理，确保最大限度地消除安全隐患。

5. 舒适用热需求给供热安全工程带来新挑战

随着居民生活水平的提高和节能减排政策的推进，城市供热已经从传统的"温饱型"向"舒适型"转变。这种转变不仅意味着更舒适的供热温度和质量，也给城市供热安全带来了新的挑战。一是系统供热量增加。舒适用热需要系统随时适应用户侧的需求，首先是一年中需要更长的供热时间，其次是天气越冷用户反而需要更高的供热温度，这时能源供应压力会明显增大。为了满足要求、适应变化，供热系统需要更大的容量和更高的效率，这对供热设施的安全保障提出了更高的要求。二是需要及时消除频繁的供热不均衡的问题，即在追求用热舒适性的过程中，如何迅速确保不同区域、不同建筑之间的供热均衡？一方面供热系统面临原有顽疾，一些老旧小区或保温性能差的建筑可能难以达到理想的供热效果，而一些新建的高档小区则可能因为过度供热而造成能源浪费；与此同时，用户的个性化需求增多带来更多的不稳定、不均衡，需要及时调节保证热用户的水力和热量平衡。三是系统调控难度加大。舒适性供热要求供热系统具有更高的调控精度和更快的响应速度，调节不好可能引发社会不公和投诉增多，反过来也无法完全满足用户的个性化需要。四是热用户行为变化带来的挑战。随着供热质量的提升，热用户的行为也会发生变化，例如，热用户可能会更加频繁地调节室内温度，这可能对供热系统的稳定性造成影响。

综上所述，城市供热安全面临着多方面的挑战。为了保障城市供热系统的安全稳定运行，需要各方共同努力，加强安全管理、设施更新、技术创新，提高应对能力，以应对各种潜在的安全风险。

第 2 章

供热项目建设安全

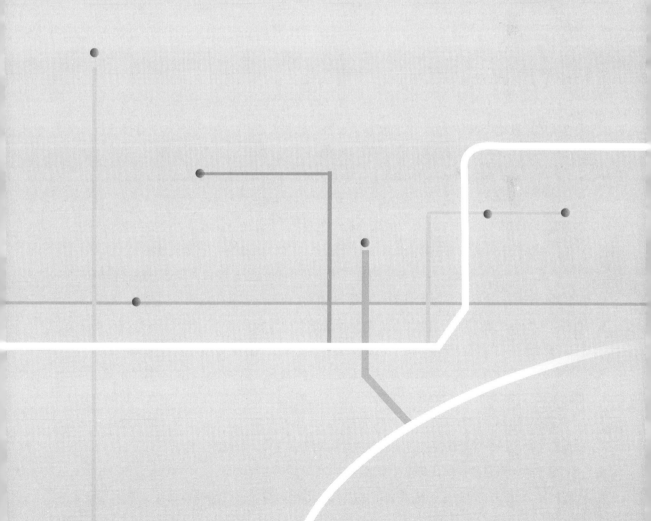

随着经济社会发展，热用户需求不断提高，供热服务既要满足质量要求，又要保证建设进度及投资效益，这就对建设者提出较高要求。城市供热工程建设是一项复杂的系统工程，涵盖前期、勘察设计、建设实施、运行维护等环节，需要建设者运用科学、规范、精细的管理方法和手段，保证城市供热工程的质量和安全。

2.1　供热项目特点

城市供热项目作为城市基础设施的一部分，其建设内容一般包括热源厂、供热管网和热力站，具有如下特点：

（1）技术专业性强。供热项目技术方案的确定需要综合考虑能源供应稳定性、网架布局合理性、设施设备可靠性、生产运行安全性、成本效益经济性、供热服务保障性以及系统综合环保性等多重因素，对项目各阶段实施都提出了较强的专业性要求，在遵守国家和地方、行业相关法律法规、技术标准规范要求的同时，还需具备专业素质的人才。

（2）建设周期长。供热项目属于市政设施，前期阶段需要规划、环保、土地、建设以及铁路、河湖等众多部门审批、协调，涉及范围广、流程长；实施阶段受资源条件、周围环境、交通、天气甚至拆迁等多重外部因素影响，不确定因素多、整体周期长。

（3）安全可靠性高。供热是居民生活和企业生产的基本需求，供热系统必须保证连续、稳定运行。这就要求项目在前期制定方案时确保其合理性，后续推进实施、运行管理的各环节加强质量管理、质量控制，确保系统的安全性和可靠性。同时，做好应急保障工作，在突发极端天气、设备故障、能源断供等紧急情况下，能够迅速采取有效措施应对。

（4）季节性强。供热项目一般是冬季运行，寒冷天气给生产运行工作增加难度，需严格按照管理制度执行，做好各种准备、防护、监控、调节和善后工作，并对接好用户，及时处理投诉、提高服务满意度。而系统维护工作集中在春、夏、秋三季，需要合理安排检修内容、进度，确保项目在供暖期前完成建设和调试工作，按时投入运行。

城市供热项目建设质量与安全管理特性主要体现在以下方面：

（1）适用性　即功能，既要满足供热系统运行功能需求，又要体现能源效率与环保、供热技术与设备先进性、规划与布局合理性等因素。

（2）耐久性　即寿命，是指在规定的条件下，满足规定功能要求使用年限，即工程竣工后的合理使用寿命周期。一般来说，供热管道设计年限较长，热水供热管道的设计年限不应小于 30 年，蒸汽供热管道的设计工作年限不应小于 25 年。

（3）安全性　是指供热工程建成后，在使用过程中保证设备、人员和环境免受危害的程度。

（4）可靠性　是指供热工程在规定的时间和规定的条件下完成规定功能的能力，如工程上的防洪与抗震能力等，都属于可靠性的质量范畴。

（5）经济性　是指供热工程从规划、勘察、设计、施工到整个产品使用寿命周期内的成本和消耗的费用，具体为前期成本、建设成本、使用成本三者之和。

（6）与环境的协调性　供热工程涉及能源消耗和污染物排放以及碳排放，因此其建设与运行应与周围生态环境相协调，与所在地区经济环境相协调，与周围已建项目相协调，以适应可持续发展的要求。

2.2　安全管理体制

2.2.1　安全管理架构

供热项目的专业性和复杂性要求必须关注每个阶段的安全管理和风险防范，其安全建设不仅对项目本体至关重要，也关系到参建者和周围人民群众的人身和财产安全。合理的安全管理架构能够有效化解供热项目建设过程中的各类风险隐患，杜绝或减少可能发生的各类事故。因此，完善供热项目建设安全管理架构，加强对项目建设的监督管理，对更好地统筹项目建设各阶段安全管理工作、提升项目建设全流程安全水平、提高项目建设质量具有重要意义。

1. 目标与原则

（1）目标

1）保证项目建设过程中设施、设备及人员作业安全。

2）提高供热项目质量，避免发生安全事故。

（2）原则

1）预防为主：增强安全意识，加强风险防范措施，降低安全隐患。

2）综合治理：综合利用各种手段，不断提升安全管理质量。

3）分工明确：明确各部门安全责任，确保安全制度的有效实施。

4）科学管理：采用科学的管理方法，全面提高安全管理水平。

2. 构成要素

为确保供热工程项目建设过程中的安全管理工作落到实处，安全管理要素贯穿整个项目过程中，包括但不限于以下几方面：

（1）法律法规、行业规范

法律法规是安全管理体制的基石。目前，国家及各地政府已制定了与供热项目建设相关的法律法规，明确了项目相关单位的安全责任和义务，为安全管理提供法律依据和保障。国家标准和行业规范是项目建设的标准，按照规范施工有助于提高工程质量，对于保障供热系统运行安全有重要意义。

（2）组织机构

建立以建设单位主体把控为核心，施工单位源头管理为根本，监理单位日常监理为关键，物资部门材料质量把关为基础，安监部门各环节安全监督抽查为抓手，勘察、设计等单位各尽其责的工程质量安全监督管理体系。各相关单位设立专门的安全生产管理机构，并配备足够数量的专职安全生产管理人员，明确各部门和人员的职责和责任，确保安全管理工作的高效推进。总的来说，供热项目建设涉及多个单位和部门的协作，安全管理难度较大。需明确各方责任，加强沟通与协调。

（3）安全规章制度

建立城市供热项目建设的安全管理制度和规范，建立健全生产安全事故隐患排查治理制度，包括安全生产管理制度、安全操作规程、安全检查制度、应急预案、针对危险性较大的通用性分部分项工程建立安全专项施工标准等，确保安全管理工作有依据。

（4）教育培训

项目参与者的安全意识和操作技能是影响安全的重要因素。应加强对主要负责人和安全生产管理人员的专项教育培训，包括提升安全意识和应急处置能力等。教育培训的主要内容应包括安全法规、安全操作规程、事故案例分析等，确保相关人员在项目建设过程中具备应对安全风险的能力，将安全理念贯穿于供热项目建设的全过程。

（5）安全投入

供热项目在设计阶段应把设备裕量、安全备用以及应急处理装置等考虑到位，并在施工过程中为现场操作人员提供符合标准的劳动防护用品，配备必要的安全设施和装备，如安全防护用具、消防设备、通风设备等，确保施工现场的安全条件。应在有较大危险因素的场所和有关设备、设施上设置明显的安全警示标志和防护措施。积极推广应用新型安全设备，如智能安全防护设备、自动化监控系统等，及时发现安全隐患，提升安全管理的效率和精度。充分运用现代信息技术，如物联网、大数据、人工智能等，建立供热项目建设的安全管理平台，实现对供热项目建设的实时监控和数据分析，找出供热项目建设过程中安全隐患的规律和趋势，为安全管理提供科学依据。

（6）风险评估与安全预防

建立风险预警机制，做好项目建设各阶段的风险评估工作，对可能存在的危险源进行辨识和评估，采取相应的风险管控措施。勘察、设计单位必须按照工程建设标准和要求开展工作，并对其勘察、设计的成果质量负责。设计单位在成果文件中选用的材料、设备、配件等，应当注明规格、型号、性能等技术指标，必须符合相关标准要求；同时应注明施工的重点部位和环节，提出防范安全事故的指导意见。勘察单位应按规定在成果文件中说明地质条件可能造成的工程风险并提出防范措施建议。此外，可引入先进的风险评估方法和工具，采用定量分析方法，对供热项目建设过程的安全风险进行科学评估并建立预警机制，提前防范事故的发生。

（7）安全检查与档案管理

建立完善的安全检查制度，包括一般检查、专项检查和年度检查等，对供热项目施工过程、投运过程进行严格管控，及时发现并消除安全隐患。对特种作业人员要严格执行持证上岗制度。项目建设、施工和监理相关单位要做好安全档案管理工作，妥善保管安全检查记录、过程文件、事故处理报告等相关资料。

（8）应急响应与事故处理

制定安全事故应急救援预案，配备应急救援人员和物资，并针对可能发生的安全事故定期组织演练，提高应对突发安全事故的能力。一旦发生安全事故，要及时启动应急预案，第一时间进行事故救援和处理。事故处理结束后，要对事故原因进行深入调查，总结经验教训，防止类似事故再次发生。

通过以上要素构建城市供热项目建设安全管理架构，落实各环节管理责任，能够有效提升供热项目建设安全管理水平，降低事故发生率，提高应急处置能力，确保项目建设过程中各项工作安全有序推进。根据以上要素构建的某供热企业项目建设安全管理架构如图2-1所示。

2.2.2 项目建设各方职责

城市供热工程涉及源、网、站、户，是一个系统性工程，具有建设规模大、环境因素复杂、技术专业性强、作业难度高等特点。城市供热项目建设阶段安全责任划分涉及建设单位、勘察设计单位、施工单位、监理单位以及其他相关单位。在供热项目建设的安全管理过程中，建设、施工、监理单位的安全管理是其中的重点工作，有关单位应认真贯彻落实《中华人民共和国安全生产法》《中华人民共和国建筑法》《建设工程安全生产管理条例》等相关法律法规，切实履行安全责任。

1. 建设单位

建设单位是供热项目的发起方，对工程项目安全管理负总责，对勘察、设计、施工、监理等单位进行安全履约情况全过程管理。

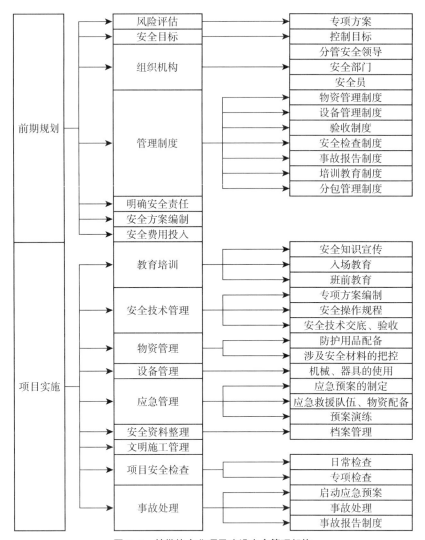

图 2-1　某供热企业项目建设安全管理架构

（1）建设单位应选择具有良好信誉和丰富经验的勘察、设计、监理单位。考察资质等级、过往项目业绩、安全管理体系等各方面情况，确保其有能力承担本项目任务，并保障达成项目各阶段的安全目标。建设单位在与各相关方签订合同时，可将安全条款写入合同，作为合同的具体内容，以明确双方的责任和义务。

（2）建设单位应在初步设计阶段组织开展城市供热工程安全质量风险评估（含建设工期、造价对工程安全质量影响性评估）并组织专家论证，同时按照有关规定组织专家进行抗震等专项论证。

（3）建设单位在编制供热工程概算时，应将安全措施费用单列，包括安全质量风险评估费、工程监测费、工程周边环境调查费等。建设单位与施工单位应在施工合同中明确具体的安全措施费用，以及费用预付、支付计划、使用要求等条款。

（4）供热项目竣工验收时，建设单位应组织工程建设各有关单位参加，查验工程是否具备安全供热条件。在竣工验收后，工程建设各有关单位应向建设单位提供工程档案相关资料。

2. 勘察设计单位

（1）勘察单位

1）城市供热项目勘察单位须建立健全安全责任制和相关管理制度，设置安全管理机构，对工程勘察安全实施全面管理。

2）勘察单位的项目负责人应当具有相应执业资格和城市供热工程勘察工作经验，对所承担工程项目的勘察安全负责。

3）勘察单位应按照法律法规和工程建设强制性标准要求进行勘察，勘察外业工作应严格执行勘察方案、操作规程和安全生产有关规定，并采取相应措施保证勘察作业范围内各类管线、设施和周边建 / 构筑物的安全。

4）勘察单位提交的勘察文件应当真实、准确、可靠，符合国家规定的勘察深度要求，满足设计、施工的需要，同时应结合项目具体情况明确给出可能因地质条件造成的工程风险，必要时应针对特殊地质条件提出专项勘察建议。

（2）设计单位

1）城市供热项目设计单位须建立健全安全责任制和管理制度，设置安全设计管理机构，对工程设计安全实施全面管理。

2）设计单位项目负责人应当具有相应执业资格和城市供热工程设计工作经验，对所承担工程项目的设计安全负责。从事工程设计的执业人员应当对其签字的设计文件负责。

3）设计单位应按照法律法规和工程建设强制性标准进行城市供热项目设计，防止因设计不合理导致的安全事件或事故发生。

4）设计文件中应当注明涉及供热工程安全的重点部位和环节，并提出保障供热工程安全的设计处理措施。

5）设计单位应当针对安全风险评估确定的高风险工程设计方案组织专家论证。

6）对于采用新技术、新工艺、新材料以及采用特殊结构的城市供热工程项目，设计单位应在设计文件中提出具有针对性的安全防范措施。

3. 施工单位

施工单位作为城市供热建设工程的实施主体，应设立安全管理部门，全面负责城市供热建设工程施工现场的安全生产管理工作，制定全面具体的安全措施和操作规程，并确保员工接受必要的安全培训，依法承担城市供热建设工程安全生产主体责任。

（1）认真贯彻执行有关安全生产的法律法规，建立健全各项施工安全管理制度和应急预案，组织开展好施工作业期间的安全生产工作。

（2）城市供热建设工程施工单位应按照国家有关规定依法取得施工安全生产许可证。

从事供热建设工程的新建、扩建、改建和拆除等活动，应具备国家规定的注册资本、专业技术人员、技术装备和安全生产等条件，依法取得相应等级的资质证书，并在其资质等级许可的范围内承揽工程。

（3）施工单位主要负责人依法对供热建设工程施工现场的安全生产工作负责，制定全面的安全生产规章制度和操作规程，保证本单位安全生产所需的资金投入，对所承担的城市供热建设工程进行定期和专项安全检查，并做好安全检查记录。

（4）根据工程施工图及施工安全技术交底要求，编制工程《施工安全技术方案》，并在工程开工前报送监理人员审核、批准，同时报建设单位备案。在施工作业过程中，如需对既有热力管线及设备设施更改或者进行操作，必须经设施所属单位书面同意方可进行。

（5）建立安全生产组织管理机构和安全生产责任制，按要求配备专职安全管理人员；建立隐患排查治理长效机制，定期组织施工现场安全检查和隐患排查治理活动。

（6）工程开工前，必须组织全体施工作业人员进行安全教育培训和安全技术交底，并经考核合格以后方可上岗作业；特种作业人员必须持证上岗。

（7）开工前，组织专业人员对施工区域、作业环境及施工机械设备、电气设备、工器具等进行认真检查，确保其均处于安全状态，并经相关人员确认符合安全生产的相关要求方可开工。

（8）起重机械、基坑工程、脚手架、模板支架等危险性较大的分部分项工程，必须编制专项安全技术方案，严格按照相关的安全技术要求进行，必要时进行专家论证。

4. 监理单位

监理单位是独立于建设单位和施工单位的第三方机构，负责对城市供热项目按"四控"（投资控制、质量控制、进度控制、安全控制）、"两管"（合同管理、信息管理）、"一协调"（协调各参建单位关系）的工作内容，对该工程项目从施工准备阶段、施工阶段、工程竣工验收交付及保修阶段等全过程实施监理。项目监理人员专业、数量应满足监理工作的需要。监理单位在城市供热项目建设工程中的具体职责如下：

（1）建立以总监理工程师为第一责任人的项目安全管理体系，每个监理标段必须至少配备一名安全监理工程师负责监理标段的安全监理工作。

（2）根据项目特点，制定《监理规划》和《监理实施细则》。《监理规划》和《监理实施细则》应有安全生产专篇，并结合项目特点制定安全监理工作流程，明确安全控制要点，关键部位（或工序）应有针对性较强的安全生产管控措施。

（3）检查施工单位安全生产管理体系的建立和运行，认真审核施工组织中的安全保障措施、专项安全技术措施方案、应急预案和环境保护措施等，对不符合安全生产要求的措施、方案应及时要求施工单位进行修改完善。

（4）监理单位在实施监理过程中，发现施工单位存在违规行为或组织实施不到位、存在安全隐患的情形，应要求施工单位立即整改。情况严重的，应要求施工单位暂停施工，并及时报告建设单位。施工单位拒不整改或者不停止施工的，监理单位应当及时向建设单位报告。

5. 其他相关单位

除了上述主要单位外，其他参与项目的单位也需要承担相应的安全管理责任。这些单位包括材料供应商、施工机械租赁单位等，这些单位应当遵守相关的安全管理规定，提供符合安全标准的材料和设备，并确保其使用安全。

城市供热工程建设各单位应根据项目特点，明确各自的安全责任，并积极履行。总而言之，各参建单位需要共同努力，确保项目的安全顺利进行。

2.3　前期阶段风险识别与防范

结合供热项目管理周期，供热项目前期阶段的主要环节有立项申请阶段和可行性研究阶段。供热项目前期阶段的安全管理工作具有重要意义，将对接下来的设计、施工等具体实施阶段起到引领、指导和规范作用，下文将具体介绍项目前期阶段的风险识别及相应防控措施。

2.3.1　风险识别

供热项目在项目前期阶段所面临的风险具有复杂性和多样性，包括几个方面内容。一是政策层面的风险，可能直接影响项目的定位和规模，如采用工业余热供热不能享受相应的初投资补贴政策，采用中深层地热供热拿不到地热资源开采权等。二是规划层面的风险，可能改变项目的实施路径和资源配置，如区域内原有的热电联产供热机组被禁用，不得不采用其他资源来供热。三是市场层面的风险，主要涉及市场需求的变化、市场竞争的激烈程度等，如规划区域内建筑物类别或用热性质发生重大变化。四是技术层面的风险，主要指因技术方案科学性、适配性、可行性、经济性等多方面产生的风险，包括技术落后、技术不成熟、技术需求不匹配等，如选用某些新能源作为供热热源，将面临安全性和可靠性等问题，这可能对以民生保障为目标的城市供热稳定性产生影响。五是经济层面的风险，主要涉及资金筹措、投资回报及成本效益等方面的风险，供热工程资金筹措的难易程度、投资回报的合理性以及成本效益的优劣，都将影响项目的经济效益和可持续性。此外，项目选址也是供热工程前期阶段的主要风险种类之一，主要包括项目选址地的环境条件、能源资源条件、建设实施条件、供需匹配情况等，如大型热源厂只分布在城市边缘中的一侧，当热源和一级网干管出现故障时，将可能对整个城市的供热保障产生影响；另外，如果大型燃气锅炉房分布在燃气资源较为短缺、燃气供应不稳定的地区，也会对当地的供热保障产生较大影响。

2.3.2　风险防范

为应对供热项目前期阶段的各类风险，建议各相关单位做好以下风险防范措施。

首先应密切关注国家产业政策和上位规划的变化，灵活调整项目定位和规模，确保项目始终与政策导向一致。其次要深入进行市场调研，准确把握市场需求和竞争态势，制定有效的市场策略，以应对市场风险。

在技术风险防范方面，应结合国家及当地环保要求，尽可能选择绿色环保的供热技术，在同类技术中以先进性和适用性为原则确定技术方案，尽量应用避免过时、落后的技术，同时要加强对城市供热领域技术可行性、安全性及长期使用可靠性的审核把控，特别是提高对于新技术、新设备、新材料在城市供热建设项目中应用的审查级别，防范因技术不成熟导致的供热安全风险。

在应对经济风险方面，需积极寻求多元化的融资渠道，确保项目资金充足，同时加强成本效益分析，充分结合当地能源资源价格水平和相关价格政策，确保投资回报的合理性。

在项目选址过程中，应根据当地区位条件，充分考虑项目拟选地的自然、人文等多方面因素，结合拟建项目区域周边的勘察资料，尽可能避免选址在自然灾害频发的地区；结合当地热用户位置分布，科学合理布置热源，在减少管网敷设成本的同时强化供热保障能力；充分调研当地能源资源情况，确保供热运行的稳定性和经济性。

总的来说，根据《供热工程项目规范》GB 55010—2021规定，供热工程规模应根据城乡发展状况、能源供应、气候环境和用热需求等条件，经市场调查、科学论证，结合热负荷发展综合分析确定；供热工程的布局应与城乡功能结构相协调，满足城乡建设和供热行业发展的需要，确保公共安全，按安全可靠供热和降低能耗的原则布置；供热能源的选用应因地制宜，能源供给应稳定可靠、经济可行，能源利用应节能环保。

2.4　勘察设计阶段风险识别与防范

2.4.1　勘察阶段

供热项目勘察阶段是整个项目的重要基础，其安全管理不仅直接关系到勘察作业的顺利进行，更对整个项目的质量、工期、成本以及企业的声誉产生深远影响。

1. 勘察阶段工作内容

勘察阶段工作内容应关注以下方面：

（1）确保供热项目的安全性。通过详细的地质勘察和现场调研，全面了解供热区域的自然条件、地质环境以及既有供热设施的状况，为供热系统的设计和施工提供准确的数据支持。勘察工作有助于预防因地质条件复杂或工程设计不当而引发的安全隐患。

（2）确保供热项目的适应性。供热项目建设勘察工作需要对现有的供热系统进行全面了解，包括供热系统的设施情况、运行状态、能源消耗等方面。通过实地勘察和数据分析，深入了解供热系统的现状，为后续的设计和改造提供准确的依据。

（3）确保供热项目能源供应稳定性。关注供热系统的能源来源和供应情况。不管是煤炭、天然气、电力等常规能源，还是地热、太阳能、工业余热、绿电等新能源和可再生能源，勘察阶段都应对区域资源禀赋、能源供应情况进行详细了解，以便在后续设计中优化能源利用，降低运行成本。

（4）掌握供热区域范围和地形地貌特点。供热系统覆盖范围可能包括居民区、商业区、工业区等不同类型的用地，这些用地的特点和需求各不相同，因此需要对每个区域进行详细的勘察和分析。同时，地形地貌特点也会对供热系统的设计和运行产生影响，如山地、河流、湖泊等自然地形地貌可能会对供热管道的敷设和热力传输产生影响，需要在勘察中予以充分考虑。

（5）收集和分析相关环境数据。包括大气环境、水环境、土壤环境等方面的数据，这些数据对于评估供热系统对环境的影响以及制定环保措施具有重要意义。通过收集和分析这些数据，可以为供热系统的环保设计和运行提供有力支持。

（6）对未来供热需求进行预测和分析。随着城市的发展和人口的增长，供热需求也会不断变化。通过深入了解城市的发展规划和人口变化趋势，提前对未来供热需求进行预测和分析，为供热系统的扩建和改造提供科学依据。

供热项目建设勘察内容涵盖了多个方面，需要全面、细致地进行调查和分析。只有通过科学的勘察工作，才能为供热项目的建设和运行提供准确、可靠的数据支持，确保项目的顺利进行并达到预期目标。

2. 勘察阶段安全管理

在供热项目勘察阶段，安全风险的识别与防范至关重要。通过对现场勘察风险识别、环境因素风险评估、地质条件勘察难点分析、人员安全防范措施、设备安全操作规范、现场安全标识设置、应急预案制定与演练、建立监督与反馈机制以及风险评估与改进等方面进行全面考虑，可以有效降低安全风险，确保勘察工作顺利进行。

（1）现场勘察风险识别

在供热项目勘察阶段，首要任务是识别并评估现场可能存在的安全风险，包括道路、用电等场地布置；高压线、河湖、铁路等临近设施情况；并考虑雨雪、大风等恶劣天气可能带来的不利影响等。

（2）环境因素风险评估

需全面评估环境因素，包括但不限于以下方面：

1）地理位置：分析项目所在地的自然灾害发生频率，如地震、洪水等，评估其对项目安全的影响。

2）周边环境：如厂站、管线周边地上及地下的建筑物、构筑物和地下管线，管线埋设深度的地质条件及水文条件等。评估项目周边的交通状况、居民分布等因素，以便提前采取措施避免对周边造成不利影响。

（3）地质条件勘察难点分析

地质条件勘察是供热项目建设的重要环节，其重点主要包括：

1）勘察地下水位、水流及地质构造的复杂性，包括分析地层结构、掌握地质条件变化规律，以便在后续施工中采取相应的措施。

2）勘察潜在的地震、滑坡、泥石流等自然灾害风险。

3）勘察地下障碍物分布情况：探测并识别地下管道、电缆等障碍物，避免在勘察过程中造成损坏。

（4）人员安全防范措施

1）制定详细的勘察计划和方案，明确作业流程和安全要求。

2）对勘察人员进行安全教育培训，严格执行安全操作规程，确保他们熟悉并掌握相关安全知识，增强其安全意识和操作技能。

3）配备必要的安全防护用品，如安全帽、安全鞋等，确保勘察人员在勘察过程中的安全。

（5）设备安全操作规范

设备安全操作应遵循以下规范：

1）应选用符合国家标准、性能稳定的勘察设备，定期进行设备维护和检查。在使用设备前进行全面检查，确保设备性能良好，无故障隐患。对于特殊设备，如钻探设备等，应确保操作人员具备相应的资质和技能。

2）制定详细的设备操作流程，要求操作人员严格按照规程操作，避免误操作引发安全事故。

（6）现场安全标识设置

在勘察现场应设置明显的安全标识，以提醒作业人员注意安全。标识应包括安全警示牌、安全提示语等，确保作业人员能够及时了解现场安全风险并采取相应防范措施。

（7）应急预案制定与演练

制定完善的应急预案并进行定期演练是应对突发安全事件的重要手段。根据勘察阶段可能面临的风险，制定针对性的应急预案，明确救援流程、人员分工等。定期组织应急演练，检验预案的可行性和有效性，并对演练过程进行评估，不断完善预案。

（8）建立监督与反馈机制

建立有效的监督与反馈机制，有助于及时发现并纠正安全隐患。

1）对勘察现场进行定期和不定期巡查，确保各项安全措施得到有效执行；加强对作业人员的监督和管理，确保其严格遵守安全规定和操作规程。

2）建立畅通的反馈渠道，鼓励现场人员及时报告安全问题和隐患，以便及时采取措施进行整改。

（9）风险评估与改进

在勘察阶段结束后，应对整个过程中的安全风险进行评估和总结。针对存在的问题和不足，制定改进措施并付诸实施。通过持续改进和优化勘察工作流程和安全防范措施，不断提高供热项目建设的安全水平。

2.4.2　设计阶段

1. 设计阶段工作内容

供热项目设计分为初步设计和施工图设计两个阶段。对于一般的供热项目，初步设计阶段是设计的第一阶段，主要任务是把可行性研究报告中提出的技术思路、实施方案以及安全措施等内容进一步深化落实，通过初步设计加以体现。施工图设计根据已批准的初步设计（或技术设计）文件编制，把初步设计中确定的设计原则和设计方案，根据供热项目的需要，进一步具体化、明确化，通过详细计算和精确布置，绘制出正确、完整的供热项目安装图纸，并编制施工图概算，主要内容包括设计说明、材料设备清单、平立剖面等设计图纸。

2. 设计阶段安全管理

（1）确定安全管理目标

根据供热项目的规模、用途、目标等因素，遵循科学先进、经济适用的原则，制定具体的安全指标，如压力、温度等参数的安全范围，设施设备的安全等级等，确保系统稳定可靠运行，防止爆炸、坍塌、水击、火灾等事故的发生。

（2）安全风险评估与分析

设计阶段应对工程可能存在的安全风险进行详细识别和评估，包括工艺、结构、配电、消防等技术层面，地质条件、周边设施、穿跨越河湖铁路等环境层面，以及专业素养、实践经验、安全意识等人员因素，还包括地质灾害、洪灾、火灾等自然风险。针对识别出的风险，提出相应的设计对策和预防措施，如在地质条件不良地区采取特殊的基础处理方式，在建筑物中合理设置消防设施和疏散通道等。

（3）严格遵循标准规范

设计人员在开展设计工作过程中，应全面熟悉并严格遵守国家、地方以及行业有关工程建设安全、生产运行安全的法律法规、技术标准和规范，确保设计方案中的各项设计参数、结构形式、材料选用等均符合安全要求。

（4）安全设施设计

根据供热项目的特点和安全要求，设计必要的安全设施，如消防系统、通风系统、防爆设施、安全警示标志等，确保安全设施的设计符合相关标准规范，以有效预防和控制事故的发生。考虑安全设施的可靠性、可维护性和经济性，选择合适的设备和材料。

（5）成果校核与审查

建立严格的内部审查制度，对设计成果如计算书、设计图纸进行多层次的审校把关，包括专业审查和综合审查，确保各专业之间协调统一、目标一致，不存在安全冲突。例如，工艺管道的支吊架与电气专业在预留孔洞和设备安装位置上应相互配合，避免因冲突而影响系统或构筑件的正常运行。尤其对关键部位和重要节点的设计应进行重点审核，确保满足强度、刚度和稳定性等多方面的安全要求。

（6）图纸审查

根据项目所在地监管部门要求，聘请第三方专业机构对图纸进行准确性、完整性、规范性等方面的审查，确保施工图符合安全标准和规范。审查内容包括工艺安全、结构安全、消防安全、施工安全等，对不符合要求的施工图责令设计单位进行修改，直至合格后方可发放施工许可证。

施工图设计是供热项目实施的依据。如果图纸中存有不安全因素，则实施过程中或工程竣工后，先天性的隐患就会包含其中，供热项目的安全危险性就会变大。这些隐患如果不加以排除，将会造成施工过程中或运行阶段的安全事故。因此，必须做好图纸设计中的安全管理工作。

3. 设计阶段关注要点

设计阶段安全风险主要包括法规安全、质量安全、环境安全三个方面，其风险识别与防范详见表 2-1，供热项目设计需关注的安全风险要点见表 2-2。

设计阶段风险识别表　　　　　　　　　　　　　　　　　　　　表 2-1

序号	风险类型	风险描述	防范措施
1	法规安全	设计人员因违反相关法律法规、未按照标准规范进行设计、未履行报告和备案程序以及对环境因素考虑不充分而面临的风险	设计人员应加强法律法规和标准规范的学习与培训，提升安全意识，严格遵守法律法规和标准规范，确保设计工作符合国家、地方以及行业相关法律法规、规范标准，避免因违反法规导致风险； 设计成果要进行严格的内部审查，确保符合相关法律法规和标准规范，如发现不符合之处，应及时进行修改

续表

序号	风险类型	风险描述	防范措施
2	质量安全	由于设计基础数据不准确、对技术难点考虑不充分、设计方案不合理、设计深度不够、图纸表达不清晰等而产生的安全隐患	设计单位要具有项目要求的设计资质，设计人员具有相应的设计能力和经验； 设计前应进行充分的风险评估，了解可能存在的风险因素，包括施工及运维现场的安全因素，并采取相应的防范措施；设计人员应按照规范的设计流程进行工作，确保数据的准确性和设计方案的合理性，降低因设计问题导致的风险；图纸交付前，组织相关单位进行图纸会审，发现问题及时解决，以免影响质量安全； 在设计变更时，应遵循变更流程，确保变更的合理性和可行性，避免因变更不当导致的质量安全问题； 各方保持良好的沟通，及时反馈对设计的意见和建议，确保设计满足现场施工条件和工艺安全要求
3	环境安全	项目实施过程中可能对周边设施、绿化、大气、水资源等造成的安全风险；项目周边的地质水文条件对项目实施造成的风险	针对这些安全风险制定有效保护、防护措施，采取注浆、打桩等结构支护措施，保证构筑物的稳固；安装阻尼器、软连接等隔震减震设备，减少系统运行带来的环境扰动；利用盾构、顶管等非开挖技术穿跨越重要设施，通过应用先进的环保技术和设备减少对环境的影响

供热项目设计需关注的安全风险要点　　　　　　　　　　　表 2-2

序号	安全风险要点	内容描述	防范措施
1	供热介质汽化	防止因为供热系统突然断电、误操作、定压值设定偏低、自控系统失灵等原因造成供热介质汽化、汽水冲击	首先，要进行静态水力计算，确定供热系统的管径、热源循环水泵、中继泵的流量和扬程，确保热用户有足够的资用压头且系统不超压、不汽化、不倒空；其次，对于系统性的大型工程要进行事故或可能发生安全风险的工况进行动态水力工况分析，如大型厂站、长距离输送干线，因供热范围内地形高差大、系统工作压力高、系统工作温度高、系统可靠性要求高，需要进行必要的动态水力工况分析，并对可能发生的风险点采取合适的措施，避免安全风险的发生；另外，热源工程、泵站工程应设双路供电，且具备自动切换功能，防止因突然停电而造成供热介质汽化
2	设备参数满足要求	合理设置参数，如应满足相应的承压、耐温要求，防止超温、超压造成设备损坏或安全事故	应根据项目的具体情况确定设计参数，包括温度、压力等。选取设备、管道、阀门附件时要根据设计参数和系统的运行要求确定设备的承温、承压参数。应根据供热系统的特点和要求设置安全阀，并设定合理的压力控制值，在需要的位置设置超温报警装置，防止因为超温超压造成设备、管道、阀门附件的破坏和安全事故发生
3	热源的燃料安全	常规使用的燃料主要有煤、油、燃气等，热源厂的燃料储存、运输和使用都应满足相应的规范要求，有相应的防火、防爆、防漏等安全措施	热源燃料为煤粉炉的热源厂，配套制粉系统和煤粉运输、存储、给料等系统的设备选型和安全措施应满足相关法律法规的要求；燃料为燃油的热源厂，燃油系统的油加热器、供油泵、油的储存和运输等设备的设置和安全措施应满足相关法律法规的要求；燃料为燃气的热源厂，燃气的质量应符合现行国家标准的规定

序号	安全风险要点	内容描述	防范措施
4	热源的消防安全	做好消防设计，并按照规定设置消防设备设施，包括灭火器、防火门、火灾报警系统、消火栓、疏散标识、疏散通道、应急照明设施等，确保消防安全	锅炉房消防相关设计要符合现行国家标准的规定。燃油及燃气的非独立锅炉房的灭火系统，当建筑内设有防火中心时，应由防火中心集中监控。根据锅炉房的总规模和单台规模设置火灾探测器和自动报警装置。火灾探测器的选择及其设置的位置、火灾自动报警系统的设计和消防控制设施的功能，均应符合现行国家标准《火灾自动报警系统设计规范》GB 50116 的相关规定。此外，在设计中要在适当的地方设置疏散指示标识和标志，确保锅炉房周围所有逃生通道畅通，并确保通道上没有障碍物。在锅炉房内设置应急照明设备，以便在火灾发生时提供足够的光线
5	管网的应力计算	选择合适的应力计算方法。计算过程中应考虑供热管线的热胀变形问题，三通、弯头等位置应力集中比较突出的问题，在反复温度变化作用下，管网中的管线、管件会出现疲劳损伤的可能性，外部因素如地基下沉、地震等外部因素对供热管网造成破坏，引发风险的可能性	管道应力计算应采用应力分类法。管道由内压、持续外荷载引起的一次应力验算应采用弹性分析和极限分析；管道由热胀冷缩及其他位移受约束产生的二次应力和管件上的峰值应力应采用满足必要疲劳次数的许用应力范围进行验算。管道应力计算时，供热介质计算参数应按照现行行业标准《城镇供热管网设计标准》CJJ/T 34 的相关规定选取。直埋敷设热水管道的热伸长量计算及应力验算应符合现行行业标准《城镇供热直埋热水管道技术规程》CJJ/T 81 的相关要求
6	监控和保护	设置监控系统、报警系统，及时提示、预警供热系统安全风险，并采取及时、适当的方式加以纠正，从而阻断和防止安全事故的发生	锅炉应装设指示仪表监测并记录重要安全运行参数；锅炉房应按照现行国家标准《锅炉房设计标准》GB 50041 的要求设置必要的超温超压报警装置；管网在热源与供热管网分界处的参数监测、中继泵站的参数监测、热力站的参数监测、隔压站的参数监测应符合现行行业标准《城镇供热管网设计标准》CJJ/T 34 的相关规定
7	操作安全	充分考虑供热系统操作人员的使用方便和使用安全，做好相应的保护措施，防止人员巡查、运维或者操作设备过程中发生危险，造成安全事故发生	锅炉房内锅炉间出入口的设置，以及锅炉间、辅助间、生活间门的朝向应符合现行国家标准《锅炉房设计标准》GB 50041 的相关规定。地下敷设管道的检查井的尺寸、井孔数量、爬梯护圈符合现行行业标准《城镇供热管网设计标准》CJJ/T 34 的相关规定。设备、阀门等设施的设置要考虑到人员操作的方便和安全

2.5　工程施工阶段风险识别与防范

　　工程施工阶段是供热项目建设过程的核心阶段，也是风险种类最为密集、风险水平最为突出的阶段。本节将工程施工阶段的主要风险分为 4 大类：组织管理风险、施工现场风险、工程质量风险和环境保护风险，同时给出了相应防范措施。各相关单位可结合本节内容，对工程施工阶段风险充分识别分类后进行科学有效的防范，以最大限度地保障供热项目施工安全。

2.5.1　组织管理

在工程施工阶段，组织管理的重要性不言而喻，其对优化资源配置、提高施工效率、降低潜在的各类安全风险有重要意义，从而确保项目的顺利完工。本小节将工程组织管理风险分为 6 个种类，分别为组织架构风险、合规性风险、进度管理风险、资金管理风险、合同管理风险和设备材料管理风险，其风险识别与防范措施详见表 2-3。

组织管理风险识别及防范措施　　　　　　　　　　　　　表 2-3

序号	风险类型	风险描述	防范措施
1	组织架构	包括但不限于架构设计不合理、职责划分不明确、沟通机制不畅、资源分配不均、决策机制不灵活、缺乏风险管理机制、人员配备不足或不匹配、项目管理层经验不足等	供热项目相关建设单位需要合理设计组织架构，明确各部门、各岗位的职责和权限，建立有效的沟通和决策机制，合理分配资源，建立完善的风险管理机制，并配备具备相应能力和经验的管理人员； 根据项目的实际情况不断调整和优化组织架构，以适应项目的变化需求
2	合规性	未能及时了解和遵守国家及地方关于供热项目施工的法律法规和相关政策； 供热项目施工未能达到标准规范的相关要求，可能导致项目质量不达标、安全措施不到位，从而无法通过项目验收，甚至造成施工安全事故	强化法律法规意识，定期组织员工学习相关法律法规和政策，确保项目在合法合规的框架内实施； 严格执行相关标准规范，选用符合标准规范要求的技术、设备和材料，确保项目质量达标、安全合理； 建立完善的合规性管理体系，明确合规性管理目标、职责和流程，对项目进行定期合规性检查和评估，确保项目各环节符合法律法规和标准规范要求； 加强与政府相关部门的沟通与协调，了解政策动态和监管要求，确保项目与政策导向和监管要求相符
3	进度管理	计划制定得不合理，如未能充分考虑施工进场条件、工艺技术难度、资源供应周期、冬雨季影响因素等，导致施工进度无法按计划执行； 实际施工中的不可预见因素，如环境条件变化、周边交通或人为因素影响等均可能对实施进度产生影响	在项目初期，充分考虑各种可能的影响因素，制定科学周密的施工进度计划，并结合应急预案考虑一定裕量； 加强施工过程中的进度监控和预警机制，及时发现并解决影响进度的问题； 建立有效的沟通协调机制，确保各方之间信息畅通，以便及时应对突发情况； 利用数字化管理平台、引入先进的施工技术，提高施工效率，缩短施工周期
4	资金管理	资金筹集风险包括筹资渠道受限、融资成本过高、筹资周期过长等； 资金使用风险涉及资金安排不合理、滥用或浪费等，影响项目正常推进； 资金流动风险可能因款项拖欠、施工进度超前或延迟、材料价格波动等因素导致资金流动受阻；	建立健全资金管理制度，明确资金使用的规范和流程，确保资金使用的合规性和合理性； 多渠道筹集资金，从而降低资金筹集风险，如申请银行贷款、引入合作方等； 做好资金流动预测和规划，提前预测供热项目的资金需求，做出合理的预算规划，避免资金紧张； 强化资金监管和审计，确保资金使用符合相关规定，防止财务纠纷的发生；

续表

序号	风险类型	风险描述	防范措施
4	资金管理	资金监管风险则表现为监管不力或失职行为，增加财务纠纷和不合规操作的风险	加强对供热项目施工成本管控，及时发现和解决资金管理方面的问题
5	合同管理	供热项目合同包括建设主体与施工单位之间的合同、材料供应商之间的合同、总包与分包之间的合同等，其管理风险主要体现在合同内容不明确、条款不完整、执行过程中存在争议等方面。此外，还包括合同变更管理不善、合同执行过程中缺乏有效的监督与风险防范机制等	在合同拟定与签订阶段应确保合同内容明确、条款完整，并充分考虑各种可能的变更情况，制定明确的变更管理流程和责任划分； 建立合同执行过程中的监督与风险防范机制，通过定期合同履行检查和评估，及时发现并解决问题； 加强与监管部门和监理机构的沟通与合作，共同监督管理合同履约情况； 建立健全合同管理制度和流程，确保合同管理的规范性和有效性，提升合同管理水平，降低相关风险的发生概率
6	设备材料管理	采购风险：涉及供应商选择风险，可能出现供应不及时、质量不合格、价格不合理等情况；价格波动风险，尤其是在工期紧张或材料供应紧张时；采购合同风险，包括交货周期、质量参数等； 运输与存储风险：包括运输过程设备材料损坏、丢失、延误，以及存储环境不当、管理不善等； 使用与维护风险：施工人员操作不熟练或安装使用不当，造成设备材料损坏或寿命缩短	采购风险应对：建立严格的供应商评估体系，对其信誉、产品质量、价格、交货期、售后服务等进行全面评估；了解设备材料的价格动态，通过合同锁定价格，或在合同中明确价格调整机制；制定详细的采购合同，包括设备材料的规格、数量、质量标准、交货时间、价格、付款方式、违约责任等条款； 运输与存储风险应对：加强设备材料在运输和存储过程中的安全管理，包括细化合同要求，强化监督审查，包括承接单位的资质审查、用工人员能力审查、吊装及存储方案的安全审查，各种交接及安全操作记录审查等； 使用与维护风险应对：加强施工管理，严格控制材料的领用和使用。使用专业人员进行相应工种、设备的安装操作管理，加强培训，严禁违规操作；定期巡检，发现问题及时发现和排除

2.5.2　施工现场

从风险源来划分，施工现场风险主要可分为施工现场本身可能存在的内部风险以及自然和人为等因素造成的外部风险。

1. 内部风险

供热项目可分为热源工程、热力站（中继泵站、隔压站）工程、供热管网工程以及户内供暖工程，涉及多种不同的风险类型。本书重点列出 10 类内部风险，需要注意的是在单个工程中可能同时存在几类风险，现场应结合具体情况进行内部风险的全面识别。

（1）风险识别

施工现场内部可能遇到的主要风险种类及诱发的事故类型如表 2-4 所示。

（2）防范措施

1）用电风险防范措施

供热工程用电风险防范措施包括但不限于加强施工现场用电管理，特别是临时用电的安

供热工程施工现场内部主要风险表　　　　　表 2-4

序号	风险类型	诱发的事故类型
1	用电	触电、火灾、爆炸、电击、电弧伤害、静电伤害、雷击浪涌、烧伤烫伤等
2	开挖作业	触电、火灾、爆炸、坍塌、掩埋、机械伤害、高处坠落、物体打击、涌水涌砂等
3	非开挖作业（含水平定向钻、顶管、盾构）	触电、火灾、爆炸、坍塌、掩埋、机械伤害、物体打击、涌水涌砂等
4	动火作业（含焊接、切割）	火灾、爆炸、窒息、中毒、烧伤烫伤、机械伤害等
5	动土作业	触电、火灾、爆炸、坍塌、掩埋、机械伤害、涌水涌砂等
6	吊装作业	碰撞、机械伤害、物体打击等
7	高处作业	高处坠落、机械伤害、物体打击等
8	深基坑作业	触电、火灾、爆炸、坍塌、掩埋、高处坠落、机械伤害、涌水涌砂等
9	有限空间作业	火灾、爆炸、淹溺、坍塌、掩埋、中毒、缺氧窒息、高温高湿、烧伤烫伤、机械伤害、物体打击等
10	交通安全（含断路作业）	碰撞、碾压、火灾、爆炸、烧伤烫伤、物体打击等

全管理，确保所有电气设备和线路符合安全标准；定期对电气设备和线路进行检查和维护，及时消除潜在的安全隐患；严格执行用电安全操作规程，避免违规操作导致的用电事故等。

2）开挖作业风险防范措施

在供热工程开挖作业前需对现场进行详细勘察，密切关注周边的建筑物、道路、地下管线等设施，做好详细的测量测绘工作，精确定位开挖位置，结合地质勘察报告制定科学合理的开挖方案。在施工过程中，应加强边坡支护，防止边坡坍塌、滑动等事故的发生，以及地下管线开挖裸露后的悬吊保护；充分做好地下水位变化的实时监测工作，采取有效排水措施降低水位，防止涌水、冒水等险情；加强开挖施工现场的安全管理，设置警戒区域，禁止未经许可的人员进入现场。

3）非开挖作业风险防范措施

在各种形式的供热工程非开挖作业前，都应对施工区域进行全面的地质勘察，了解施工区域的地质结构、岩层特性、地下水分布等信息，并全面调查和精确定位各类地下管线，如水管、电线、天然气管道等，避免因意外损坏造成严重后果。同时，进一步结合施工工程特点落实设计意图，选择最适宜的非开挖施工方式，如水平定向钻、顶管、盾构等，并制定详细的施工方案和措施。

①水平定向钻：选择适合的钻机和扩孔器，确保设备性能稳定，施工前进行全面调试；导向钻进需实时监测钻头位置和轨迹，扩孔时注意泥浆配比和循环，适时调整钻进参数；制定合适的泥浆配比方案，确保泥浆护壁、润滑和携渣能力，建立泥浆循环系统；设置监测点实时监测土壤变形、管道位移等参数，发现异常及时处理。

②顶管：选择性能稳定、符合工程要求的顶管设备，确保设备满足施工要求；严格控制顶进速度和力度，确保顶进过程均匀稳定，防止管道弯曲或损坏；实时监测顶进设备的状态，包括液压千斤顶的压力、行程等参数，确保顶进过程安全。根据地质勘察结果，制定针对性的地层适应性处理方案，如加固处理、注浆等；在顶进过程中，根据地层变化及时调整施工方案和参数，确保施工顺利进行。在顶进后背设置测力装置，实时监测受力情况；在顶进过程中一旦发现管道轴线与设计轴线偏差过大，立即启动纠偏措施，确保管道轴线与设计轴线一致。设置监测点实时监测地面沉降、土壤变形、地下构筑物位移等参数，发现异常及时处理。

③盾构：选择性能稳定、适应地质条件的盾构机型号；定期对盾构机的关键部件（如推进系统、注浆系统、螺旋输送机等）进行性能检测。在掘进过程中，应实时监测盾构机的各项掘进参数，如推进速度、刀盘转速、扭矩等，并根据地质条件和掘进情况适时进行调整，确保掘进过程稳定；在砂卵石地层等难以建立土压平衡的地层中，应采取适当的措施，如调整泥水压力、增加注浆量等，确保土压平衡；定期检查注浆系统的管道、阀门等部件，确保注浆系统畅通，并根据注浆效果适时调整注浆参数，如注浆压力、注浆量等。设置监测点实时监测地面沉降、土壤变形、地下构筑物位移等参数，发现异常及时处理。

4）动火作业风险防范措施

供热工程动火作业风险防范措施包括但不限于在动火作业前，对作业区域进行严格的检查和清理，确保无易燃易爆物品；配备足够的消防器材，并确保作业人员熟悉使用方法；

动火作业应安排专人监护，并严格控制作业时间和范围；严格执行动火作业安全操作规程，避免因违规操作导致的火灾爆炸事故等。供热管道动火作业（焊接）如图2-2所示。

图2-2　供热管道动火作业（焊接）

5）动土作业风险防范措施

在供热工程动土作业前，首先应进行详细的地质勘察，了解施工区域地质结构、土壤特性、地下水位等关键信息。对于土壤松散或易塌方的地区，采用加固边坡、设置挡土墙等措施；开挖没有边坡的沟、坑等必须设支撑；开挖前，设法排除地表水，当挖到地下水位以下时，要采取排水措施；邻近地下隐蔽设施时，应轻轻挖掘，禁止使用抓斗等机械工具；多人同时挖土应保持一定的安全距离；坑、槽、井、沟上端边沿不准人员站立、行走；作业现场围栏、警戒线、警告牌、夜间警示灯应按要求设置。

6）吊装作业风险防范措施

在进行供热工程吊装作业时，必须严格遵循"十不吊"原则；确保吊装设备不过载、不斜拉斜挂，并保证吊物捆扎牢固；作业前需明确指挥信号，确保吊物边缘无锋利部分，严禁人员站立在危险区域；恶劣天气下应暂停作业；正确选择吊装工具和吊点，合理设置滑轮和绳索；如遇故障，应及时报告并等待专业人员处理，不得擅自离开岗位。

7）高处作业风险防范措施

供热工程高处作业风险防范措施包括但不限于严格执行高处作业安全规定，为作业人员配备必要的安全防护用品；对高处作业区域进行隔离和警示，防止非作业人员进入；加强作业人员的安全教育和培训，增强高处作业的安全意识等。

8）深基坑作业风险防范措施

供热工程深基坑作业必须按照规定编制、审核专项施工方案；超过一定规模的深基坑工程要组织专家论证，基坑支护必须进行专项设计；基坑施工前，应向现场管理人员和作业人员进行安全技术交底和培训；遵循"开槽支撑，先撑后挖，分层开挖，严禁超挖"的原则；应检查和维护施工现场排水系统，必要时采取降水措施，防止雨水流入基坑；基坑周边应按要求采取临边防护措施，设置作业人员上下专用通道，通道设置应牢固可靠，数量、位置应符合有关安全要求；基坑周边施工材料、设施或车辆荷载严禁超过设计要求的地面荷载限值；各类施工机械施工时与基坑、边坡的距离小于规定时，应对基坑支护、地面等采取加固措施；深基坑工程必须按照规定实施施工监测和第三方监测，严格控制基坑边坡和围护结构的变形，当监测结果达到基坑监测预警值时，应立即采取控制措施。

9）有限空间作业风险防范措施

供热工程有限空间作业应严格执行有限空间作业安全管理制度，确保作业程序符合安全要求。作业单位在进行有限空间作业前，应在作业现场设置作业单位信息公示牌，信息公示牌应与警示标志一同放置在现场外围醒目位置；在作业人员进入有限空间前，需先通风、再检测、后作业，应做详细的气体、温度检测，确保作业环境安全；对可能产生有害气体或进行内防腐处理的有限空间作业过程中，必须按照规定进行环境检测，如出现不合格或其他异常情况，应立即停止作业并撤离作业人员；若空间只能容一人作业时，监护人员应随时与正在作业的人员取得联系，做预防性防护；应配备专业的救援设备和人员，以便在紧急情况下进行救援。供热工程有限空间作业如图 2-3 所示。

10）交通安全风险防范措施

交通安全风险防范措施包括但不限于在施工现场设置明显的交通标志和警示牌，引导车辆和行人安全通行；加强施工现场的交通管理，确保施工车辆和人员遵守交通规则；必要时采取临时交通管制措施，保障施工现场的交通安全等。供热工程施工现场交通安全引导措施如图 2-4 所示。

2.外部风险

根据风险来源，施工现场的外部风险可划分为自然灾害和人为因素两大类。

（1）风险识别

施工现场外部风险种类及其诱发事故类型包括但不限于表 2-5 所列内容。

图 2-3　供热工程有限空间作业

图 2-4　供热施工现场交通安全引导措施

施工现场外部主要风险表　　　　　　　　　　　　　　　表 2-5

风险类型		诱发事故类型
自然灾害	高温	火灾、爆炸、设备损坏、工期延误等
	严寒	车辆打滑、设备冻结、设备损坏、工期延误等
	暴雨	漏电、淹溺、工程结构破坏、设备损坏、工期延误等
	台风	物体打击、工程结构破坏、设备损坏、工期延误等
	地震	漏电、淹溺、物体打击、工程结构破坏、设备损坏、工期延误等
	海啸	漏电、淹溺、工程结构破坏、设备损坏、工期延误等
	山体滑坡、泥石流	漏电、淹溺、物体打击、工程结构破坏、设备损坏、工期延误等
人为因素	围困、干涉	工期延误、火灾、爆炸、工程结构破坏、设备损坏等
	战争、恐怖袭击	火灾、爆炸、物体打击、机械伤害、工程结构破坏、设备损坏、工期延误等

（2）防范措施

针对供热工程施工现场面临的外部风险，以下是相应的防范措施。

1）自然灾害风险的防范措施

自然灾害风险的防范措施包括但不限于建立健全自然灾害预警机制，确保及时获取灾害信息；加强与灾害监测预警部门的沟通与协调，形成工作合力；根据施工区域的气候特点，制定针对性的防灾减灾措施；加强施工现场的防护设施建设，如排水系统、防风设施、抗震结构等；定期对施工现场进行安全评估，确保设施牢固、稳定，能够应对防灾抗灾需求；储备必要的救灾物资和应急设备，以便在灾害发生时能够有效应对；定期进行相关安全培训和演练，提高现场人员对各类灾害事件的应急处置能力等。

2）人为因素风险防范措施

人为因素造成风险防范措施包括但不限于加强与属地管理部门的沟通、与周边社区的联系协调，在施工现场设置实时监控设备，加强对周边环境的监控和预警；建立完善的应急预案，包括减尘降噪、灭火、逃生、救援等方面，并定期进行演练，确保施工现场人员能够迅速做出正确反应等；密切关注政治形势和地区动态，与政府相关部门建立紧密联系，及时获取信息并积极应对。

2.5.3　工程质量

人员、机器、原料、方法、环境是全面质量管理理论中影响产品质量的主要因素，简称为人、机、料、法、环。现针对供热工程施工过程中可能产生的主要质量风险及相应防范措施介绍如下。

1. 人员因素风险识别与防范

（1）风险识别

项目管理人员缺乏足够的质量意识和管理经验，施工操作人员技能不足、操作不规范、责任心不强等，极易造成供热工程质量问题。

（2）防范措施

人员因素的风险防范措施包括但不限于严格执行各种规章制度、作业流程，全面落实技术交底内容和质量管理要求，按要求配备管理人员，特种作业人员持证上岗，加强人员培训和管理等。

2. 机器因素风险识别与防范

（1）风险识别

机器因素可能存在的主要风险包括但不限于选用的施工用机具的状态、性能不能满足供热工程施工工艺的质量要求，或是因施工过程中的设备故障造成的质量缺陷等。另外还有项目本身采购的系统设备质量不过关、性能不能满足要求造成的质量风险。

（2）防范措施

机器因素的风险防范措施包括但不限于设备进场前进行开箱检查、试机运行，确保设备无损坏、无缺失；安装过程中，遵循操作规程，确保安装位置准确、连接牢固；安装完成后，进行功能测试，确保设备正常运行。选购设备的质量是确保设备长期稳定运行、提高生产效率、降低维护成本的关键因素。选购设备时，应从材料、制造工艺、工作效率、安全性、可靠性和售后服务等方面综合考虑设备的质量。同时，选择有良好口碑和信誉的设备制造商，可以降低选购风险，提高设备的质量。

3. 原料因素风险识别与防范

（1）风险识别

原料因素可能存在的主要风险包括但不限于选用材料的适用性不能满足设计和有关规范规定的质量要求；材料采购过程中存在假冒伪劣产品，致使材料规格、品种、性能指标不合格；材料进场验收、试验工作存在管理漏洞，造成不合格品在供热工程中使用等。

（2）防范措施

原料因素的风险防范措施包括但不限于选用合格供应商，确保材料来源可靠；进场材料需经过严格检验，包括外观检查、尺寸测量、力学性能测试等；对于不合格材料，坚决予以退货，并记录不良供应商名单，避免再次合作。同时应做好施工现场的存储管理、交叉作业管理等。

4. 方法因素风险识别与防范

（1）风险识别

对于供热工程施工过程中的关键点和难点，以及在特殊施工条件和环境下，如果采用的施工方法不合理或技术不完善等，有可能造成不同程度的质量问题。

（2）防范措施

方法因素的风险防范措施包括但不限于制定详细的施工工艺流程，明确每一步操作要求；对施工人员进行工艺培训，确保其操作技能熟练；施工过程中，质量管理人员要进行现场监督，确保施工工艺符合要求。

5. 环境因素风险识别与防范

（1）风险识别

施工环境恶劣，如施工场地温湿度过高或存在腐蚀性介质侵蚀等，均可能对供热工程施工质量产生不同程度的影响。

（2）防范措施

环境因素的风险防范措施包括但不限于对施工现场进行环境调查，了解地质、气象等条件；根据环境因素，制定相应的施工方案和风险控制措施；施工过程中，密切关注环境变化，及时调整施工方案。

2.5.4　环境保护

供热工程施工过程中可能造成的环境影响不容忽视，在当前环保意识日益增强的社会背景下，施工单位需高度重视施工活动对环境的影响，采取有效措施减少对环境的污染和破坏，全面做好大气污染、水污染、噪声污染、固体废弃物的处理，保障生态平衡和人民福祉。这不仅是企业的责任，也是实现可持续发展的必然要求。本节将结合供热项目的特点，对施工过程中的环境保护风险及相应防范措施进行介绍。

1. 风险识别

对于一般的供热工程施工过程，可能产生扬尘、噪声、废水等常见环境保护风险。特别的，城市供热行业因涉及地下施工项目较多，对于此类施工中的开挖作业、非开挖作业和深基坑作业，可能产生地面开裂、塌陷、变形，以及建筑沉降、地下文物破坏等相关风险。如在地质条件较差、生态环境脆弱的地区进行供热工程施工，则可能产生更为严重的环境保护风险，如地质灾害、水土流失、生态破坏等。

下面结合供热工程特点，选取典型且易产生环境保护风险的施工作业类型进行具体诱发事故种类的介绍，如表2-6所示。

供热工程施工环境保护风险表　　　　　　　表2-6

施工作业类型	诱发事故种类
开挖作业（含动土作业）	土壤污染、水体污染、噪声和振动污染、周边建筑沉降、地面开裂、地面塌陷、地面变形、水土流失、扬尘污染、大气污染、生态破坏、地下文物破坏
非开挖作业	土壤污染、水体污染、噪声和振动污染、地面坍塌、周边建筑沉降、大气污染、生态破坏、地下文物破坏
深基坑作业	土壤污染、水体污染、噪声和振动污染、周边建筑沉降、地面开裂、地面塌陷、地面变形、水土流失、扬尘污染、大气污染、生态破坏、地下文物破坏
动火作业	土壤污染、水体污染、噪声和振动污染、大气污染、生态破坏
其他作业常见风险	土壤污染、水体污染、噪声和振动污染、地面坍塌、水土流失、扬尘污染、大气污染、生态破坏

2. 防范措施

为积极应对施工阶段的环境保护风险，各有关单位需增强环保意识，确定施工现场负责环保的第一责任人，积极落实国家及地方各项环保政策，切实做好施工现场的环境保护工作，以高水平环境保护支撑工程施工高质量进行。供热工程施工阶段环境保护风险的防范措施包括但不限于以下方面：

（1）强化施工现场环境管理工作，结合工程特点及施工所在地环保要求采取有效的环境保护措施，确保扬尘、废水、废渣及其他施工废料等能够得到妥善处理。

（2）科学优化施工方案，选用绿色环保的施工工艺和材料，从源头减少污染排放。

（3）合理安排施工时间，当施工地点邻近居民区时，要严格遵守国家对于施工时间的相关规定，降低噪声、振动、扬尘等对周边居民的影响。

（4）在进行开挖、非开挖、深基坑等涉及地下、动土相关作业时，施工人员要密切关注周边地面和建筑情况，在出现地面开裂、坍塌、变形、周边建筑沉降，或在作业过程中发现地下文物时，要第一时间停止施工，及时采取相应的处置措施，必要时报告有关部门协同处理。

（5）在地质条件较差或生态环境脆弱的地区，应特别加强地质和生态环境监测，最大限度地降低施工活动对环境可能造成的影响，必要时应做好周边生态环境修复工作。

第 3 章

供热生产安全运行主要风险识别与防范

3.1 风险评估基本流程

风险评估即对风险进行辨识、分析和评价的全部过程。城市生命线风险评估应遵循"系统性、科学性、适用性、动态性"的原则，基本程序一般包括：计划与准备、风险辨识、风险分析、风险评价、管控措施、提交成果等阶段，同时应动态开展风险评估工作，以确保城市生命线安全风险水平与实际情况相符合。

供热生产过程中的风险识别是对供热项目的物料、生产装置，工艺过程与供热工程中潜在的危险、有害因素，以及在失控时出现的危险和有害因素的性质、类别、条件与可能的后果进行分析。开展风险辨识的最小单元是风险单元，再基于风险单元建立安全风险防范（或管控）清单。风险辨识单元应相对独立，具有明显特征界限，有明确的安全管理单位或组织；可按照行政区划、功能区划或行业领域划分评估单元。风险辨识单元的集合应覆盖整个评估区域范围。对于无明确安全管理单位或组织的风险辨识单元，应由行业主管部门负责风险评估工作。

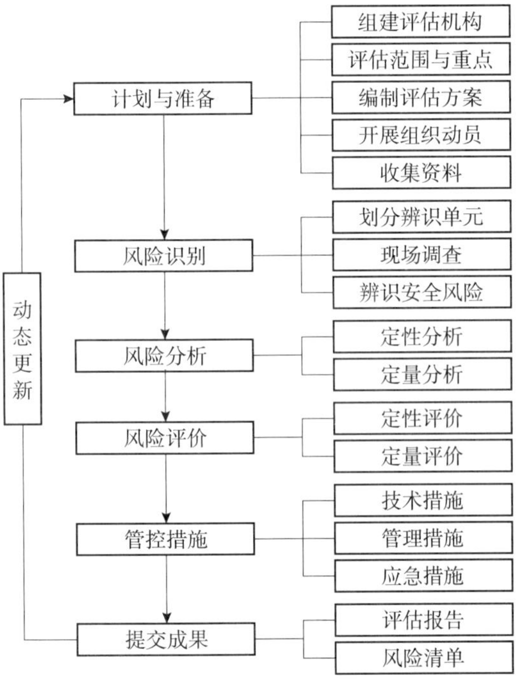

城市供热工程作为城市生命线组成部分，其安全风险评估基本流程如图3-1所示。

（1）计划与准备包括组建评估机构、评估范围与重点、编制评估方案、开展组织动员、收集资料等。

应做好风险评估所需的内部资料和外部资料收集准备工作。其中外部资料应包括与供热工程安全风险评估工作相关的法律、法规、规章、标准和文件；国内外相关研究报告、技术标准、文献；国内外相关灾害事故案例及调查分析资料等。内部资料包括本地城市供热安全风险相关资料，包括安全风险源、地理信息及社会经济基本信息、应急资源情况、安全风险相关防护目标资料，以及

图3-1　城市供热工程安全风险评估流程图

供热管网、热源和热力站等设计 / 竣工资料、运行情况记录、管理资料、突发事件应急预案、周边环境资料、供热管道检验检测资料等。

（2）风险识别：根据风险来源，对城市供热生产运行安全面临的风险从外部和内部两方面进行识别，其中外部风险从能源风险、自然灾害风险、网络信息安全风险、社会风险、其他风险几个方面分别进行识别；内部风险将从热源、管网、热力站及二级管网与楼内系统分别进行识别，并提出相应的防范措施。

（3）风险分析及风险评价：根据评估单元及风险类型特点，选择适用的分析方法，不同评估单元可选用不同的分析方法，具体可参照现行国家标准《风险管理 风险评估技术》GB/T 27921 的规定。在实际运用过程中，可采用定性分析、定量分析或两者相结合的分析方法。风险分析宜考虑供热管道安全事故发生的可能性分析和事故后果严重性分析两方面因素。城市供热生命线安全评估方法相关内容见本书第 5 章。

3.2　外部风险识别与防范

3.2.1　能源

目前，在我国北方地区供热能源结构中，燃煤、燃气等化石燃料占主导地位，少量的热源使用非化石能源。根据《中国城镇供热发展报告 2022》的数据，截至 2020 年底，北方城镇地区供热热源结构中，燃煤热电联产占 51%，燃煤锅炉占 18.6%，燃气热电联产占 3.6%，燃气锅炉占 12.6%，燃气壁挂炉占 3.4%，工业余热占 1.2%；非化石能源中，生物质供热占 1.9%，地源热泵占 3.2%；其他形式（空气源热泵、电锅炉、太阳能等）占 4.5%。城市供热系统是热源—管网—热力站—建筑物上下联动的庞大系统，输送的介质主要是水，输送的动力主要来自电能，因此其能源供应和输送的任何环节有问题，都可能导致供热保障不力甚至引发重大安全事故。例如 2021 年，受国内煤炭供应不足、煤炭进口减少等多重因素影响，煤炭供应体系受到一定冲击，导致煤炭资源紧缺，煤炭价格上涨，部分供热企业无法获得稳定煤炭供应。"长协煤"合同的燃煤热电联产电厂出现煤炭企业不能及时履约保供的情况，很多靠燃煤锅炉供热的供热企业因为拿不到"长协煤"只能想办法买高价煤，而煤价过高导致企业入不敷出、供热保障困难，甚至个别企业出现"弃供"现象。由此可见，能源保障和供应安全不可小觑，各级政府、供热主管部门和供热企业都必须加以高度重视，统筹安排，确保供暖期不出现大的供应缺口和输送环节的障碍。

城市供热生产安全运行面临的主要能源风险见表 3-1。

城市供热生产安全运行面临的主要能源风险　　　　　　　表 3-1

序号	风险类别		风险描述
1	能源供应	燃煤	因自然灾害、重大事故、经营不善、安全环保政策要求等原因导致合同供方煤矿企业减产或停产
		燃气	地缘政治局势紧张或国际贸易竞争加剧； 自然灾害或气源枯竭等； 产气企业经营不善或陷入经济纠纷等因素导致燃气供应减量或者中断； 输送管道故障
		热电联产	受能源供应、设备故障、火电调峰、环保要求和自然灾害等影响，引起热电联产机组产热减少甚至被迫停机，直接导致供热量大幅波动、大量减少甚至供应中断
		工业余热及可再生能源	地质资源、气候变化； 社会活动、生产活动导致资源衰减； 可再生能源价格波动； 工业生产减产导致余热供应不足
2	能源运输	燃煤和燃气	因极端天气等自然灾害、道路突发事故、桥梁塌陷、交通设施故障等问题导致燃煤、LNG、CNG、煤制气和生物制气等无法按时供应
3	能源储存	燃煤	冬季热源厂出现冻煤、篷煤、煤炭装卸、输配困难； 燃煤自燃风险
		燃气	LNG、CNG 等气源调压设施损坏导致气源无法正常使用； 以氢能为燃料的调压设施、燃料电池系统等损坏，导致供热中断
4	能源品质	燃料	燃煤、燃气、生物质等燃料品质不符合标准，导致燃烧效率低、环保排放不合格，供热品质下降，运行成本攀升
		新能源	受极端天气、设备不达标、管理不当等因素导致空气温度、水源温度和其他余热温度降低，机组能效降低，供热成本增加，供热质量不能保证
		热电联产	参与火电调峰等热电联产供热机组为满足逐时电力调度，供热量大幅减少、不稳定（波动幅度大、变化频繁）。当供热和流量温度变化大且频繁波动时，热网系统补偿器、弯头、固定支墩（架）等重要设备设施的使用寿命会降低，易引发供热事故，严重影响供热安全
5	能源价格	燃煤	受国际政治、国内经济环境和环保压力等多重因素影响，燃煤价格的上涨，从经济效益和供应链两个方面影响供热稳定性
		燃气	燃气供应链涉及气源、管网输配、供应商等多重因素。地缘政治事件、市场供需关系、各环节成本变化均会致使价格波动，导致供热经营性风险和供热安全保障可能出现问题

为预防和应对供热安全生产过程的能源风险，结合供热管理经验，提出了增加供热渠道、增加能源储备、加强能源品质检测、新能源替代和价格联动等防范措施，见表 3-2。

3.2.2　自然灾害

城市供热生产安全运行过程中遭受的自然灾害风险主要包括暴雨和洪涝、低温雨雪冰冻、地质灾害（地面塌陷、沉降及地震）等对供热设施以及供热系统安全运行产生的

城市供热生产安全运行能源风险防范措施 表 3-2

序号	风险类别		防范措施
1	能源供应	燃煤	建立多元化燃煤供应渠道，制定政府治理和市场化运作相结合的燃煤保障应急供给方案； 建设一定规模的储煤场，在夏季煤炭供应不紧张时进行储煤； 召开煤炭分析会，及时了解煤炭行业形势、煤炭采购情况和煤场存储燃煤情况，针对不同环节出现的问题采取相应的措施
		燃气	提前向燃气供应企业报备气量，增强用气的计划性； 开展其他能源耦合供热，降低对燃气的依赖度； 行业主管部门应督促燃气输送单位加强对燃气设备设施的维护与更新
		热电联产	采用热电联产多热源联网运行方式，防止热电联产供热系统单一热源运行，配置能源种类多元化的调峰热源，且热电化系数不宜高于 0.7❶
		可再生能源	设计过程综合考虑各类风险因素，在充分保障供热安全的前提下进行设计，并增设应急备用热源或储热装置
2	能源运输	燃煤	加强物流和运输管理，采用多运输渠道适当提高燃煤储量
3	能源储存	燃煤	加强对极端天气预判，做好煤棚保温、供热，减少冻煤； 卸煤压实，温度高时采取洒水、通风等降温措施，防止自燃
4	能源品质	燃煤热值	选择稳定、可靠的供应商；加强燃煤热值检测，定期维护和更新检测设备；加强煤场管理，制定科学的存煤制度
		燃气质量	燃气供应商和供热企业同步加强燃气质量的监测与管理，保障燃气质量符合相关标准要求
		热电联产	做好热电解耦、热电协同，通过电锅炉、热泵、蓄热等技术提高供热参数稳定性
5	能源价格		政府主管部门应积极协调供热企业与供应商签订长期供应合同，锁定燃煤价格； 及时了解市场供需情况、地缘政治、国际能源价格变化等，加强市场预测，加强资金保障，灵活调整库存； 提高机组能源利用效率，开展余热回收，提高机组能源利用效率，探索新能源替代方案； 推动上下游供应链价格联动

❶ 根据《城市供热规划规范》GB/T 51074—2015，热电联产以供暖热负荷为主的系统，热化系数宜取 0.5~0.7。

不良影响。例如，2023 年 7 月，受台风"杜苏芮"影响，北京门头沟、房山以及河北涿州、河南郑州等地均不同程度受灾，台风带来的暴雨引发的洪水、泥石流等灾害对当地热力管网、热力站和锅炉房等产生了巨大的破坏，造成了较大的经济损失，严重影响供暖期的供热保障。图 3-2 和图 3-3 分别是暴雨洪灾对锅炉房、热力管道的破坏现场图。一些严寒地区如新疆、内蒙古等地，供暖期容易出现极寒天气，如果应对不及时、不到位也会对供热生产安全运行造成较大影响。长时间降大到暴雪如果清除不及时或无法及时清除，可能造成对供热管道、供热站房的雪荷载积压破坏，轻则影响供热效果，重则造成停供事故。

城市供热生产安全运行自然灾害风险如表 3-3 所示。

图 3-2 暴雨洪灾对锅炉房的破坏   图 3-3 暴雨洪灾对热力管道盾构管廊段的破坏

城市供热生产安全运行自然灾害风险   表 3-3

序号	风险类别	风险描述
1	暴雨和洪涝	直接淹没、浸泡供热设施，如锅炉、水泵、站房等，造成其故障、损坏或停运；山洪和泥石流等可能掩埋或冲毁供热管道和设施，导致供热系统无法正常运行； 电气设备、自控设备被淹没，造成电气故障、短路或严重损坏； 电力、通信等基础设施受损，从而影响供热系统的正常调度和监控； 施工现场沟槽被水淹、护坡坍塌，可造成淤泥、杂物灌入管道；管道变形造成补偿器无法正常工作或与实际运行状态发生严重偏离，管道开裂、折断或冲毁，从而引发安全事故
2	低温雨雪冰冻	由于低温造成供热管道冻裂，锅炉、换热器等关键设备在极端天气下因过冷或过载而损坏，造成供热系统运行事故； 导致电线短路、绝缘损坏等电气故障，增加火灾等风险； 能源生产和运输出现问题，热源供应不足甚至中断，设备效率下降、热损失增加，降低供热效果甚至停热； 室外巡检难度加大，难以及时发现并解决安全隐患； 交通中断，应急抢修受到阻碍，事故处理不及时
3	地质灾害	地基土壤发生沉降，导致供热管道和设备受到不均匀应力作用，从而引发管道破裂、设备移位等问题； 地震对供热系统的管道、设备和构筑物造成破坏，引发泄漏、断裂等严重事故； 地下水位上升或下降导致土壤饱和、干燥或收缩，使地基承载力降低，对供热管道产生拉伸应力，影响供热系统的稳定性，增加管道破裂风险； 不良地质条件中的腐蚀性土壤或地下水可能加速供热管道和设备的腐蚀过程，缩短其使用寿命

为加强供热系统预防和应对自然灾害的能力，需从提高设计和建设标准、加强日常维护、加强灾害预警、制定应急方案等方面制定防范措施（表 3-4）。

城市供热生产安全运行自然灾害防范措施   表 3-4

序号	风险类别	防范措施
1	暴雨和洪涝	加强选址的科学性，锅炉房、热力站、供热管道路由等应避开低洼、洪涝径流位置；低洼地区的锅炉房、热力站应尽量采用地上建设方式；

序号	风险类别	防范措施
1	暴雨和洪涝	定期对供热系统进行全面安全隐患排查，发现问题及时整改，确保系统安全运行； 提前储备足够的防汛物资和设备，确保在灾害发生时能够及时调用； 定期组织应急演练和培训，提高应急队伍的实战能力和应对灾害的能力； 与当地气象、水利、地震等部门建立联合预防机制，及时获取灾害预警信息，提前采取应对措施； 制定和完善针对暴雨和洪涝等自然灾害的应急预案，明确应对措施和处置流程，确保在灾害发生时能够有序应对
2	低温雨雪冰冻	加强管道保温质量管控，如采用优质保温材料对供热管道进行保温处理，减少热量散失和结冰风险，必要时关键室外工艺管道采用伴热等主动防冻措施； 对供热系统的关键设备进行定期检修和维护，确保其在极端条件下稳定运行； 定期检查电线电缆绝缘状况，防止电气故障引发火灾等安全事故； 多热源联网、多能互补，提高供热系统能源供应稳定性； 采用高效节能供热设备和技术，减少热损失； 在雨雪冰冻天气或其他灾害发生的情况下增加巡检频次和力度，及时发现并处理安全隐患； 建立快速高效应急响应机制，确保在事故发生后能够迅速采取有效措施进行处理； 在雨雪冰冻等极端天气或其他灾害发生的情况下加强交通管理和疏导工作，确保供热系统所需物资及时运输
3	地质灾害	在供热系统设计和建设前，进行详细的地质勘察和评估，了解地质条件及其对供热系统的影响，根据地质勘察结果，制定针对性的设计方案和施工措施，确保供热系统能够适应不良地质条件； 对供热管道穿越特殊地段的地基进行加固处理，提高地基的承载力和稳定性；对于可能发生滑坡和泥石流的区域，采取护坡、加强排水等措施，降低地质灾害风险； 确保管道、设备和构筑物符合当地抗震烈度和等级要求；对老旧供热系统进行抗震加固，提高其抵御地震灾害的能力； 采用耐腐蚀材料或涂层对供热管道进行防护，降低腐蚀和侵蚀的风险；加强管道和设备的巡检和维护工作，及时发现并处理腐蚀和侵蚀问题； 建立地质监测和预警系统，对重要和特殊地段的地层进行实时监测和预警；根据监测数据及时采取防范措施，降低地质灾害对供热系统的影响

3.2.3　网络信息安全

供热系统日益依赖先进的网络通信和自动化控制技术，网络信息安全风险主要包括网络攻击、数据泄露，以及网络基础设施、控制软件或硬件设备出现故障或漏洞，由此引发供热质量下降、安全事故等。城市供热生产安全运行网络信息安全风险见表 3-5。

城市供热生产安全运行网络信息安全风险　　　　　　　　　　　表 3-5

序号	风险类别	风险描述
1	网络攻击	对供热系统运行实时信息数据进行篡改，无法真实反映系统、设备等运行状态，产生较大的安全隐患，甚至引发安全事故； 调度中心控制指令传达受阻或篡改，导致热电联产、调峰热源、锅炉房和热力站未及时按照要求调整运行工况，产生供热安全隐患； 智慧供热相关室温采集、阀门调控和热计量等服务中断，影响供热质量

续表

序号	风险类别	风险描述
2	数据泄露	供热系统基础设施地理位置、设备参数、运行数据等信息泄露，导致供热系统出现安全隐患； 用户地址、联系方式、用能情况等重要隐私数据泄露，增加用户安全风险，影响供热质量；泄露信息被用于身份盗窃、诈骗等非法活动，可能给用户或企业造成损失
3	网络基础设施、控制软件或硬件设备出现故障或漏洞	网络基础设施出现故障或损坏，控制软件或硬件出现故障或损坏，造成数据传输中断、错误或者速度降低，影响供热系统及时调控和维护，可能导致系统停机或发生安全事故； 网络存储设备出现故障或损坏，导致系统设备台账、用户信息、运行数据等信息丢失，造成系统崩溃，导致供热管理和供热服务存在重大安全隐患

为提高供热系统网络信息安全抗风险能力，需从加强网络安全防护、更新基础设施、加密数据、增强安全意识等方面制定防范措施，如表 3-6 所示。

城市供热生产安全运行网络信息安全风险防范措施　　　　　表 3-6

序号	风险类别	防范措施
1	网络攻击	加强网络安全防护，建立完善的网络安全防护体系，包括防火墙、入侵检测系统、数据加密等技术手段，提高供热信息系统安全保护等级，重点防止黑客入侵和数据泄露；紧跟网络安全形势发展，及时更新安全策略，以应对新的安全威胁
2	数据泄露	重点用户、地理位置、重要设施和保密数据等信息通过隐患代码表示或数据加密； 合理规划用户的权限和访问控制，限制用户只能访问其需要的信息，减少数据被泄露的风险； 加强工作人员网络安全培训，增强工作人员的安全意识和防范能力，防止因工作人员疏忽导致网络安全事故
3	网络基础设施、控制软件或硬件设备出现故障或漏洞	对供热系统中的重要数据进行定期备份，确保在发生网络攻击时能够迅速恢复数据和服务； 对供热系统的设备和通信线路加强物理安全保护，如安装监控设备、加强门禁管理等，防止物理破坏的发生

3.2.4 社会

供热生产安全运行社会风险包括社会治安风险与公共卫生事件风险（表 3-7）。社会治安安全风险主要指对基础供热设施的人为破坏或对供热单位的恶意投诉；公共卫生事件风险指由于有害物质泄漏、空气质量问题、传染病传播等对供热系统项目建设、设施改造维护、生产运行管理等环节带来的风险，其影响包括供暖期季节工不能及时到岗工作、新建项目和技改工程不能如期进行、供热系统维护和供热服务不及时等，如图 3-4 所示。

图 3-4　公共卫生事件期间技术改造现场

社会治安与公共卫生事件风险　　　　　　　　　　表 3-7

序号	风险类别		风险描述
1	社会治安	人为破坏	对基础供热设施以及配套设备的破坏、盗窃等导致供热质量降低、供热中断
2		人身安全威胁	供热运行人员受到外部攻击无法正常进行供热设备和设施的巡检、维修
3		恶意投诉	恶意投诉造成的供热服务满意率下降，政府相关管理部门和供热企业压力增大
4	公共卫生事件	运行管理人员短缺	人员流动受限，冬季运行季节工短缺； "冬病夏治"过程设计、施工、监理等人员无法及时到达现场，技改工程不能正常进行，影响供热安全和质量
5		供热服务质量降低	供热系统所需设备、材料等供应中断，工程延期；维修改造不及时、供热生产延迟或中断，严重影响供热服务质量
6		能源供应中断	能源生产企业停工停产、能源进出口受限等造成的能源供应紧张； 能源运输和分配受限，不能及时按计划送至热源厂，严重影响热力供应
7		其他问题	政府部门对供热行业监管不到位导致的不能及时发现濒临破产的供热企业的弃供行为； 公共卫生事件威胁到工作人员和居民的生命安全和健康，可能打乱供热系统应急响应计划，导致在突发事件发生时无法迅速、有效地进行应对

　　针对社会治安风险，主要通过加强供热设施巡检、增强人员安全意识等进行防范；针对公共卫生事件风险，主要通过加强自动化控制、无人值守、加强重要设备和能源储备、增强人员健康意识、加强对供热企业的监管等进行风险防范，如表 3-8 所示。

社会治安与公共卫生事件风险防范措施　　　　　　表 3-8

序号	风险类别		防范措施
1	社会治安	人为破坏	加强供热设施安保工作，如设立门禁、安装监控设备、加强日常巡检次数等，以预防盗窃和其他破坏行为； 加强供热相关人员安全培训和意识教育，增强他们的安全防范意识和应对能力； 严格执行人员进出登记制度
2		人身安全威胁	加强社会治安的维护和管理，包括加强社区治安巡逻、增强居民的安全意识、建立健全治安防控体系等
3		恶意投诉	加强供热设施设备日常维护和巡检，发现隐患及时消除，提高供热质量； 对周围无停热户且散热量不足用户进行改造； 多渠道服务用户，方便用户咨询和报修； 增强员工服务意识和技能水平； 通过"接诉即办"及时解决问题，通过"访民问暖"主动加强沟通服务，降低投诉率； 政府与企业联手采取措施严厉打击恶意投诉
4	公共卫生事件	运行管理人员短缺	严格遵守卫生规定，加强工作人员卫生培训和健康监测，降低疾病传播风险； 建立远程监控和维护系统，实现无人值守，通过物联网技术对设备进行远程监控和故障预警； 制定设备维护计划，确保设备在公共卫生事件期间得到及时维护

续表

序号	风险类别		防范措施
5	公共卫生事件	供热服务质量降低	加强管道、管件、补偿器、板式换热器、水泵等的管理,确保关键设备常用型号有充足库存; 在公共卫生事件期间,加强供热系统内部监测和检测; 对工作人员进行健康监测和防护培训,确保其具备基本的防护知识和技能
6		能源供应中断	与能源供应商建立紧密合作关系,确保在公共卫生事件期间能够顺利获得能源供应; 制定能源储备计划,确保在能源供应中断时能够维持供热系统正常运行; 加强供热系统改造和管理,降低能源消耗和运行成本
7		其他问题	加强对行业的监管,杜绝少数企业"弃供"行为; 制定应急预案,加强应急演练,提高应对突发事件的能力

3.2.5　其他

城市供热安全生产运行过程中还存在市场无序竞争对供热服务质量、供热安全、供热能效的影响;其他市政工程施工对现状供热设施破坏、系统破坏、水质污染等问题,详见表3-9。例如,2022年北京冬奥会期间,个别市政工程在施工前期未及时进行地质测绘且未与供热企业沟通,导致施工掘进时破坏下方热力管线,造成供热管道泄漏。事故发生在供暖期,后经过供热企业及时抢修,短时间内恢复了供热,才没有出现大的险情。

城市供热生产安全运行其他风险识别与防范措施　　　　　　　　　表3-9

序号	风险类别	风险描述	风险防范措施
1	市场无序竞争	为了降低成本、提高收益而采用不符合安全标准的设备或材料,或者减少对设施的日常维护和检修,从而增加供热设施发生故障次数; 为了争夺市场份额而降低服务标准,忽视对热用户的服务质量保障,不仅导致热用户对供热服务的不满和投诉增加,还影响供热系统正常运行,增加安全隐患; 供热企业可能面临资金链断裂、运营困难等问题,导致无法投入足够的资金用于供热设施建设、改造和维护,影响供热设施的安全性和可靠性	建立健全市场监管机制,加强对市场无序竞争的监管,对供热企业资质审核和日常监管; 规范市场秩序,提高行业准入门槛,通过供热立法打击不正当竞争行为; 加强行业自律,推动供热企业之间建立良好合作关系,共同维护市场秩序; 供热企业应自觉遵守行业规范和市场规则,加强自律,提高服务质量,确保供热设施的安全运行
2	其他工程施工影响	其他市政工程在供热管道或设备附近施工时引发的供热安全事故,如挖掘、爆破导致供热管道破裂、阀门损坏、设备故障等,影响供热系统正常运行,导致供热中断或效率降低; 市政工程事故可能导致供热系统内压力发生剧烈波动,从而影响供热效果;	加强部门联动,统筹市政工程规划、设计和施工过程,加强施工过程的监督,密切关注供热系统范围内的社会公共活动,降低事故发生风险; 定期对热源、管道、热力站相关结构和设备进行维护和检查,及时发现并处理潜在的安全隐患; 对特殊地段或重要供热设施定期进行沉降监测;

续表

序号	风险类别	风险描述	风险防范措施
2	其他工程施工影响	其他市政管线泄漏引发的水淹、水浸、爆炸，造成供热设施设备变形、损坏，形成重大风险隐患；高层建筑或其他地下构筑物、建筑物引起的供热设施周边地面沉降，造成供热设施基础失稳；其他管线施工造成地下管网断裂、泄漏等；土壤、化学物质等外部污染物进入供热系统，污染供热系统中的水质；污水管道、雨水管道泄漏对供热管道、管件等造成腐蚀，缩短其使用寿命；漏电、火灾等对人员安全造成威胁	加强对处在其他市政设施施工区域或特殊区域供热管道的巡检；建立完善的应急预案，包括事故诊断、应急响应、抢修措施等，以应对可能出现的供热安全事故
3	政策因素影响	"双碳"目标下各类新能源发展建设政策发布与新能源补贴机制不同步，导致供热面积发展受限、供热企业绿色转型积极性不高、企业财务成本增加等；再生水、数据中心余热、生物质余热等新能源资源无明确定价机制和原则，导致上游能源供给方和下游供热企业合作困难，新能源供热推进缓慢，资源浪费严重	统筹供热发展实际情况，主动与政府相关部门沟通，表明自身发展诉求，为政府制定相关供热政策提供科学合理建议；加强供热行业与其他行业的统筹规划与管理，制定完善的价格疏导机制或协调各方开展价格补贴或碳税研究；积极探讨供热行业绿色转型的新模式

针对市场的无序竞争风险，主要通过建立健全政策机制、加强行业自律等进行防范；其他工程施工影响风险，通过提高相关工程和活动的关注度、加强供热设施巡检、建立完善应急预案等进行防范。

3.3　内部风险识别概述

3.3.1　风险识别划分原则

对城市供热系统的风险识别，应综合分析城市供热安全风险特点、风险识别技术能力和基础资料情况，选择适用的风险识别方法。风险识别应遵循"大小适中、便于分类、功能独立、易于管理、范围清晰"的原则，并满足全覆盖的要求，主要采用以下方法：

（1）风险单元划分应考虑空间分布，通常可按设施、场所、区域、部位等因素划分，如按照管段覆盖或事故影响的区域大小划分为不同单元，或以道路交口或行政区边界为界划分为不同单元。

（2）功能相对独立的场所宜单设风险单元，如锅炉房、风机房、热力站、控制室、有限空间等。

（3）可将某台大型设备或某类设备作为风险单元，如燃煤锅炉、燃气锅炉、车辆、大型循环水泵等。

（4）维修、抢险等流动性作业活动或作业班组可单设风险单元，如：维修、抢险、危险作业等。

（5）每个风险单元应识别存在风险的设备设施/作业活动/物料。

3.3.2 危险和有害因素简介

危险和有害因素指可对人造成伤害、影响人的身体健康甚至导致疾病的因素。根据《生产过程危险和有害因素分类与代码》GB/T 13861—2022，将生产过程危险和有害因素分为"人的因素""物的因素""环境因素"和"管理因素"四类。结合供热行业生产特点，与供热生产运行密切相关的危险和有害因素主要涉及"人的因素"中的行为性危险和有害因素，"物的因素"中的设备、设施危险和有害因素，环境因素以及管理因素中的危险和有害因素（表3-10~表3-12）。其中"物的因素"中的设备、设施危险和有害因素按照热源、管网、热力站和二级管网与楼内系统分别进行识别，其他三类危险和有害因素及防范措施适用于整个供热系统。

人的行为性危险和有害因素   表 3-10

序号	人的不安全行为	危险和有害因素	防范措施
1	指挥错误	指挥失误、违章指挥	定期开展专业技能培训和领导力培训，确保指挥人员具备指挥能力； 建立清晰高效的指挥体系，明确职责和权限； 制定详细的操作规程和决策流程，并严格执行； 定期对指挥决策效果进行评估，发现问题及时整改
2	操作错误	误操作、违章作业	对操作任务制定详细、明确的操作流程和步骤，确保有章可循； 编制标准化的作业指导书，明确要点，提高操作规范性和一致性； 定期对操作流程进行复审和更新，确保与当前技术条件、安全要求同步； 对员工进行入职培训、定期培训、实操演练等，提升员工业务能力和安全意识

环境主要风险识别与防范措施   表 3-11

序号	分类	危险和有害因素	防范措施
1	室内作业场所环境	室内地面滑	在易滑区域铺设防滑地砖或防滑垫，增加摩擦力； 及时清理地面积水、油渍等易导致滑倒的液体，保持地面干燥； 在易滑区域设置明显的防滑警示标识，标识醒目、易懂，定期检查其完好性

续表

序号	分类	危险和有害因素	防范措施
2	室内作业场所环境	室内作业场所狭窄	根据作业需求和空间条件，合理规划工作场所，减少人员交叉和聚集； 合理安排工作时间和任务量，避免人员集中； 在狭窄空间作业时，采取轮换、分时等作业方式； 选择小型、轻便设备作业； 对狭窄空间进行定期安全检查和隐患排查，及时消除安全隐患
3		室内作业场所杂乱	对室内作业设备进行定置管理，明确存放位置，确保设备整齐、有序，便于操作和管理； 对工具、设备和物料进行分类整理； 定期对作业场所进行清洁整理，清除无用物品； 定期检查，发现问题及时整改
4		室内地面不平	使用水平仪等工具对地面平整度进行检查，发现不平，及时采取措施整改； 保持地面干燥、无裂缝、无空鼓等现象
5		室内楼梯缺陷	定期检查楼梯磨损情况，及时更换磨损严重的踏步或扶手； 保持楼梯表面平整、无尖锐凸起
6		地面、墙和顶棚上的开口缺陷	定期检查开口周围的结构状况，及时发现并修复裂缝、空鼓等问题； 确保开口处的防水、防潮措施到位，防止渗漏
7		房屋基础下沉	定期对基础进行沉降观测，发现异常及时处理； 合理使用房屋，避免在房屋内堆放过重物品或进行不当改造； 定期检查房屋周边地质环境变化，及时采取应对措施
8		室内安全通道、房屋安全出口缺陷	建立定期检查制度，对安全通道、安全出口进行日常巡检，及时发现并消除隐患； 保持安全通道与安全出口清洁卫生，清理杂物，保持通道畅通无阻； 对安全出口、应急照明、疏散指示标志等关键设施进行定期维护和检修； 在安全通道与安全出口处设置醒目的标识牌和疏散指示标志，明确疏散方向和出口位置
9		采光照明不良	定期检查并清洁照明设备，保持其良好的工作状态； 及时更换老化或损坏灯具，确保照明系统正常运行
10		作业场所空气不良，室内温度、湿度、气压不适	保持作业场所的通风良好，排风扇等通风设备正常运行； 根据作业需求，合理设置室内温度和湿度，对室内温湿度进行调节和控制； 对特殊环境，定期监测气压变化，确保室内气压保持在安全范围内
11		室内给水排水不良、室内涌水	定期对给水排水系统进行检查和维护，发现问题及时处理； 安装水位监测设备和预警系统，实时监测室内水位变化，一旦发现异常情况立即发出警报并及时处理
12	地下（含水下）作业环境	地下作业面空气不良	严格执行先通风、再检测、后作业的程序； 严格执行危险作业审批程序； 有害气体浓度较高的区域，增设局部通风设备； 正确使用符合标准的个人防护装备，确保防护效果； 配备现场监护人

管理主要风险识别与防范措施 表 3-12

序号	分类	危险和有害因素	防范措施
1	职业安全	卫生管理机构设置和人员配备不健全	依据国家法律法规及行业标准设立职业安全卫生管理机构； 根据企业规模、供热特点及风险等级，合理配置专兼职职业安全卫生管理人员； 制定详细的岗位职责说明书，明确各级管理人员及一线员工在职业安全卫生方面的具体职责和权限
2		卫生责任制不完善或未落实	完善职业卫生责任制，确保其符合行业规范和企业实际情况； 严格落实职业安全卫生责任制，明确各级管理人员和员工的职责和权利
3		建设项目"三同时"制度、安全风险分级管控、事故隐患排查治理、培训教育制度、操作规程、职业卫生管理制度不完善	对现有职业安全卫生管理制度进行逐条审查，对制度中的漏洞和不合理进行补充完善； 对比同行先进同类企业相关制度，借鉴其成熟的经验和做法
4	应急管理	应急资源调查不充分	组建包括多部门人员的调查小组，该小组能详细梳理企业内部可能用于应急的各种资源，如物资、人力和设备资源等； 拓展调查范围，调查周边可利用的外部资源； 建立动态更新机制，包括定期对应急资源进行复查，确保资源清单的准确性，及时更新资源信息等
5		应急能力、风险评估不全面	风险评估采取多种评估方法，如传统的定性防范、定量分析方法； 运用专业软件和工具辅助评估工作； 鼓励全员参与评估； 对于专业性强、复杂的风险评估，聘请外部专家评估
6		事故应急预案缺陷	严格按照国家和地方安全生产法规、应急管理标准编制应急预案； 借鉴其他供热企业相关预案案例； 预案编制完成后，组织多部门进行联合评审，并建立动态修订流程
7		应急预案培训不到位	针对不同培训对象，有针对性地制定培训内容； 根据不同培训内容，设定培训周期和目标； 采取多样化培训方式； 建立培训考核制度，对培训效果进行检验； 收集培训反馈，根据反馈及时调整培训计划和方式，提高培训质量
8		应急预案演练不规范	制定规范的演练计划，明确演练目标和类型，详细规划演练流程； 严格演练组织和实施； 加强演练监督和记录
9		应急演练评估不到位	建立科学的评估指标体系，可从多个维度建立评估指标，量化评估指标； 全面、多方式收集评估信息； 分析评估结果并改进

供热系统风险识别应结合近年来国内供热领域发生的各类事故，重点识别引发爆炸、灼烫、坍塌、中毒和窒息等安全生产事故以及供热爆管、渗漏、停热等供热事故的相关风险。

3.4 设备设施安全运行风险识别与防范

3.4.1 热源

热源是为供热系统提供热量的场所以及相关设备，一旦发生安全事故，极有可能造成较大范围的停热事件。热源设备设施安全运行主要风险识别与防范措施见表 3-13，其中防范措施一般分为技术措施、管理措施、培训教育措施和个体防护措施，本书主要论述技术措施、管理措施要点，培训教育措施和个体防范措施参考相关标准和企业规定执行，不再赘述。

热源设备设施安全运行主要风险识别与防范措施　　　　　　表 3-13

序号	风险点名称	风险描述	诱发事故类型	防范措施
1	锅炉本体	超温超压、燃料爆燃；高温介质泄漏；钢架及炉膛变形、破损；水质劣化	安全生产事故：爆炸、灼烫、坍塌、触电；供热事故	严格按照操作规程运行；按照规定开展特种设备监督及检验；实时监测运行参数，如介质温度、压力；定期监测关键结构相关参数，如表面温度、膨胀量、框架变形等；定期开展设备检修、维护和保养；保证天然气正压锅炉的严密性；根据燃料变化情况及时调节燃烧策略；严格执行水质标准
2	燃烧系统	燃气泄漏、爆燃；燃气管道或喷嘴堵塞；燃烧工况异常；燃料调节不当；电气线缆及设备漏电；转动设备防护不当	安全生产事故：爆炸、中毒和窒息、机械伤害、触电；供热事故	对燃烧系统安全附件和安全连锁装置进行日常检查；严禁私自改动和解列燃烧器运行控制程序；燃烧器应由制造单位或其授权单位进行定期维保；定期检测燃料品质、定时巡视燃烧工况，及时调整燃烧策略；定期检查围挡、警戒线等防护措施，确保其有效
3	输煤系统设备	转动设备防护不当；皮带断裂、跑偏；振动造成设备解体或物料抛出；起重设备故障；连锁控制失效或逻辑错误造成物料堆积	安全生产事故：机械伤害、起重伤害、物体打击；供热事故	严格按照操作规程运行；定期开展设备检修、维护和保养；做好接地保护、定期检测等防触电措施；定期开展连锁保护试验

续表

序号	风险点名称	风险描述	诱发事故类型	防范措施
4	除灰渣系统设备	转动设备及水池水沟防护不当； 除渣系统堵塞； 起重设备故障； 灰渣外溢； 电气线缆及设备漏电	安全生产事故：机械伤害、起重伤害、灼烫、淹溺； 供热事故	定期检查围挡、警戒线等防护措施，确保其有效； 严格按照操作规程运行； 定期检查、及时清理灰渣； 定期开展设备检修、维护和保养； 控制灰渣存量； 做好接地保护，定期检测防触电措施
5	烟风系统设备	转动设备防护不当； 介质外泄； 结构松动； 电机发热、风机振动	安全生产事故：机械伤害、灼烫、中毒和窒息、触电、火灾； 供热事故	定期检查围挡、警戒线等防护措施，确保其有效； 定期开展设备检修、维护和保养； 定期检查防腐蚀、防磨损、防松动和防振动措施； 定期检测系统严密性； 做好接地保护，定期检测防触电措施
6	给水、水循环系统设备	转动设备及水池水沟防护不当； 设备基础松动； 水泵振动； 超温超压； 高温介质泄漏； 介质汽化； 水击	安全生产事故：机械伤害、爆炸、淹溺、灼烫； 供热事故	定期检查围挡、警戒线等防护措施，确保其有效； 实时监测运行参数，如介质温度、压力； 定期开展设备检修、维护和保养； 定期检查、检验防水击措施、安全阀、连锁保护措施
7	水处理系统设备	水质劣化； 化学品泄漏	安全生产事故：机械伤害、灼烫、中毒和窒息； 供热事故	严格执行水化作业操作规程； 定期开展设备检修、维护和保养； 做好化学品储存； 定期做好水质检测； 定期做好设备巡视
8	环保设备	转动设备、设备维护平台、水池水沟防护不当； 高温、腐蚀性介质泄漏； 温度控制不当； 易燃易爆物质积聚； 液氨泄漏	安全生产事故：机械伤害、高处坠落、淹溺、灼烫、中毒和窒息、爆炸、火灾、低温伤害； 供热事故	定期检查围挡、警戒线等防护措施，确保其有效； 定期开展设备检修、维护和保养； 定期做好设备巡视； 按规定进行易燃易爆物质浓度检测、物料控制； 按规定进行污染物排放监测； 做好低温冻伤防护
9	电气设备	接地失效； 绝缘不良； 电气设备短路、过负荷、接触不良、漏电； 散热不良； 设备老化； 雷击	安全生产事故：触电、火灾、爆炸； 供热事故	严格执行电气维护、检查及防火、报警等各项规章制度； 定期检验绝缘工具、工器具、防护用品； 定期进行巡视检查和隐患排查； 定期进行高压试验、绝缘试验、保护试验； 定期检测接地保护
10	监控设备	通信异常； 信号干扰； 控制及保护装置失灵； 控制逻辑及保护定值设定不当； 测量元件失真	安全生产事故：火灾、爆炸、灼烫、其他伤害； 供热事故	严格执行设备安全操作规程； 定期巡检，定期检验绝缘工具； 严格设置操作管理权限； 定期进行连锁保护试验； 定期对仪表和计量器具进行检测和校验； 按规定做好网络安全等级保护

3.4.2 管网

管网作为城市供热重要基础设施，直接关系到居民生活质量和安全。管网设备设施安全运行主要风险识别及防范措施见表 3-14。

管网设备设施安全运行主要风险识别与防范   表 3-14

序号	风险点名称	风险描述	诱发事故类型	防范措施
1	管道	异常工况：超温超压、水击、工况频繁变化或骤变等；外部破坏：浸泡、保温层及外护层破损、外腐蚀、外力破坏、局部地质沉降等；工程质量缺陷：焊缝缺陷、接口保温施工缺陷、穿墙套袖施工缺陷等；其他：疲劳破坏、超期服役等	安全生产事故：爆炸、灼烫、坍塌；供热事故	定期开展管道检修、维护和保养；协调热源侧，严格按照运行规程操作；定期对管道健康状况和运行环境进行评估，实时监测管道运行状态；定期巡检，发现安全隐患及时处理
2	阀门	自身缺陷、变形、操作卡涩、密封不严、泄漏	安全生产事故：灼烫、其他伤害；供热事故	定期开展阀门检修、维护和保养；定期对阀门健康状况和运行环境进行评估；定期巡检，发现安全隐患及时处理
3	补偿器	变形、腐蚀、无法正常工作、保护层有破损、泄漏、位移异常	安全生产事故：爆炸、灼烫；供热事故	定期开展补偿器检修、维护和保养；定期对补偿器位移量等状况和运行环境进行评估；定期巡检，发现安全隐患及时处理
4	支吊架	变形、腐蚀、结构松动、位移异常、弹簧失效、活动支架卡死	安全生产事故：坍塌；供热事故	加强巡检、定期对支架做防锈、防腐、加固处理；定期对支吊架运行状况进行评估，严禁在支架上方放置其他物品
5	管沟	外力破坏、结构受损、防水失效、局部地质沉降、积水、可燃或有毒气体积存	安全生产事故：灼烫、中毒和窒息、坍塌；供热事故	定期开展管沟结构检修、维护、保养；定期对管沟结构进行评估；定期巡检，发现安全隐患及时处理
6	检查室	外力破坏、结构受损、防水失效、局部地质沉降、积水、可燃或有毒气体积存、操作平台及爬梯腐蚀、井盖破损或丢失	安全生产事故：灼烫、中毒和窒息、坍塌、淹溺、高处坠落；供热事故	定期开展检查室结构检修、维护、保养；定期对检查室结构进行评估；定期对操作平台及爬梯进行防锈、防腐和加固处理；定期巡检，发现安全隐患及时处理

城市综合管廊是城市建设新的发展方向，热力管道敷设在其中，与其他市政管道处于共有的地下空间，在安全运营上有别于独立敷设的地下热力管道，具有更高的要求。综合管廊热力舱设备设施安全运行主要风险识别与防范见表 3-15，其中管廊内热力管道、阀门、补偿器、支吊架的相关内容同表 3-14。

综合管廊热力舱设备设施安全运行主要风险识别与防范措施   表 3-15

序号	风险点（单元）	风险描述	诱发事故类型	防范措施
1	管廊本体	结构破损、锈蚀、变形、裂缝、渗水； 人员出入口、逃生口出入功能异常； 吊装口封闭、渗漏； 通风口堵塞、破损； 管线分支口堵塞物脱落、渗水等	安全生产事故：灼烫、高处坠落、物体打击；供热事故	定期巡检，发现各类隐患与管廊运营单位联系处理； 利用现代技术手段，建立安全监测与预警系统，对热力舱内运行状态进行实时监控，发现异常及时处理
2	管廊环境	通风不良、热量聚集	安全生产事故：灼烫、烫伤、中毒、窒息；供热事故	保持管廊清洁与通风，热力舱内温度不应高于30℃； 利用现代技术手段，建立安全监测与预警系统，对热力舱内运行状态进行实时监控，发现异常及时处理； 严格遵守安全操作规程，排气、排水符合管廊运营单位要求
3	保温层	外表面温度异常	安全生产事故：灼烫；供热事故	供热管道及附件的保温结构外表面温度不应超过40℃； 采用节能型支座
4	监控与报警系统	设备故障、异常	安全生产事故：灼烫；爆炸、烫伤；供热事故	加强系统硬件设备的维护和检查； 定期维护，发现隐患及时处理
5	供电系统	异响、异味，温度异常； 设备、零件缺失、破损、腐蚀或故障； 支架松动、锈蚀； 接地导体损伤、腐蚀等	安全生产事故：触电、火灾；供热事故	利用现代化手段，通过监控与报警系统密切监控管廊内环境，出现异常及时与管廊运营单位联系处理
6	排水系统	管道或阀门堵塞、泄漏、破损、锈蚀； 水泵接头松动、异响； 仪表松动等	安全生产事故：淹溺；供热事故	

3.4.3 热力站

在集中供热系统中，热力站是将热源产生的热媒（热水或蒸汽）进行转换、分配和调节，再输送给热用户的设施。热力站主要由换热器、循环水泵、补水泵、水处理设备、控制系统等组成，其作用是根据热用户的需求，对热媒的温度、压力、流量等参数进行调节和控制，确保供热质量稳定可靠。热力站设备设施安全运行主要风险识别与防范措施见表 3-16。

热力站设备设施安全运行主要风险识别与防范措施　　表 3-16

序号	风险点（单元）	风险描述	诱发事故类型	防范措施
1	换热器	老化、腐蚀、外力破坏、设备结构受损、超温超压等	安全生产事故：灼烫、其他伤害；供热事故	定期开展设备检修、维护和保养；实时监测运行参数，如一二次侧进出口压力、温度；定时现场巡视、远程视频监控换热器运行状态
2	循环水泵、补水泵	详见表 3-13 中给水、水循环系统设备相关内容		
3	水处理设备	详见表 3-13 中水处理系统设备相关内容		
4	管道	详见表 3-14 中管道相关内容		
5	阀门	详见表 3-14 中阀门相关内容		
6	支座	变形、锈蚀、损坏、结构松动、卡塞	安全生产事故：灼烫、其他伤害；供热事故	加强巡检、定期对支座做防锈、防腐、加固处理；定期对支座运行状况进行评估
7	除污器	自身缺陷、关闭不严、泄漏	安全生产事故：灼烫、其他伤害；供热事故	定期开展除污器检修、维护和保养；定期对除污器健康状况进行评估；定期巡检，发现安全隐患及时处理
8	电气设备	详见表 3-13 中电气设备相关内容		
9	监控设备	详见表 3-13 中监控设备相关内容		

3.4.4　二级管网与楼内系统

二级管网与楼内系统位于供热系统末端，直接影响热用户的供暖效果。二级管网与楼内系统风险主要为供热事故，包括供热量不足和停热。为此，必须规范二级管网与楼内系统运行安全风险识别和防范，更好地消除安全隐患，为供热安全运行保驾护航。二级管网与楼内系统运行安全主要风险识别和防范措施见表 3-17。

二级管网与楼内系统运行安全主要风险识别与防范　　表 3-17

序号	风险点（单元）	风险描述	诱发事故类型	防范措施
1	热力站	因管网出现漏点、热用户长期放水、安全阀密封不严或管线周围施工造成管道泄漏、爆管等	供热事故：补水量突然增大	供热前通过提前对系统注水、排气和压力试验方法查找系统漏点并进行处理；供热期依据热力站每日补水量进行排序，对指定热力站进行小时失水量分析，确定失水性质，通过各阀门关断时补水量变化确定漏点范围，利用多种手段查找漏点位置；停热期对系统进行补水保压养护，补水量增大时，必须查找漏点或放水用户；公示供热单位客服电话，热用户发现漏点能及时反馈给供热单位；加快对老旧管网改造进度；定期进行隐患排查及整改；

续表

序号	风险点（单元）	风险描述	诱发事故类型	防范措施
1	热力站	因管网出现漏点、热用户长期放水、安全阀密封不严或管线周围施工造成管道泄漏、爆管等	供热事故：补水量突然增大	定期校验补水表； 对安全阀进行定期试验和校验； 定期监测水质，减少水质对管道内壁的腐蚀； 在管线周围施工，必须签订安全施工协议和跟踪现场看护
2		系统升温或补水定压失灵，导致系统超压，对耐压等级较低的设施和老旧管道造成爆裂风险	安全生产事故：灼烫	热力站内应设立可靠的超压泄水装置，且必须定期进行校验和试验
3		因设备故障、停电、供热系统抢修导致二级管网异常停热、用户室温降低	供热事故：停热	及时了解停电时间及范围，做好应对措施； 加强对热力站动力线、电源箱、控制柜等的检查及维护，避免发生故障导致停电； 储备一定数量的发电机，以便停电时进行二级管网大流量循环，对保温不好的热用户进行跟踪测温和临时保温； 备用循环泵宜实现连锁启动
4	二级管网及楼内公共系统	外部因素造成浸泡管道及保温失效； 外部施工破坏供热管道	供热事故：停热	设置专人对施工现场旁站管理，对管线施工质量进行跟踪与验收； 及时对架空管道破损保护层进行修复； 及时联系市政有关部门疏通不畅排水，处理外部水源管道漏水； 更换保温失效的管道； 在管线周围施工，必须签订安全施工协议和跟踪现场看护
5		因阀门不严，抢修漏点管段泄水或抢修结束后，管道注水方法不当	安全生产事故：灼烫	工作前，必须办理操作票； 严格执行操作规程、制度
6		阀门未定期进行排查、试验，造成阀门操作时可能出现关闭不严等缺陷； 法兰、丝扣连接和密封材料老化，出现跑冒滴漏现象	安全生产事故：灼烫	每个供暖期结束前，做阀门严密性试验，确定不严阀门，停热后进行检修或更换； 定期维护和巡视，发现问题及时解决
7		抢修工具和备品备件准备不足； 无抢修预案	供热事故：停热	建立备品、备件储备管理制度； 做好抢修预案，缩短泄水时间
8	用户系统	阀门未定期进行排查、试验，造成阀门操作时可能出现关闭不严等缺陷 户用管件丝扣连接和胶圈密封易老化，出现跑冒滴漏现象	安全生产事故：灼烫	每个供暖期结束前，做阀门严密性试验，确定不严阀门，停热后进行检修或更换； 定期巡视热户用连接管件，同时告知热用户供热客服联系电话，出现漏点及时向供热单位反馈； 用户定期对户内供热设施进行维护保养
9		用户室温不达标	用户投诉、舆情危机	供热单位必须设立客服中心，接待热用户投诉； 积极开展访民问暖活动，对热用户室温进行抽测；

续表

序号	风险点（单元）	风险描述	诱发事故类型	防范措施
9	用户系统	用户室温不达标	用户投诉、舆情危机	清洗入户过滤网，对系统高点排气，冲洗淤堵，增加热网流量，提高不利点压差，采取限高提低的平衡调节策略； 对周围有停热户且散热量不足的热用户投入资金进行改造、更换门窗老化密封条或更换新型保温门窗； 大力宣传暗装、覆盖散热设施的危害，加强对违法热用户的稽查和处理
10		用户室温不均		依据室温"限高提低"进行流量调节； 在散热量偏小的房间增加散热设施

第 4 章

供热事故应急管理

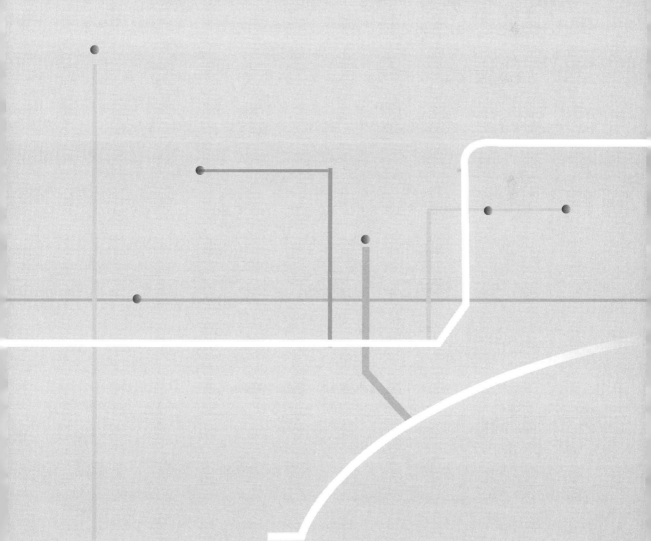

4.1　概述

城市供热应急管理是城市治理体系和治理能力的重要组成部分，承担着防范化解供热安全风险、及时应对处置各类供热事故的重要职责，担负着保护城市居民生命财产安全和维护社会稳定的重要使命，在保障供热稳定、预防安全事故、快速响应突发事件、维护社会稳定、降低经济损失、优化资源配置以及提升公众满意度等方面发挥着重要作用。

供热事故会造成供热设备设施损坏、管网泄漏、大面积停热甚至人员伤亡，当供热事故难以完全避免时，建立事故应急管理体系，及时有效地开展应急救援行动，已成为抵御供热事故风险或控制灾害蔓延、降低危害后果的关键手段。

城市供热事故应急管理体系主要由组织体系、运行机制、保障体系构成（图4-1），通过打造协同高效的管理体系和专业队伍，形成"统一指挥、专常兼备、反应灵敏、上下联动"的应急管理模式，能有效应对供热事故应急处置的不确定性、突发性和复杂性。

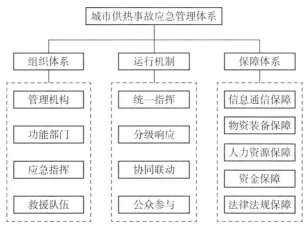

图4-1　城市供热事故应急管理体系构成

4.1.1　组织体系

组织体系是供热事故应急管理体系的基础，主要包括管理机构、功能部门、应急指挥、救援队伍四个方面。

1. 管理机构

政府和企业供热应急管理部门负责各级应急管理和预案体系建设，协调应急体系的日常管理，组织、指导和应对供热突发事件。

2. 功能部门

与供热应急活动有关的各类内部组织机构，如应急管理局、供热管理办公室、医疗机构等，以及应急救援组织下设立的供热事故现场处置组、警戒疏散组、物资保障组等。

3. 应急指挥

应急指挥系统在供热事故发生后，负责应急救援活动场外与场内的指挥，统一协调和调度各类应急资源，开展供热事故应急抢险活动。

4. 救援队伍

建立供热应急抢险专业救援队伍，具备应急值守、调度指挥、装备的管理、技术培训、应急处置、后勤保障等能力，同时具备与其他应急救援队伍的协调联动能力。救援队伍能力建设可参考北京市地方标准《专业应急救援队伍能力建设规范 供热》DB11/T 1912—2021。

4.1.2　运行机制

运行机制是供热事故应急管理体系的重要保障，其目标是实现统一指挥、分级响应、协同联动、公众参与等，保证应急救援体系运转高效、应急反应灵敏，取得良好的救援效果。

1. 统一指挥

按照政府主导、条块结合、部门联动、分类管理、分级处置的原则，健全供热应急指挥调度机制，明确各类供热突发事件响应处置程序，优化完善极端天气应对工作机制和突发供热事件分级响应机制，深化供热应急值守体系建设，全面增强各级指挥中心供热应急指挥功能，不断增强供热资源调度能力。

2. 分级响应

依据供热事故危害程度、影响范围和控制事态能力等实行分级响应机制，并建立健全政府和企业分级响应机制，明确各级政府和企业供热事故应急响应职责和程序，按照不同等级的供热事故突发事件，由相应专业、相应等级的指挥调度部门负责应急救援力量的调度。

3. 协同联动

建立和完善供热事故现场协同处置机制，在信息收集、态势研判、资源调配等方面形成合力，加强各专业部门之间协调配合和应急联动，提升协同应对能力，实现上下联动、横向联通、快速反应、有效应对。

4. 公众参与

健全供热安全应急社会动员机制，引导社会力量积极参与供热应急救援活动，培育引导专业能力强、社会信誉好的行业协会、科研院所、行业领军企业等社会力量参与供热安全生产治理和应急管理工作，为政府监管和供热企业应急管理提供技术咨询服务。

4.1.3　保障体系

保障体系是供热应急管理体系的有机组成部分，是供热应急管理体系运转的物质条件和手段，主要包括信息通信保障、物资装备保障、人力资源保障、资金保障和法律法规保障等。

1. 信息通信保障

建立供热事故应急救援现场通信保障体系，综合运用5G信息网、无线自组网、卫星通信网于一体的综合通信网络，打造多点移动指挥所，实现供热突发事件现场与指挥中心的各类信息实时回传，实现快速反应、前突侦查、信息采集、现场组网、数据协同。

2. 物资装备保障

以各类供热风险为依据，确定各级各类供热应急物资装备储备品种及规模，研究制定供热应急物资储备方案，提出常规供热应急物资装备的质量、规格、功能需求、技术规范等，建立物资装备定期检测、定期保养和轮换使用制度，实现应急资源快速供给、状态良好、高效匹配。图4-2是某供热企业应急物资储备。

图 4-2　某供热企业应急物资储备

3. 人力资源保障

充分发挥区域供热专业人才优势，加强与高校、科研院所合作，强化供热应急管理人才培养，完善供热应急管理专家资源库，打造供热专家资源共享平台，充分发挥供热领域专家在决策咨询、标准制定、安全诊断、应急会商等方面的作用。

4. 资金保障

完善供热安全应急资金保障机制，落实供热安全生产专项资金政策，加强供热安全风险监测预警、重大风险防控、专业人才培养、应急科技创新、智慧供热应急支撑、应急宣传教育培训、安全文化建设等方面的资金投入与资金支持，保障供热突发事件应对和供热安全应急管理重点项目经费需求。

5. 法律法规保障

法律法规是开展各类安全生产活动的依据，必须在国家法律法规和地方规章制度框架下积极开展应急管理制度建设、应急预案编制、应急演练等，依法依规建立健全供热企业应急管理体系，从而指导供热事故的应急抢险工作。图 4-3 为某供热企业开展抢修作业现场。

图 4-3　某供热企业开展抢修作业现场

4.2　供热事故应急预案

供热事故应急预案是政府和供热企业为了提高保障供热系统安全和处置突发事件的能力，针对可能发生的供热事故，对应急准备和应急响应的各个方面预先做出详细安排，最大限度地预防和减少突发事件及其造成的直接损害甚至次生灾害，保障城市居民生命财产安全，维护城市供热安全和社会稳定，依据有关法律法规制定的原则性方案。供热事故应急预案提供供热事故应对的标准化反应程序，是供热事故处置的基本规则和应急响应的操作指南。制定切实可行的应急预案，既是供热企业履行安全生产主体责任的强制性措施，也是供热企业在生产安全事故发生时，有效组织应急救援工作的前提。

4.2.1 应急预案的作用

1. 提供应急响应的指导

供热事故应急预案主要发挥指导和引导作用，明确政府和供热企业在突发情况下应采取的行动，帮助有效应对不同类型的供热事故。在供热事故应急预案中，应列出不同等级的应急情况和相应的应对措施，以及责任单位和人员的分工，有助于组织和协调应急资源，确保应对工作有序进行。

2. 快速响应与处理突发事故

供热事故应急预案的制定应充分考虑供热突发事故的紧急性和不可预测性，为应对各类供热突发事件提供响应速度和处理方法。供热事故应急预案应包含详细的应急流程和步骤，以及各种供热事故的处理方案和防范措施，使得在突发事件发生时能够迅速做出反应和采取措施，最大限度地减少损失。

3. 保护城市居民生命财产安全

供热事故应急预案的一个重要目标就是保护城市居民生命财产安全。供热事故应急预案应包含对不同类型供热事故的评估和风险分析，以及相应的预防和保护措施。通过应急预案，可以迅速组织人员疏散、救援、医疗和安全保障等工作，确保城市居民在供热事故中得到及时救助和保护，减少人员伤亡和财产损失。

4. 提高供热企业和职工应急能力

制定供热事故应急预案是一个全方位和系统性的工作，需要对各种供热事故进行评估和分析，并制定相应的应对策略。通过制定和实施供热事故应急预案，可以增强供热企业和职工的应急意识和能力，提高处理突发事件的效率和水平。此外，供热事故应急预案中通常包括培训和演练计划，可以通过定期的演练和培训活动，提高职工的快速反应能力和应急技能，增强供热企业的协作能力。

5. 促进供热企业应急工作不断改进

供热事故应急预案的制定和执行是一个动态的过程。随着供热系统的发展和技术的进步，供热事故应急工作也需要不断演进和改进，通过不断总结和评估应急预案的实施情况，可以及时发现问题并加以解决，提高应对供热事故的能力和效果。此外，供热事故应急预案还应该收集和分析各类供热事故的案例和经验，为供热应急工作提供参考和指导。

4.2.2 应急预案体系

按照《生产经营单位生产安全事故应急预案编制导则》GB/T 29639—2020 的要求，企业要分别制定综合应急预案、专项应急预案、现场处置方案。政府、供热企业应根据有关法律法规和相关标准，结合实际，科学确立应急预案体系，并注意与其他类别应急预案相衔接。

1. 供热综合应急预案

供热综合应急预案是应对各种供热生产安全事故而制定的综合性工作方案，是应对供热生产安全事故的总体工作程序、措施和应急预案体系的总纲。供热风险种类多、可能发生多种类型事故，政府主管部门和供热企业应当组织编制供热综合应急预案。综合应急预案应规定应急组织机构及其职责、应急预案体系、事故风险描述、预警及信息报告、应急响应、保障措施、应急预案管理等内容。城市级和企业级综合应急预案示例详见本书附录 1 和附录 2。

2. 供热专项应急预案

供热专项应急预案是指为应对某一种或者多种类型供热生产安全事故，或者针对重要生产设施、重大危险源、重大活动防止供热生产安全事故而制定的专项性工作方案。对于某一种或者多种类型的供热事故风险，应编制相应的专项应急预案，或将专项应急预案并入综合应急预案。专项应急预案应规定应急指挥机构与职责、处置程序和措施等内容。供热企业专项应急预案至少应包括火灾、供热生产运行突发事件、防汛、自然灾害、交通事故、特种设备事故、工程项目施工等方面，详见表 4-1。附录 3 是某供热企业运行事故专项应急预案典型案例。

某供热企业专项应急预案一览表　　　　　　　　　表 4-1

序号	专项应急预案名称
1	火灾专项应急预案
2	供热生产运行突发事件专项应急预案
3	防汛专项应急预案
4	自然灾害专项应急预案
5	特种设备事故专项应急预案
6	工程项目施工事故专项应急预案
7	突发环境事件专项应急预案
8	网络与信息安全事件专项应急预案
9	治安保卫事件专项应急预案
10	反恐防恐事件专项应急预案
11	突发公共卫生事件专项应急预案
12	食品安全事件专项应急预案
13	保密突发事件专项应急预案
14	维稳事件专项应急预案
15	舆情事件专项应急预案
16	空气重污染事件专项应急预案
17	交通事故专项应急预案

3.供热现场处置方案

供热现场处置方案是供热企业根据不同供热生产安全事故类型，针对具体场所、装置或者设施所制定的应急处置措施。现场处置方案应包括工作职责、事故风险描述、应急处置措施和注意事项等内容。供热企业应根据风险评估、岗位操作规程以及危险性管控措施，组织本单位现场作业人员及安全管理人员等共同编制现场处置方案。附录4是某供热企业高处坠落现场处置方案典型案例。

4.2.3　应急预案编制

1.编制原则

供热事故应急预案编制应当遵循以人为本、依法依规、符合实际、注重实效的原则，以应急处置为核心，体现自救互救和先期处置的特点，做到职责明确、程序规范、措施科学，尽可能简明化、图表化、流程化。

2.编制程序

供热事故应急预案编制程序包括成立应急预案编制工作组、资料收集、风险评估、应急资源调查、应急预案编制、桌面推演、应急预案评审和批准实施8个步骤。

（1）成立应急预案编制工作组

结合供热企业部门职能和分工，成立以企业有关负责人为组长，企业相关部门人员（如生产、技术、设备、安全、行政、人事、财务人员）参加的应急预案编制工作组，明确工作职责和任务分工，制定工作计划，组织开展应急预案编制工作，编制工作组应邀请相关救援队伍以及周边相关企业、单位或社区代表参加。

（2）资料收集

资料收集包括但不限于以下内容：

1）适用的法律法规、部门规章、地方性法规和政府规章、技术标准及规范性文件；

2）本供热企业周边地质、地形、环境情况及气象、水文、交通资料；

3）本供热企业现场功能区划分、建（构）筑物平面布置及安全距离资料；

4）本供热企业工艺流程、工艺参数、作业条件、设备装置及风险评估资料；

5）本供热企业历史事故与隐患、国内外同行业事故资料；

6）属地政府及周边企业、单位应急预案。

（3）风险评估

开展供热生产安全事故风险评估，撰写评估报告，其内容包括但不限于以下方面：

1）危险有害因素辨识：辨识供热企业存在的危险有害因素，确定可能发生的供热生产安全事故类别；

2）事故风险分析：分析供热企业事故风险的类型、各种事故发生的可能性、危害后果和影响范围；

3）事故风险评价：评估供热企业事故风险的类别及风险等级；

4）结论建议：得出供热企业应急预案体系建设的计划建议。

（4）应急资源调查

全面调查和客观分析本供热企业以及周边单位和政府部门可请求援助的应急资源状况，撰写应急资源调查报告，其内容包括但不限于以下方面：

1）供热企业内部应急资源：分析本供热企业可调用的应急队伍、装备、物资、场所，分别描述相关应急资源的基本现状、功能完善程度、受可能发生的事故的影响程度；

2）风险监控：针对生产过程及存在的风险可采取的监测、监控、报警手段；

3）外部应急资源：调查掌握上级单位、当地政府、周边企业可提供的应急资源，以及可协调使用的医疗、消防、专业抢险救援机构及其他社会化应急救援力量；

4）应急资源差距分析：依据风险评估结果得出的应急资源需求与本单位现有内外部应急资源对比，提出供热企业内外部应急资源补充建议。

（5）应急预案编制

供热事故应急预案编制包括但不限于以下内容：

1）依据事故风险评估及应急资源调查结果，结合本供热企业组织管理体系、生产规模及处置特点，合理确立本供热企业应急预案体系；

2）结合组织管理体系及部门业务职能划分，科学设定本供热企业应急组织机构及职责分工；

3）依据事故可能的危害程度和区域范围，结合应急处置权限及能力，清晰界定本供热企业的响应分级标准，制定相应层级的应急处置措施；

4）按照有关规定和要求，确定事故信息报告、响应分级与启动、指挥权移交、警戒疏散等方面的内容，落实与相关部门和供热企业应急预案的衔接。

（6）桌面推演

按照应急预案明确的职责分工和应急响应程序，结合有关经验教训，供热企业可采取桌面演练的形式，模拟供热生产安全事故应对过程，逐步分析讨论并形成记录，检验应急预案的可行性，并进一步完善应急预案。

（7）应急预案评审

供热事故应急预案编制完成后，供热企业应按法律法规的有关规定组织评审或论证。参加评审的人员可包括供热安全生产及应急管理方面、有现场处置经验的专家。应急预案论证可通过推演的方式开展。应急预案评审内容主要包括风险评估和应急资源调查的全面性、应急预案体系设计的针对性、应急组织体系的合理性、应急响应程序和措施的科学性、应急保障措施的可行性、应急预案的衔接性。评审程序主要包括评审准备、组织评审、修改完善等步骤。

（8）批准实施

通过评审的供热事故应急预案，由供热企业主要负责人签发实施。

3. 编制内容

供热综合和专项应急预案以及现场处置方案主要内容见表 4-2，具体内容可参照现行国家标准《生产经营单位生产安全事故应急预案编制导则》GB/T 29639。

供热综合和专项应急预案以及现场处置方案主要内容   表 4-2

预案类型	供热综合应急预案	供热专项应急预案	供热现场处置方案
主要内容	总则、适用范围、响应分级； 应急组织机构及职责； 应急响应（信息报告、预警、响应启动、应急处置、应急支援、响应终止）； 后期处置； 应急保障（通信与信息保障、应急队伍保障、物资装备保障、其他保障）	适用范围； 应急组织机构及职责； 响应启动； 处置措施； 应急保障	事故风险描述； 应急工作职责； 应急处置； 注意事项

4.3 应急演练

为应对供热安全事故，应急演练成为一种重要的预防和应对措施。供热应急演练可采取桌面或实战演练方式，是指在模拟突发供热事件情境下，应急指挥体系中各个组成部分针对假设的特定情况，执行各自职责和任务的排练活动，以达到检验预案、锻炼队伍、磨合机制、宣传教育、完善准备的目的。实践证明，应急演练可以帮助政府、供热企业了解应急救援流程，掌握应急救援技能，提高应急救援效率，有效减少人员伤亡和财产损失，迅速从各种供热事件中恢复正常状态。城市供热应急演练的基本流程包括计划、准备、实施、评估与总结、持续改进五个阶段（图 4-4），具体可参照现行行业标准《生产安全事故应急演练基本规范》AQ/T 9007。

1. 计划

计划包括需求分析、明确任务和制定计划三个方面。全面分析和评估供热事故应急预案、职责、应急处置工作流程和指挥调度程序、应急技能和应急装备、物资的实际情况，提出需通过应急演练解决的内容，有针对性地确定应急演练目标，提出应急演练的初步内容和主要科目。确定应急演练事故情景类型、等级、发生地域，演练方式，参演单位，各阶段主要任务，应急演练实施的拟定日期。根据需求分析及任务安排，组织人员编制演练计划文本。

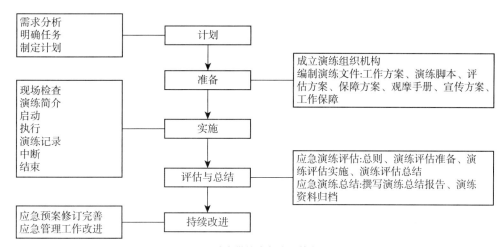

图 4-4   城市供热应急演练基本流程

2. 准备

准备工作包括成立演练组织机构、编制演练文件、工作保障等内容。

（1）成立演练组织机构

应成立演练领导小组，负责演练活动筹备和实施过程中的组织领导工作，审定演练工作方案、演练工作经费、演练评估总结以及其他需要决定的重要事项。演练领导小组下设策划与导调组、宣传组、保障组、评估组。根据演练规模大小，其组织机构可进行调整。

（2）编制演练文件

演练文件一般包括工作方案、演练脚本、评估方案、保障方案、观摩手册、宣传方案、工作保障等。工作方案主要用于对整个演练过程进行指导。演练组织单位根据需要确定是否编制脚本，如果编制脚本，一般采用表格形式。演练组织单位应编制评估方案，对整个演练过程的有效性和目标达成度进行评估，为演练改进提供依据和参考。同时，应全面识别演练过程中的风险，制定有效措施保障现场人员安全，安排专人负责人员疏散转移过程中的引导和组织。

根据演练规模和观摩需要，可编制演练观摩手册。演练组织单位可编制供热应急演练宣传方案，对演练进行宣传，扩大演练活动的参与范围，提升应急预案知识的普及度。根据应急演练工作需要，做好相关保障工作，主要包括人员保障、经费保障、物资和器材保障、场地保障、安全保障、通信保障及其他保障措施。

3. 实施

（1）现场检查

确认应急演练所需的工具、设备、设施、技术资料以及参演人员到位。对应急演练安全设备、设施进行检查确认，确保安全保障方案可行，所有设备、设施完好，电力、通信系统正常。

（2）演练简介

应急演练正式开始前，应对参演人员进行情况说明，使其了解应急演练规则、场景及主要内容、岗位职责和注意事项。

（3）启动

应急演练总指挥宣布开始应急演练，参演单位及人员按照设定的事故情景，参与应急响应行动，直至完成全部演练工作。演练总指挥可根据演练现场情况，决定是否继续或中止演练活动。

（4）执行

执行包括桌面演练和实战演练两部分。在桌面演练过程中，演练执行人员按照应急预案或应急演练方案发出信息指令后，参演单位和人员依据接收到的信息，以回答问题或模拟推演的形式，完成应急处置活动。通常按照注入信息、提出问题、分析决策和表达结果四个环节循环进行。各组决策结果表达结束后，导调人员可对演练情况进行简要讲解，接着注入新的信息。按照应急演练工作方案，开展应急演练，有序推进各个场景，开展现场点评，完成各项应急演练活动，妥善处理各类突发情况，宣布结束或意外终止应急演练。

（5）演练记录

应急演练实施过程中，应安排专门人员采用文字、照片和音像手段记录演练过程。

（6）中断

在应急演练实施过程中，出现特殊或意外情况，短时间内不能妥善处理或解决时，应急演练总指挥可按照事先规定的程序和指令中断应急演练。

（7）结束

完成各项应急演练内容后，参演人员进行人数清点和讲评，演练总指挥宣布演练结束。

4. 评估与总结

围绕应急演练目标和要求，对参演人员表现、演练活动准备及其组织实施过程作出客观评价，编写演练评估报告。通过评估发现应急预案、应急组织、应急人员、应急机制、应急保障等方面存在的问题或不足，提出改进意见或建议，并总结演练中好的做法和主要优点等。应急预案实战演练评估示例和应急预案桌面演练评估示例详见本书附录5和附录6。

5. 持续改进

根据演练评估报告中对应急预案的改进建议，按程序对应急预案进行修订完善。应急演练结束后，演练组织单位应根据应急演练评估报告、总结报告提出的问题和建议，对应急管理工作（包括应急演练工作）进行持续改进。演练组织单位应督促相关部门和人员，制定整改计划、明确整改目标、提出整改措施、规定整改时限、落实整改资金，并跟踪督查整改情况，直至问题解决为止。

图 4-5 是某供热企业燃气泄漏处置应急演练，图 4-6 是某供热企业有限空间事故处置应急演练。

图 4-5　某供热企业燃气泄漏处置应急演练　　　　图 4-6　某供热企业有限空间事故处置应急演练

第 5 章

城市供热生命线安全评估

5.1 概述

5.1.1 评估必要性

据统计截至 2023 年底，我国供热管道长度已超过 60 万 km，这些管道把热源和 100 多亿 m² 的城镇供热建筑连接在一起，构成了全世界最大规模的城镇集中供热系统。60 万 km 的供热管网是城市供热生命线的主要载体，它们的安全牵动着亿万老百姓的冷暖，同时也是城市基础设施安全体系重要的组成部分。

根据协会的统计数据，供热管道中 90% 以上采用直埋敷设方式，约 1% 的管道服役 30 年以上，服役 15~30 年的老旧管道占 19.4%。由于供热管道通常为钢管，并且一级管网一般均为温度超过 100℃ 的压力管道，其长期埋地敷设，很多在潮湿的环境下运行，随着服役年限的增长，管道逐渐腐蚀老化，安全隐患日益凸显，北方地区每年都有大量老旧管道抢修事件发生。

为贯彻落实"安全第一，预防为主、综合治理"的安全生产基本方针，避免管道安全事故发生，保障城市供热管网安全稳定运行，非常有必要研究一套符合我国城市供热管道管理现状，以预防在先为指导思想、风险管理理念为基础，基于典型寿命周期管理数据且行之有效的城市供热生命线的安全风险评估方法。本章主要阐述基于城市基础设施公共安全角度的城市供热安全评估方法以及针对具体供热管道的安全评估方法。

5.1.2 实施主体

依据《安全评价通则》AQ 8001—2007 中"评价对象应自主选择具备相应资质的安全评价机构按有关规定进行安全评价"以及"安全评价机构必须依法取得安全评价机构资质许可，并按照取得的相应资质等级、业务范围开展安全评价"的要求，结合供热行业特性，城市供热生命线安全评估宜由城市主管部门、第三方技术服务机构实施；供热管道安全评估宜由第三方技术服务机构实施，供热企业也可以针对供热管道进行安全自评价。安全评估团队应由从事检验、运行和管理等工作的相关专业人员组成。

5.1.3　评估条件

城市供热生命线安全评估应满足政府主管部门的管理要求，且宜每年开展，评估范围为城镇区域范围内的供热管网，其中重点评估范围包括：

（1）位于或穿越重要交通枢纽、公共基础设施及人员密集场所的供热管线；

（2）存在地质灾害影响的供热管线；

（3）经常启停和改变介质参数的供热管线；

（4）重点监测管网主干管、老旧管道、脆弱性管道等；

（5）城市基建区域内易形成交叉施工的管线。

供热管道安全评估按以下原则进行：

（1）立即评估：对于超过设计年限仍需使用、上次安全评估周期到期、管道运行参数发生改变且超出设计范围、管道发生异常形变或位移、管道沿线环境发生重大变化、管道停用 3 年以上再次投用、与安全管理相关法规和制度发生重要修改的情况，建议立即进行安全风险评估。

（2）计划评估：对管道进行重大修理或改造、热用户负荷发生重大变化、管网热损失率超出正常值、管网失水率超出正常值、新建管线投入运行前、管道的温度和压力超出原有常态运行参数范围的情况，可以计划进行安全风险评估。

（3）热力管道安全风险评估周期不应超过 9 年 ❶。

5.1.4　评估流程

城市供热生命线安全评估流程包括确定评估项目、划分评估单元、资料收集、失效评估、安全风险等级划分、安全风险等级分类管理、安全风险评估报告编制 7 个步骤，如图 5-1 所示。其中资料收集是重要的基础工作，涵盖设计、工程、维修检测、管理及其他 5 大类内容。一般包括管线周边环境资料，设计依据资料、施工图、竣工资料，维修、改造、抢修

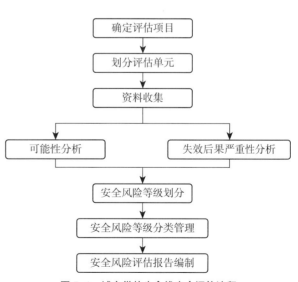

图 5-1　城市供热生命线安全评估流程

---

❶　根据《城市热力管道安全风险评估方法》GB/T 44548—2024，热力管道安全风险评估周期不应超过 9 年。

资料，检验检测、运行管理资料等，同时还应收集国家及行业相关法律法规、企业内部规章制度、调研中发现的相关数据等。

5.2 城市供热工程安全评估方法

城市供热工程安全评估在实际运用过程中，可采用定性分析、定量分析或两者相结合的分析方法，考虑供热管网安全事故发生的可能性分析和事故后果严重性分析两方面因素。

5.2.1 供热管网安全评估方法

针对供热管网运行风险特征，选用风险矩阵法，从事故发生的可能性和事故后果的严重性 2 个角度出发，通过分析各个影响因素对供热管网安全影响的比例，设置各个因素的权重，再细分每个因素中不同的种类和每个种类的评分。

可能性 P 和后果严重性 C 按表 5-1 中各 II 级指标根据权重计算总得分（表 5-2、表 5-3）。依据定性分级表可根据评分得到可能性和后果性等级，最后通过风险矩阵确定最终风险等级（表 5-4）。

供热管网风险评价指标及评分标准 表 5-1

I 级指标	II 级指标	等级	分值	备注
可能性 P	管线状况	老旧管线	[6, 9]	老旧管线为运行 30 年以上、存在安全隐患的管线，根据是否有管控措施、老旧管线改造计划酌情减分
		正常管线	2	服役 5 年以上 30 年以下的正常管线
		新建管线	1	根据管线竣工材料，若发现缺陷，由专家根据隐患等级评分
	管线穿越	穿越铁路或公路	10	
		无	0	
	第三方施工破坏	存在第三方施工	[6, 9]	根据供热公司第三方施工管理水平酌情减分
		无	0	
后果严重性 C	供热介质	水蒸气	[6, 9]	根据温度、压力综合评分
		热水	[3, 5]	
	管线等级	长输管线	[7, 9]	实际评分时考虑停止供热造成的影响范围和规模
		输送干线	6	

续表

Ⅰ级指标	Ⅱ级指标	等级	分值	备注
后果严重性 C	管线等级	输配干线	5	实际评分时考虑停止供热造成的影响范围和规模
		输配次干线	4	
		输配支线	2	
		用户支线	1	
	道路等级	快速路、主干道	[6，9]	实际评分时考虑对道路交通造成的影响
		次干道	[3，5]	
		支路、内部路	1	
	附近场所类型	特殊高密度场所	10	大型体育场、交通枢纽、露天市场、居住区、宾馆、度假村、办公场所、商场、饭店、娱乐场所
		高敏感场所	10	学校、医院、幼儿园、养老院、监狱等；重要目标：军事禁区、军事管理区、文物保护单位等
		人口密集场所	8	容纳 50~100 人（包含 50 人）的影剧院、礼堂、录像厅、舞厅、卡拉OK 厅、游乐厅、网吧、保龄球馆、桑拿浴室和音乐茶座、旅馆、宾馆、饭店和营业性餐馆、出租屋、商场、超市和室内市场（含家具商场和各种专业市场）；服装、玩具、制鞋等劳动密集型生产企业的车间、员工集体宿舍
		非人口密集场所	2	

可能性等级评定　　　　　　　　　　　　　　　　　　　表 5-2

可能性 P	等级	说明
$0 \leqslant P < 2$	1	可能性极低
$2 \leqslant P < 4$	2	可能性低
$4 \leqslant P < 6$	3	可能性中等
$6 \leqslant P < 8$	4	可能性较高
$8 \leqslant P \leqslant 10$	5	可能性高

后果严重性等级评定　　　　　　　　　　　　　　　　　表 5-3

后果严重性 C	等级	说明
$0 \leqslant C < 2$	1	后果影响小
$2 \leqslant C < 4$	2	后果影响一般
$4 \leqslant C < 6$	3	后果影响较大
$6 \leqslant C < 8$	4	后果影响重大
$8 \leqslant C \leqslant 10$	5	后果影响特大

供热管网风险矩阵分级　　　表 5-4

		1	2	3	4	5
可能性等级	5	III	III	IV	IV	IV
	4	II	III	III	IV	IV
	3	II	II	III	III	IV
	2	I	II	II	III	III
	1	I	I	II	II	III
		1	2	3	4	5
		后果严重性等级				

5.2.2 供热厂站安全评估方法

针对供热厂站运行风险特征，选用层次分析法，从固有风险、作业风险、应急能力 3 个角度出发，通过分析各个影响因素对供热场站安全影响的比例，设置各个因素的权重，再细分每个因素中不同的种类和每个种类的评分。

固有风险、作业风险、应急能力作为 I 级指标，按表 5-5 中各 II 级指标根据权重计算总得分。最终风险评分 R 为 3 个 I 级指标进行加权平均计算，最后通过表 5-6 确定最终风险等级。

供热厂站风险评价指标及评分标准　　　表 5-5

I 级指标	II 级指标	等级	分值	备注
固有风险	安全风险源	存在重大安全风险源	80	多个重大安全风险源，每个额外加 10 分
		存在较大安全风险源	60	多个较大安全风险源，每个额外加 5 分
		其他	40	未按双预防要求进行风险辨识由专家进行确认
	安全生产标准化	已达标	0	根据安全管理水平进行评定
		未评定	[4，9]	
作业风险	作业安全管理制度	资料齐全	0	专家现场评定
		部分缺失	[4，8]	
		大量缺失或未按制度执行	10	
	危险作业	历史发生作业事故	[6，10]	
		无历史事故	0	
应急能力	应急预案	资料齐全	0	专家现场评定
		部分缺失	[4，8]	
		大量缺失	10	

续表

Ⅰ级指标	Ⅱ级指标	等级	分值	备注
应急能力	应急演练	按要求完成	0	每年 1 次综合或专项演练，半年 1 次现场处置演练
		未完成	10	
	应急队伍	有应急队伍或兼职的应急救援人员	0	
		无	10	

供热厂站风险评价指标及评分标准

表 5-6

风险等级	风险阈值	风险颜色
重大风险	$80 \leqslant R \leqslant 100$	红
较大风险	$60 \leqslant R < 80$	橙
一般风险	$40 \leqslant R < 60$	黄
低风险	$0 \leqslant R < 40$	蓝

5.3　供热管道安全评估方法

供热管道安全评估方法以层次分析法为基础，从失效可能性评估和失效后果严重性评估两个方面对供热管道安全风险进行等级划分。失效可能性评估包括设计及自身缺陷、安装施工缺陷、运行管理缺陷、维修管理缺陷、外力破坏、腐蚀 / 结垢等；失效后果严重性评估包括人身伤害、环境破坏、经济损失、社会影响等。

5.3.1　失效可能性评估方法

失效可能性是指发生失效的概率。采用层次分析法（AHP）进行半定量风险计算，即将评估过程分为底层影响因素计算和中间层影响因素计算两个步骤，并最终通过中间层影响因素计算的结果确定该管道的失效可能性分值。

管道失效可能性底层影响因素调查项目及评分、失效可能性权重从 6 大类 15 个小类进行分析，见表 5-7~ 表 5-21。

（1）设计及自身缺陷：包括管道和管道附件缺陷；

（2）安装施工缺陷：包括管道本体安装、管道敷设施工及管道附件安装施工；

（3）运行管理缺陷：包括隐患识别情况、运行处置情况；

（4）维修管理缺陷：包括维修计划及其执行有效性以及维修质量；

（5）外力破坏：包括人为因素以及自然因素；

（6）腐蚀/结垢：包括服役时间、冲蚀或结垢，保护层、保温层和防腐层失效以及运行介质腐蚀。

管道缺陷调查项目与评分分值　　　　表 5-7

序号	调查项目	分值
1	未采用符合国家、行业标准或规范的管道	16
2	无针对管道缺陷的管理制度或管理措施	6
3	文档管理制度不完善，存在管道出厂质量文件缺失的问题	6
4	管道设计不合理	14
5	管道存在制造缺陷	14
6	存在老旧管道，且未进行有效检测	10
7	利旧管道选材不当或不符合规范要求	12
8	管道存在剧烈振动	12
9	无管道运行记录	10
	合计（满分）	100

管道附件缺陷调查项目与评分分值　　　　表 5-8

序号	调查项目	分值
1	未采用符合国家、行业标准或规范的管道附件	15
2	无针对管道附件缺陷的管理制度或管理措施	6
3	补偿器、支座（架）存在设计不合理问题	9
4	法兰和排气阀（或疏水阀、泄水阀）设计不符合规范要求	6
5	安全阀存在设计不合理问题或制造缺陷	9
6	补偿器本体或结构件热变形异常，存在明显弯曲、压缩、拉伸变形，以及焊缝开裂等状况	15
7	支座（架）、固定节、旁通阀、弯头、三通、异径管、法兰存在缺陷	6
8	排气阀、泄水阀或疏水阀存在缺陷（如关闭不严等）或已无法使用	6
9	无针对法兰和排气阀、泄水阀或疏水阀的隐患记录或记录不完整	6
10	管道附件存在剧烈振动	12
11	无管道附件运行记录	10
	合计（满分）	100

管道本体安装施工质量缺陷调查项目与评分分值 表 5-9

序号	调查项目	分值
1	未按施工图纸施工（如改变路由、改变敷设方式、改变坡度、转角、接头发泡等）	25
2	施工后未进行全面检验即投用	12
3	施工后未完好恢复附属设施即投用	12
4	预制保温管接口未进行工序验收且未进行气密性试验	12
5	焊缝存在超标缺陷	14
6	焊缝仅存在未超标缺陷，但数量较多且仍继续使用	7
7	管道施工过程中存在绕行障碍物而强制对接的情况	6
8	管道出厂质检材料不完备即进行施工安装	4
9	施工、维修过程中破坏防腐层但未做修复即投用	4
10	施工、维修过程中破坏保温层但未做修复即投用	4
合计（满分）		100

管道敷设施工质量缺陷调查项目与评分分值 表 5-10

序号	调查项目	分值
1	直埋管道敷设埋深未达到设计图纸要求	18
2	直埋管道敷设时，发现土壤土质情况与前期地勘报告有差异	26
3	直埋管道基础未按要求进行加固处理	9
4	直埋管道周围存在或新增植被	20
5	直埋管道周围未按要求进行回填和夯实	9
6	直埋管道上方未覆盖警示带	9
7	管沟施工未按设计规范要求即投入使用	9
合计（满分）		100

管道附件安装施工质量缺陷调查项目与评分分值 表 5-11

序号	调查项目	分值
1	管道附件安装质量未按相关标准进行严格控制即投入使用	55
2	当管道附件与管道材料不同时，对其之间可能存在的严重且快速的腐蚀问题，或异种材料焊接缺陷问题未进行有效识别	30
3	在施工质量验收时对管道附件未有明确的质量管控措施	15
合计（满分）		100

隐患识别情况调查项目与评分分值　　　　　　　　　表 5-12

序号	调查项目	分值
1	未制订隐患判断标准	25
2	对直埋管道发生泄漏无有效的监测手段	20
3	未设置运行温度异常的监测或报警装置	10
4	未设置运行压力异常的监测或报警装置	10
5	未设置运行流量异常的监测或报警装置	10
6	未设置补水量异常的监测或报警装置	10
7	未定期进行隐患排查	15
合计（满分）		100

运行处置情况调查项目与评分分值　　　　　　　　　表 5-13

序号	调查项目	分值
1	未制订或执行运行管理规程	20
2	无运行温度异常的处置措施	10
3	无运行压力异常的处置措施	10
4	无运行流量异常的处置措施	10
5	无补水量异常的处置措施	10
6	无水质异常的处置措施	10
7	管道曾出现过严重水锤现象	15
8	安全阀未按规定定期校验	10
9	关断阀、疏水阀、放水阀工作状态未定期进行排查判断	5
合计（满分）		100

维修计划及执行有效性调查项目与评分分值　　　　　　表 5-14

序号	调查项目	分值
1	未制订维修计划	18
2	在制订计划过程中，检验单位未及时向运行单位提供缺陷和潜在隐患信息	8
3	制订计划时未参考检验单位的意见	8
4	制订计划时未参考运行单位的缺陷管理信息	8
5	在维修执行过程中，原计划的部分维修内容无法执行	16
6	维修计划经常由于因各种原因部分或整体被迫延期实施	8
7	存在有明显缺陷而无法处理的情况	16
8	对于焊接缺陷未采取及时的检验和修复措施	10
9	缺乏正式的管道缺陷记录措施，如缺陷管理台账等	8
合计（满分）		100

维修质量调查项目与评分分值　　　　　　　　表 5-15

序号	调查项目	分值
1	未执行维修技术规程	34
2	维修过程中缺少质量检验和管控	22
3	维修后未进行验收即投入运行	22
4	未对采取的应急或临时措施制订后续专项整改处置方案	22
	合计（满分）	100

人为因素调查项目与评分分值　　　　　　　　表 5-16

序号	调查项目	分值
1	管道、结构或周边土壤发生局部沉降	14
2	管道穿越公路段出现公路承载增加	12
3	管道上方或周围经常发生第三方施工作业且运行单位无法有效监管	12
4	管道上方或周围移运土层	14
5	管道上方或周围进行挖掘作业且无法进行有效管控	14
6	管道上方堆积重物且无法进行有效管控	10
7	管道上方存在建筑物、构筑物占压	10
8	外来水侵蚀管道或破坏管道土层结构	14
	合计（满分）	100

自然因素调查项目与评分分值　　　　　　　　表 5-17

序号	调查项目	分值
1	地震烈度发生变化	25
2	管道穿越地区存在台风经常性袭扰	25
3	管道穿越地区存在洪水风险	25
4	管道穿越地区存在泥石流滑坡风险或发生过类似灾害	25
	合计（满分）	100

服役时间调查项目与评分分值　　　　　　　　表 5-18

序号	调查项目		分值
1	管道超期服役		25
2	管道使用年限（年）	≤ 10	8
		11~20	13
		21~30	20
		> 30	25
3	有检测、实验数据证明管道平均减薄速率 ≥ 0.254mm/ 年		25

续表

序号	调查项目		分值
4	3 年内管道抢修频次 （次）	1	5
		2	15
		≥ 3	25
合计（满分）			100

冲蚀或结垢调查项目与评分分值 表 5-19

序号	调查项目	分值
1	管道发生过内部结垢	9
2	针对结垢问题未进行日常监测工作	24
3	管道存在因走向形成的低点或拐点部位	16
4	管道结垢淤堵引发压力明显波动	11
5	DN300 以下的管道曾发生过结垢、内部介质长期不流动或流量波动大等问题	10
6	存在停用、长期不流动的管段、盲端等	11
7	管道使用前未经过冲洗清理	9
8	管道内曾经发现过生物黏泥或泥沙	10
合计（满分）		100

保护层、保温层和防腐层失效调查项目与评分分值 表 5-20

序号	调查项目	分值
1	管道及其附件保护层破损	14
2	管道及其附件保温层失效	7
3	未进行保护层和保温层厚度、防腐层、密度、吸水率等抽查检验	11
4	存在架空管道入地管段	3
5	直埋管道周边存在高压电缆	3
6	直埋管道周边存在地铁	3
7	保温管道长期浸泡在水中	16
8	穿墙部位管道盲端未加保温或未采取外包覆保护	9
9	检查室、管沟、穿墙部位漏水	11
10	管道曾发生过严重外腐蚀	20
11	管沟、检查室长期积水	3
合计（满分）		100

运行介质腐蚀调查项目与评分分值　　　　　表 5-21

序号	调查项目	分值
1	未制订管网循环水水质管理制度	13
2	未制订管网补水水质管理制度	15
3	运行介质未进行含氧量监测或监测到管网水含氧量升高现象	18
4	运行操作中，存在使用自来水等非处理水进行补水的情况	18
5	为满足负荷增大需求而提高管网运行温度	5
6	管网水中曾发现大量滋生的藻类或细菌	9
7	因工况不稳定造成温度波动频繁	9
8	非供热期未进行保压水养护	10
9	运行介质无定期检测报告	3
合计（满分）		100

　　首先通过打分确定各个底层影响因素的分值，并分别与对应的底层影响因素权重（表 5-22）相乘，得到各个底层影响因素的加权分值；然后按照各个底层影响因素与中间层影响因素的隶属关系，将属同一中间层影响因素的各个底层影响因素加权分值进行加和，得到该中间层影响因素的分值；最后将各个中间层影响因素分值与对应的中间层影响因素权重相乘并加和，得到最终的失效可能性分值（图 5-2）。

中间层和底层影响因素失效可能性权重　　　　　表 5-22

影响因素		权重		对应评分表
		底层 β_j^{p0}	中间层 α_i^{p0}	
设计及自身缺陷	管道缺陷	0.75	0.16	表 5-7
	管道附件缺陷	0.25		表 5-8
安装施工缺陷	管道本体安装施工质量缺陷	0.12	0.27	表 5-9
	管道敷设施工质量缺陷	0.56		表 5-10
	管道附件安装施工质量缺陷	0.32		表 5-11
运行管理缺陷	隐患识别情况	0.83	0.09	表 5-12
	运行处置情况	0.17		表 5-13
维修管理缺陷	维修计划及其执行有效性	0.67	0.10	表 5-14
	维修质量	0.33		表 5-15
外力破坏	人为因素	0.60	0.04	表 5-16
	自然因素	0.40		表 5-17
腐蚀/结垢	服役时间	0.06	0.34	表 5-18
	冲蚀或结垢	0.23		表 5-19
	保护层、保温层和防腐层失效	0.57		表 5-20
	运行介质腐蚀	0.14		表 5-21

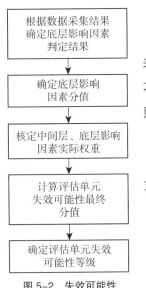

根据数据采集结果确定底层影响因素判定结果

↓

确定底层影响因素分值

↓

核定中间层、底层影响因素实际权重

↓

计算评估单元失效可能性最终分值

↓

确定评估单元失效可能性等级

图 5-2　失效可能性评估步骤

1. 确定底层影响因素分值

根据收集的资料，对照底层影响因素各调查项目，按照表 5-7~表 5-21 确定底层影响因素分值，当某调查项目影响因素失效可能性不存在时，其评分分值为 0。每个失效可能性底层影响因素分值可按照调查打分结果按照式（5-1）进行加和计算。

$$p_j = \sum_{l=1}^{q} s_l^j \qquad (5-1)$$

式中　　p_j——第 j 个底层影响因素失效可能性总分值；

s_l^j——第 j 个底层影响因素第 l 个调查项目分值；

q——第 j 个底层影响因素调查项目数量。

2. 确定影响因素权重

得到每个底层影响因素的失效可能性分值后，将每个底层影响因素的失效可能性分值与其对应的权重规定值相乘，其中权重规定值按表 5-22 的规定确定。但当部分失效可能性底层影响因素分值为 0 时，应对底层影响因素权重和中间层影响因素权重进行调整，并应按式（5-2）计算。

$$\alpha_i^p = \frac{\alpha_i^{p0}}{\sum\limits_{i=1}^{m} \alpha_i^{p0}} \text{ 或 } \beta_j^p = \frac{\beta_j^{p0}}{\sum\limits_{j=1}^{n} \beta_j^{p0}} \qquad (5-2)$$

式中　　α_i^p——第 i 个调整后的中间层失效可能性影响因素权重；

α_i^{p0}——第 i 个中间层失效可能性影响因素权重；

m——第 i 个中间层影响因素数量；

β_j^p——第 j 个调整后的底层失效可能性影响因素权重；

β_j^{p0}——第 j 个底层失效可能性影响因素权重；

n——第 j 个底层影响因素数量。

3. 确定失效可能性分值

得到各个底层和中间层影响因素修正后权重值，再用修正后的值与对应的失效可能性底层影响因素分值相乘，得到最终的加权分值，再按照与中间层影响因素的隶属关系，将属于同一中间层影响因素的加权分值进行加和计算，然后将加和结果作为该中间层影响因素的失效可能性分值，再与对应的权重规定值相乘，得到管道最终的失效可能性分值 P^f，即按式（5-3）计算。即管道最终的失效可能性分值应根据失效可能性底层影响因素分值、底层影响因素权重和中间层影响因素权重，按式（5-3）计算。

$$P^f = \sum_{i=1}^{m} \alpha_i^p \left[\sum_{j=1}^{n} \left(\beta_j^p \times p_j \right) \right] \qquad (5-3)$$

式中　P^f——失效可能性分值；

　　　α_i^p——第 i 个调整后的中间层失效可能性影响因素权重；

　　　β_j^p——第 j 个调整后的底层失效可能性影响因素权重；

　　　p_j——第 j 个底层失效可能性影响因素总分值；

　　　m——第 i 个中间层影响因素数量；

　　　n——第 j 个底层影响因素数量。

最后，管道的失效可能性等级可按照 P^f 加以分级，如表 5-23 所示。当 $P^f < 40$ 时，失效可能性等级为 P1，失效可能性最低；当 $40 \leqslant P^f < 60$ 时，失效可能性等级为 P2；当 $60 \leqslant P^f < 80$ 时，失效可能性等级为 P3；当 $80 \leqslant P^f \leqslant 100$ 时，失效可能性等级为 P4，同时失效可能性逐渐增加。

失效可能性等级　　　　　　　　　　　　　　　　表 5-23

失效可能性等级	失效可能性分值 P^f
P1	$P^f < 40$
P2	$40 \leqslant P^f < 60$
P3	$60 \leqslant P^f < 80$
P4	$80 \leqslant P^f \leqslant 100$

5.3.2　失效后果严重性评估方法

失效后果严重性评估与失效可能性评估方法相同，通过确定管道的失效后果严重性分值，对管道安全风险进行等级评估。失效后果严重性评价分为失效所引发的人身伤害、环境破坏、经济损失以及社会影响的严重程度。

管道失效后果严重性底层影响因素调查项目及评分如表 5-24~ 表 5-38 所示。失效后果严重性权重按照 4 大类 15 项进行分析。

（1）人身伤害包括经过区域、经过地下或低洼空间、次生灾害危险程度以及泄漏监测与防控能力。

（2）环境破坏包括环境敏感区域、次生灾害环境威胁以及泄漏监测与防控能力。

（3）经济损失包括居民财产损失、公共资产损失以及泄漏监测与防控能力。

（4）社会影响包括居民生活影响范围、交通中断、社会焦点或敏感区域、次生灾害影响范围以及泄漏监测与防控能力。

经过区域调查项目内容与评分分值　　　　　　　　表 5-24

序号	调查项目		分值
1	管道上方有建筑（构）物占压并可能导致人员或设施受到影响		25
2	管道经过同一时间内聚集人数超过 50 人的公共活动场所		25
3	管道经过交通主要干线		25
4	管道直径（mm）	≤ 200	（8）
		201~500	（12）
		501~800	（15）
		801~1000	（20）
		＞ 1000	25
合计最大分值			100

注：1. 同一打分项中，括号内分值之间、括号内分值与非括号内分值之间为互斥项，不同时计分。
　　2. 评估过程中，同一管段中存在多种管径时，对最大管道公称直径进行计分。
　　3. 表 5-25~ 表 5-38 同。

经过地下或低洼空间调查项目与评分分值　　　　　　　　表 5-25

序号	调查项目		分值
1	管道与其他市政设施的安全间距不符合规范		30
2	管道在地下商场或车库等空间内敷设		30
3	管道附近有地下通道、公路低洼地段		15
4	管道直径（mm）	≤ 200	（8）
		201~500	（12）
		501~800	（15）
		801~1000	（20）
		＞ 1000	25
合计最大分值			100

次生灾害危险程度调查项目与评分分值　　　　　　　　表 5-26

序号	调查项目	分值
1	无周期性的次生灾害的影响评估制度和管理文件	20
2	供热管道与其他相邻管道达不到安全距离	20
3	供热管道与燃气等易燃易爆类管道存在重叠交错的区域，可能引发其发生次生人身伤害	25
4	供热管道与电力输配线路存在重叠交错的区域，可能引发次生人身伤害	10

序号	调查项目		分值
5	次生灾害管道的直径（mm）	≤ 200	（7）
		201~500	（12）
		501~800	（15）
		801~1000	（20）
		> 1000	25
合计最大分值			100

人员伤害相关的泄漏监测与防控能力调查项目与评分分值　　　　　表 5-27

序号	调查项目		分值
1	对于泄漏事故无有效的控制措施，或有措施但未形成明确的健康、安全与环境管理体系（HSE）管理文件		8
2	无供热管道事故可能导致的人员伤亡评估文件，包括人员烫伤、冲击伤害等		20
3	无针对人身伤害事故的应急预案		15
4	未定期组织应急演练		15
5	存在事故无法及时处理的局部管道		12
6	管道直径在 DN300 以下，且存在 DN50 以下的支管		6
7	泄漏发现及时性（min）	≤ 10	（7）
		11~30	（10）
		31~60	（12）
		> 60	17
8	每次事故 / 事件之后，未进行事故 / 事件分析和调查		7
合计最大分值			100

环境敏感区域调查项目与评分分值　　　　　表 5-28

序号	调查项目		分值
1	无 HSE 文件		28
2	周边存在自然保护区		20
3	周边存在自来水厂或水源地，可能造成无法供给干净可用饮用水		18
4	周边存在农业生产用地或绿地		12
5	生活用水供水停水影响范围（户）	≤ 1000	（7）
		1001~5000	（12）
		5001~10000	（17）
		> 10000	22
合计最大分值			100

次生灾害环境威胁调查项目与评分分值　　　　　　　　表 5-29

序号	调查项目		分值
1	无周期性的次生灾害的影响评估制度和管理文件		20
2	供热管道与其他相邻管道达不到安全距离		20
3	供热管道与燃气等易燃易爆类管道存在重叠交错的区域，可能引发其发生次生人身伤害		25
4	供热管道与电力输配线路存在重叠交错的区域，可能引发次生人身伤害		10
5	次生环境威胁会扩展或影响到的范围	扩展或影响到周边区域	（7）
		扩展或影响到全市区域	（12）
		扩展或影响到其他城市	（22）
		扩展并产生国际影响	25
合计最大分值			100

环境破坏相关的泄漏监测与防控能力调查项目与评分分值　　　　　　　　表 5-30

序号	调查项目		分值
1	对于泄漏事故，无有效的控制措施，或有措施但未形成明确的 HSE 文件		8
2	无供热管道事故可能导致的环境破坏评估文件，包括污染等级、环保罚金等		20
3	无针对泄漏环境污染控制的应急预案		15
4	未定期组织应急演练		15
5	存在发生事故时无法及时处理的局部管道		12
6	管道直径在 DN300 以下，且存在 DN50 以下的支管		6
7	如泄漏不能事前预防，事后发现的及时性（min）	≤ 10	（7）
		11~30	（10）
		31~60	（12）
		> 60	17
8	每次事故 / 事件之后，未进行事故 / 事件分析和调查		7
合计最大分值			100

居民财产损失调查项目与评分分值　　　　　　　　表 5-31

序号	调查项目		分值
1	管道泄漏冲刷作用下会造成附近居民建筑物、地面设施的地基土壤流失，导致该设施破坏或浸泡物品损失		20
2	管道与居民建筑之间安全距离不足时，供热介质的影响	介质为热水	（10）
		介质为蒸汽	25
3	管道引发的次生灾害，可造成居民财产的附加经济损失		15
4	无供热管道事故可能导致的其他居民经济损失的评估文件		15

续表

序号	调查项目		分值
5	管道直径（mm）	≤ 200	（7）
		201~500	（12）
		501~800	（15）
		801~1000	（20）
		> 1000	25
合计最大分值			100

公共资产损失调查项目与评分分值　　　　　　表 5-32

序号	调查项目		分值
1	管道泄漏冲刷作用下会造成附近公共建筑物、地面设施的地基土壤流失，导致该设施破坏或浸泡物品损失		20
2	管道与公共建筑之间安全距离不足时，供热介质的影响	介质为热水	（10）
		介质为蒸汽	25
3	管道引发的次生灾害，可造成公共财产的附加经济损失		15
4	无供热管道事故可能导致的其他公共经济损失的评估文件		15
5	管道直径（mm）	≤ 200	（7）
		201~500	（12）
		501~800	（15）
		801~1000	（20）
		> 1000	25
合计最大分值			100

经济损失相关的泄漏监测与防控能力调查项目与评分分值　　　　　　表 5-33

序号	调查项目		分值
1	对于泄漏事故，无有效的控制措施，或有措施但未形成明确的 HSE 文件		8
2	无供热管道事故可能导致的经济损失的评估文件，包括直接经济损失、间接经济损失等		20
3	无针对减少经济损失的应急预案		15
4	未定期组织应急演练		15
5	存在事故无法及时处理的局部管道		12
6	管道直径在 DN300 以下，且存在 DN50 以下的支管		6
7	如泄漏不能事前预防，事后发现的及时性（min）	≤ 10	（7）
		11~30	（10）
		31~60	（12）
		> 60	17
8	每次事故 / 事件之后，未进行事故 / 事件分析和调查		7
合计最大分值			100

居民生活影响范围调查项目与评分分值 表 5-34

序号	调查项目		分值
1	无供热管道事故可能导致的社会及居民生活影响评估文件，包括居民取暖、堵塞交通等		25
2	居民日常生活保障受到影响		10
3	停热影响面积（万 m^2）	≤ 20	（12）
		21~100	（25）
		101~500	（30）
		> 500	35
4	停热后恢复供热所需时间（h）	≤ 8	（7）
		9~24	（17）
		25~72	（25）
		> 72	30
	合计最大分值		100

交通中断调查项目与评分分值 表 5-35

序号	调查项目		分值
1	存在可能导致破坏路面的隐患		13
2	管道经过主干道		17
3	受影响的干道性质	属于城乡区域	（7）
		属于市内中心区	（12）
		属于省际公路	20
4	受影响的干道恢复通车时间（h）	≤ 3	（7）
		4~12	（20）
		13~24	（30）
		25~48	（35）
		> 48	50
	合计最大分值		100

社会焦点或敏感区域调查项目与评分分值 表 5-36

序号	调查项目	分值
1	有可能造成文物、古建筑等重要文化设施的破坏	30
2	受影响区域包括政府机关	15
3	受影响区域包括学校、医院	15
4	受影响区域包括军事单位	15
5	受影响区域包括涉外区域	15
6	受影响区域包括容易引发舆情的其他区域	10
	合计最大分值	100

次生灾害影响范围调查项目与评分分值 表 5-37

序号	调查项目		分值
1	无周期性的次生灾害的对社会影响的评估制度和管理文件		20
2	供热管道与其他相邻管道达不到安全距离		20
3	可能导致危化品设施发生次生灾害导致更为严重的社会影响		20
4	可能导致供水、供电等设施发生次生灾害导致更为严重的社会影响		10
5	可能导致通信设施发生次生灾害导致更为严重的社会影响		（5）
6	次生灾害所影响用户的性质	涉及公共建筑用户	（5）
		涉及居民用户	（12）
		涉及混合用户	20
		涉及重点用户	25
合计最大分值			100

社会影响相关的泄漏监测与防控能力调查项目与评分分值 表 5-38

序号	调查项目		分值
1	对于泄漏事故，无有效的控制措施，或有措施但未形成明确的 HSE 文件		8
2	无供热管道事故可能导致的社会影响、供热企业名誉损失评估材料，包括社会恐慌、供热企业名誉损失等		20
3	无针对减少社会影响的应急预案		15
4	未定期组织应急演练		15
5	存在事故无法及时处理的局部管道		12
6	管道直径在 DN300 以下，且存在 DN50 以下的支管		6
7	如泄漏不能事前预防，事后发现的及时性（min）	≤ 10	（7）
		11~30	（10）
		31~60	（12）
		> 60	17
8	每次事故 / 事件之后，未进行事故 / 事件分析和调查		7
合计最大分值			100

中间层和底层影响因素失效后果严重性权重见表 5-39。

中间层和底层影响因素失效后果严重性权重 表 5-39

影响因素		权重		对应评分表
		底层 β_j^{c0}	中间层 α_i^{c0}	
人员伤害	经过区域	0.07	0.167	表 5-24
	经过地下或低洼空间	0.17		表 5-25
	次生灾害危险程度	0.29		表 5-26
	泄漏监测与防控能力	0.47		表 5-27

影响因素		权重		对应评分表
		底层 β_j^{c0}	中间层 α_i^{c0}	
环境破坏	环境敏感区域	0.08		表 5-28
	次生灾害环境威胁	0.23	0.167	表 5-29
	泄漏监测与防控能力	0.69		表 5-30
经济损失	居民财产损失	0.09		表 5-31
	公共资产损失	0.27	0.167	表 5-32
	泄漏监测与防控能力	0.64		表 5-33
社会影响	居民生活影响范围	0.26		表 5-34
	交通中断	0.05		表 5-35
	社会焦点或敏感区域	0.16	0.499	表 5-36
	次生灾害影响范围	0.10		表 5-37
	泄漏监测与防控能力	0.43		表 5-38

1. 确定底层影响因素分值

根据收集的资料，对照底层影响因素各调查项目，按照表 5-24~ 表 5-38 确定底层影响因素分值，当某调查项目失效后果严重性不存在时，其分值为 0。每个失效后果严重性底层影响因素分值可按照调查打分结果按照式（5-4）进行加和计算。

$$c_j=\sum_{l=1}^{q}s_l^j \tag{5-4}$$

式中　c_j——第 j 个底层影响因素失效后果严重性总分值；

　　　s_l^j——第 j 个底层影响因素第 l 个调查项目分值；

　　　q——第 j 个底层影响因素调查项目数量。

2. 确定影响因素权重

得到每个底层影响因素的失效后果严重性分值后，将每个底层影响因素的失效后果严重性分值与其对应的权重规定值相乘，其中权重规定值按表 5-39 的规定确定。但当部分失效后果严重性底层影响因素分值为 0 时，应对底层影响因素权重和中间层影响因素权重进行调整，并应按式（5-5）计算。

$$\alpha_i^c=\frac{\alpha_i^{c0}}{\sum_{i=1}^{m}\alpha_i^{c0}} \text{ 或 } \beta_j^c=\frac{\beta_j^{c0}}{\sum_{j=1}^{n}\beta_j^{c0}} \tag{5-5}$$

式中　α_i^c——第 i 个调整后的中间层失效后果严重性影响因素权重；

　　　α_i^{c0}——第 i 个中间层失效后果严重性影响因素权重；

　　　m——第 i 个中间层影响因素数量；

β_j^c——第 j 个调整后的底层失效后果严重性影响因素权重;

β_j^{c0}——第 j 个底层失效后果严重性影响因素权重;

n——第 j 个底层影响因素数量。

3. 确定失效后果严重性分值

得到各个底层和中间层影响因素的修正后权重值,再用修正后的值与对应的失效后果严重性底层影响因素分值相乘,最终得到加权分值,再按照与中间层影响因素的隶属关系,将属于同一中间层影响因素的加权分值进行加和计算,然后将加和结果作为该中间层影响因素的失效后果严重性分值,再与对应的权重规定值相乘,得到管道最终的失效后果严重性分值 C^f,即按式(5-6)计算。即管道最终的失效后果严重性分值应根据失效后果严重性底层影响因素分值、底层影响因素权重和中间层影响因素权重,按式(5-6)计算。

$$C^f = \sum_{i=1}^{m} \alpha_i^c \left[\sum_{j=1}^{n} \left(\beta_j^c \times c_j \right) \right] \tag{5-6}$$

式中　C^f——失效后果严重性分值;

α_i^c——第 i 个调整后的中间层失效后果严重性影响因素权重;

β_j^c——第 j 个调整后的底层失效后果严重性影响因素权重;

c_j——第 j 个底层失效后果严重性影响因素总分值;

m——第 i 个中间层影响因素数量;

n——第 j 个底层影响因素数量。

最后,管道的失效后果严重性等级可按照 C^f 加以分级,如表 5-40 所示。当 $C^f < 20$ 时,失效后果严重性等级为 C1,失效后果严重性最低;当 $20 \leqslant C^f < 70$ 时,失效后果严重性等级为 C2;当 $70 \leqslant C^f < 80$ 时,失效后果严重性等级为 C3;当 $80 \leqslant C^f \leqslant 100$ 时,失效后果严重性等级为 C4,同时失效后果严重性逐渐增加。

失效后果严重性等级　　　　　　　　　　　　表 5-40

失效后果严重性等级	失效后果严重性分值 C^f
C1	$C^f < 20$
C2	$20 \leqslant C^f < 70$
C3	$70 \leqslant C^f < 80$
C4	$80 \leqslant C^f \leqslant 100$

5.3.3　管道安全等级划分及分类管理

利用失效可能性分值 P^f 和失效后果严重性分值 C^f 对管道进行安全风险等级划分,并以安全风险等级划分结果为依据对管道分类管理。安全风险等级划分应根据表 5-41 将失效可

安全等级划分　　　　　　　　　　　　　表 5-41

失效后果严重性等级	失效可能性等级			
	P1（$P^f < 40$）	P2（$40 \leqslant P^f < 60$）	P3（$60 \leqslant P^f < 80$）	P4（$80 \leqslant P^f \leqslant 100$）
C1（$C^f < 20$）	S1	S2	S2	S2
C2（$20 \leqslant C^f < 70$）	S2	S2	S3	S3
C3（$70 \leqslant C^f < 80$）	S2	S3	S3	S4
C4（$80 \leqslant C^f \leqslant 100$）	S3	S4	S4	S4

能性等级（分值）和失效后果严重性等级（分值）综合考虑，确定其危险程度，从低到高依次为 S1、S2、S3 和 S4。

安全等级为 S4 级：表示管道存在重大安全风险，应在当年按安全评估报告提出的建议完成整改，并应重新进行安全评估。

安全等级为 S3 级：表示管道存在一定安全风险，应在 3 年内按安全评估报告提出的建议完成整改，并应重新进行安全评估。

安全等级为 S2 级：表示管道存在较小安全风险，应在 5 年内按安全评估报告提出的建议完成整改，并应重新进行安全评估。

安全等级为 S1 级：表示管道有一定安全裕度，可正常运行管理。

5.3.4　供热管道安全评估案例

1. 评估项目基本情况

评估供热管道为学校、古建寺庙供暖，且存在保温层破损、保温层低点存水、雨水淹没检查室、外腐蚀、穿墙段管道无保护等问题。

2. 管道失效可能性评估计算

（1）底层影响因素失效可能性

1）按表 5-20 的规定进行调查与评分，本项目保护层、保温层和防腐层失效调查项目与评分分值见表 5-42。

本项目保护层、保温层和防腐层失效调查项目与评分分值　　　　表 5-42

序号	调查项目	分值	是（√）否（×）	得分
1	管道及其附件保护层破损	14	√	14
2	管道及其附件保温层失效	7	√	7
3	未进行保护层和保温层厚度、防腐层、密度、吸水率等抽查检验	11	×	0

续表

序号	调查项目	分值	是（√）否（×）	得分
4	存在架空管道入地管段	3	×	0
5	直埋管道周边存在高压电缆	3	×	0
6	直埋管道周边存在地铁	3	√	3
7	保温管道长期浸泡在水中	16	√	16
8	穿墙部位管道盲端未加保温或未采取外包覆保护	9	√	9
9	检查室、管沟、穿墙部位漏水	11	√	11
10	管道曾发生过严重外腐蚀	20	×	0
11	管沟、检查室长期积水	3	×	0
合计				60

2）按上述方法完成全部底层影响因素失效可能性的调查与评分，评分分值与权重见表 5-43。

本项目失效可能性影响因素分值与权重　　　　表 5-43

影响因素		底层		中间层权重 α_i^{p0}
中间层	底层	分值	权重 β_j^{p0}	
设计及自身缺陷	管道缺陷	60	0.75	0.16
	管道附件缺陷	62	0.25	
安装施工缺陷	管道本体安装施工质量缺陷	65	0.12	0.27
	管道敷设施工质量缺陷	69	0.56	
	管道附件安装施工质量缺陷	71	0.32	
运行管理缺陷	隐患识别情况	66	0.83	0.09
	运行处置情况	64	0.17	
维修管理缺陷	维修计划及其执行有效性	77	0.67	0.10
	维修质量	55	0.33	
外力破坏	人为因素	43	0.60	0.04
	自然因素	25	0.40	
腐蚀/结垢	服役时间	70	0.06	0.34
	冲蚀或结垢	55	0.23	
	保护层、保温层和防腐层失效	60	0.57	
	运行介质腐蚀	66	0.14	

（2）中间层和底层影响因素权重

1）由于被评估管道全部底层影响因素分值均不为 0，故中间层影响因素权重和底层影响因素权重直接使用表 5-22 中的值。

2）将各影响因素的分值及权重进行对应整理，失效可能性影响因素分值与权重见表 5-43。

（3）中间层影响因素的分值和失效可能性等级

按式（5-1）计算中间层影响因素分值，设计及自身缺陷分值为 60.5，安装施工缺陷分值为 69.16，运行管理缺陷分值为 65.66，维修管理缺陷分值为 69.74，外力破坏分值为 35.8，腐蚀／结垢分值为 60.29。

按式（5-3）计算管道失效可能性分值为 63.17，按表 5-23 的规定，管道失效可能性等级为 P3 级。

3. 管道失效后果严重性评估计算

（1）底层影响因素失效后果严重性

1）按表 5-36 的规定进行调查与评分，本项目社会焦点或敏感区域调查项目与评分分值见表 5-44。

本项目社会焦点或敏感区域调查项目与评分分值　　　　　表 5-44

序号	调查项目	分值	是（√）否（×）	得分
1	有可能造成文物、古建筑等重要文化设施的破坏	30	√	30
2	受影响区域包括政府机关	15	×	0
3	受影响区域包括学校、医院	15	√	15
4	受影响区域包括军事单位	15	×	0
5	受影响区域包括涉外区域	15	×	0
6	受影响区域包括容易引发舆情的其他区域	10	×	0
	合计			45

2）按上述方法，完成全部底层影响因素失效后果严重性的调查与评分，分值与权重见表 5-45。

本项目失效后果严重性影响因素分值与权重　　　　　表 5-45

影响因素		底层		中间层权重 α_i^{c0}
		分值	权重 β_j^{c0}	
人员伤害	经过区域	75	0.07	0.167
	经过地下或低洼空间	45	0.17	
	次生灾害危险程度	45	0.29	
	泄漏监测与防控能力	46	0.47	
环境破坏	环境敏感区域	50	0.08	0.167
	次生灾害环境威胁	47	0.23	
	泄漏监测与防控能力	46	0.69	

续表

影响因素		底层		中间层 权重 α_i^{c0}
		分值	权重 β_j^{c0}	
经济损失	居民财产损失	65	0.09	0.167
	公共资产损失	70	0.27	
	泄漏监测与防控能力	46	0.64	
社会影响	居民生活影响范围	67	0.26	0.499
	交通中断	72	0.05	
	社会焦点或敏感区域	45	0.16	
	次生灾害影响范围	70	0.10	
	泄漏监测与防控能力	46	0.43	

（2）中间层和底层影响权重

1）由于被评估管道全部底层影响因素分值均不为 0，故中间层影响因素权重和底层影响因素权重直接使用表 5-39 中的值。

2）将各影响因素的分值及权重进行对应整理，失效后果严重性影响因素分值与权重见表 5-45。

（3）中间层影响因素的分值及失效后果严重性等级

按式（5-5）计算中间层影响因素的分值，人员伤害分值为 47.57，环境破坏分值为 46.55，经济损失分值为 54.19，社会影响分值为 55.00。

按式（5-6）计算失效后果严重性分值为 52.21，按表 5-40 的规定，管道失效后果严重性等级为 C2 级。

4. 管道安全等级

根据计算得到的失效可能性等级和失效后果严重性等级，按表 5-41 的规定，本项目管道安全等级为 S3 级，存在一定安全风险。

第 6 章

供热管网可靠性分析

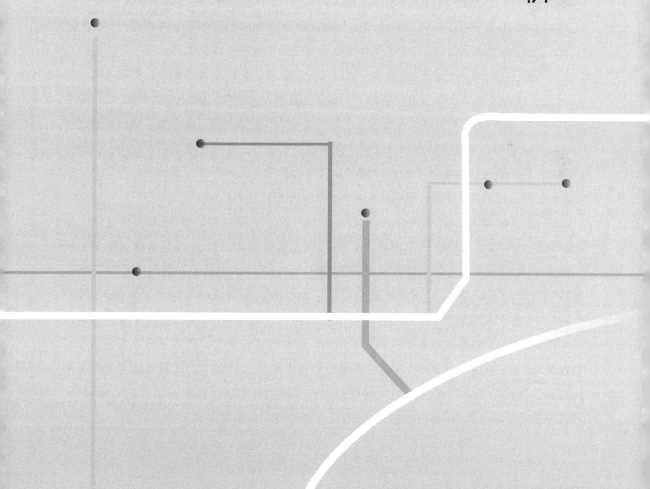

6.1 概述

6.1.1 可靠性的定义与发展

供热安全分析常用的方法包括安全评估和可靠性分析。安全评估是运用安全系统工程的原理和方法，辨识并分析供热系统中存在的个因、物因、环境和管理等风险因素，通常采用定性和半定量方法开展评价工作。本书第 5 章即是采用了半定量方法对城市供热生命线开展的安全评估。与安全评估不同的是，可靠性分析运用概率统计和运筹学的理论与方法，从元件的寿命特征入手，用概率描述（如管道故障等事件的随机特征），并根据元件间的连接方式和系统运行机理，进一步展开对系统可靠性的严格定量分析。在这里，元件是一个广义的概念，可以是单个部件、组件、功能单元、设备、管道或管路附件。根据《电工术语 可信性》GB/T 2900.99—2016，可靠性被定义为在给定的条件、给定的时间区间，能无失效地执行要求的能力。《供热术语标准》CJJ/T 55—2011 定义供热可靠性为：供热系统在规定的运行周期内，完成规定功能，保持不间断运行的能力。在供热系统的组成中，供热管网分布广泛，敷设环境良莠不齐，故障多发且维护难度大，其可靠性相较于热源、热力站等其他部分受到的关注更高，是供热可靠性分析的重点。

20 世纪 60 年代，苏联供热规模迅速扩大，安全问题突显，供热可靠性理论也在此时萌芽和发展，涌现了一批学者和研究团队，其中影响力较大的有莫斯科建筑工程学院的 А.А.Ионин、莫斯科动力设计研究院的 Я.А.Ковылянский 和俄罗斯市政工程科学院的 Н.К.Громов 等学者领导的研究团队。1973 年，苏联发布《供热管网设计规范》СНиП-36—73，首次纳入了供热可靠性设计的要求。此后经过两次修订，《供热管网设计规范》СНиП 41-0—2003 不仅提高了供热可靠性的评价标准，而且从多角度提出了可靠性要求。自 20 世纪 80 年代末，受苏联供热理论和技术的影响，我国也逐渐开展了供热可靠性理论与技术的研究，如大规模的供热故障调研和统计、故障工况的计算理论、系统评价方法等，为供热管网的可靠性设计与应急维护提供了参考。

6.1.2　供热管网可靠性分析的目的

对供热管网进行可靠性分析，旨在规划与设计阶段开展系统的可靠性设计，运行阶段实施可靠性维修与更新，提高供热安全水平。

1. 可靠性设计

自 1990 年发布的《城市热力网设计规范》CJJ 34—90 开始，至 2022 年发布的《城镇供热管网设计标准》CJJ/T 34—2022，规定了连通管线的设置、多热源和环状管网系统的适用原则、最低保障率水平、水泵备用、阀门设置等可靠性设计要求。如 "5.0.6 供热建筑面积大于或等于 1000 万 m² 的供热系统应采用多热源供热。多热源供热系统在技术经济合理时，输配干线宜连接成环状管网，输送干线间宜设置连通干线。""5.0.7 连通干线或主环线应考虑不同事故工况的切换手段，最低保证率应符合表 5.0.7 的规定。"表 6-1 给出了根据供暖室外计算温度选取最低保证率的要求。

最低保证率 [1]　　　　　　　　　　　　　　　　　　　　　　　　　　表 6-1

供暖室外计算温度 $t_{\mathrm{o, h}}$（℃）	最低保证率（%）
$t_{\mathrm{o, h}}>-10$	40
$-20 \leqslant t_{\mathrm{o, h}} \leqslant -10$	55
$t_{\mathrm{o, h}} < -20$	65

可靠性设计的目的是提高供热管网的结构备用和输送能力备用。结构备用一般指供热管网拓扑结构（包括管线路由、热源分布）的备用，目的是为故障工况下的热源与热用户提供更多的连通可能性。通俗地说，热源与热用户之间有多于一条管路时即具备一定的结构备用。《城镇供热管网设计标准》CJJ/T 34—2022 第 5.0.6 条即是提高结构备用的设计要求。

多热源环状供热管网虽然具备了在故障工况下向热用户提供一定热量的条件，但不一定能达到表 6-1 的要求。要达成这一要求，必须提供足够的输送能力备用。输送能力备用是系统在故障工况下向可热用户输送热量的能力。对于既定拓扑结构的供热管网，输送能力备用设计即是对具有备用能力的管网管道规格的选型，以及循环水泵分布与动力的设计。

2. 可靠性维修与更新

可靠性维修与更新策略是保障供热管网长期安全运行的有效策略。可靠性维修策略的制定依赖于故障和维修数据的统计与分析。通过分析历史数据和故障模式，预测供热元件的疲劳期和故障风险，优化维修计划，从而减少不必要的维修活动和系统停机时间。根据可靠性维修的判定条件，可分为预防性维修和条件性维修。预防性维修以设备故障风险为判定条件，制定

---

[1] 《城镇供热管网设计标准》CJJ/T 34—2022 表 5.0.7。

定期检查、保养和维修计划；条件性维修则是根据设备的实际运行状态和性能指标来制定维修计划。在可靠性维修的基础上，基于对维修成本和更新成本的权衡，制定可靠性更新策略。

依靠对供热设备故障的长期统计和分析，科学制定可靠性维修与更新策略，一定程度上消除了供热设备疲劳期的故障风险，提升了供热运行安全性。

6.2 供热元件可靠性统计与分析

6.2.1 供热元件可靠性指标的含义

供热管网由成千上万个元件组成，分析和评价整个供热管网的可靠性，首先需要了解各个元件的故障特征。当某个元件无法履行其设计功能时，则处于故障状态。按照故障后能否重新恢复到执行要求功能的状态，分为不可修复元件和可修复元件。如管道和管路附件，故障后直接更换，视为不可修复元件；如水泵、供热机组等设备，修复故障后可重新投入使用，视为可修复元件。

可靠性指标是用以衡量元件可靠性水平的概率指标。无论元件是否可修复，常用的可靠性指标均包括平均寿命、故障率及可靠度。对于可修复元件，另有修复时间和修复率参数来衡量其修复特性。本节对这些基本指标的定义进行介绍：

1. 平均（工作）寿命 MTTF（MTBF）

不可修复元件从开始使用到发生故障的时间长度称为此元件的寿命，记作 T。对于可修复元件，寿命是指两次相邻故障间的工作时间，不是从使用到设备报废的时间。为了区别，特称此种寿命为工作寿命。（工作）寿命的平均值称为平均（工作）寿命 σ，它就是（工作）寿命 T 的数学期望，是元件的重要可靠性指标之一。若随机变量 T 的概率密度函数为 $f(t)$（$t \geq 0$），则：

$$\sigma = E(T) = \int_0^\infty t f(t) \mathrm{d}t \qquad (6\text{-}1)$$

在可靠性中，对不可修复元件将 σ 记作 MTTF（Mean Time To Failure），对可修复元件将 σ 记作 MTBF（Mean Time Between Failure）。

2. 故障率 $\lambda(t)$

元件在 t 时刻的故障率 $\lambda(t)$ 表示此元件在 t 时刻以前一直正常工作的条件下，在 t 时刻以后单位时间内发生故障的概率，记为 $\lambda(t)$，其数学表达如式（6-2）所示。在不引起歧义的情况下，故障率也称为失效率。

$$\lambda(t) = \lim_{\Delta t \to 0} \frac{P(t < T \leqslant t + \Delta t \mid T > t)}{\Delta t} \qquad (6-2)$$

元件的故障率有以下三种类型：

（1）早期故障型（DFR 型）：元件故障率随着时间的增加而逐渐减小。此类元件故障通常由设计或制造上的缺陷所引起，常发生在元件寿命的早期阶段，故称为早期故障型。

（2）偶然故障型（CFR 型）：元件故障率与时间无关，保持为常数。此类元件故障通常是元件在使用过程中由某些不可预测的随机因素造成的。在实际应用中，如果元件的故障原因纯粹是随机的，就可以认为该元件的故障率是恒定的，属于偶然故障型。

（3）耗损故障型（IFR 型）：元件故障率随着时间的增加而逐渐上升。此类元件故障通常是由元件的老化、疲劳、磨损等原因造成的。

3. 可靠度 $R(t)$

元件在规定的时间内和规定的使用条件下，正常工作的概率称为该元件的可靠度，它是时间 t 的函数，也称为可靠度函数，记作 $R(t)$。可靠度描述了元件在时刻 t 以前正常工作的可能性的大小。

令事件（$T > t$）表示元件在 $[0, t]$ 时间内正常工作，则元件的可靠度为：

$$R(t) = \begin{cases} P(T > t) & t \geqslant 0 \\ 1 & t < 0 \end{cases} \qquad (6-3)$$

根据元件寿命 T 的概率密度函数 $f(t)$，当给定 t 值时，可得到 $R(t)$ 的数值为：

$$R(t) = \int_t^\infty f(t) \mathrm{d}t \qquad (6-4)$$

此外，事件（$T \leqslant t$）表示元件的寿命小于 t，即元件在 $[0, t]$ 时间内故障，不能在 $[0, t]$ 时间内可靠地工作，所以称 $F(t) = P(T \leqslant t)$ 为不可靠度（或称为故障分布函数）：

$$F(t) = P(T \leqslant t) = \int_0^t f(t) \mathrm{d}t \qquad (6-5)$$

元件的可靠度和不可靠度之间的关系为：

$$R(t) + F(t) = 1 \qquad (6-6)$$

4. 平均修复时间 $MTTR$

可修复元件从故障开始到修复完成的时间称为此元件的修复时间，修复时间的平均值称为平均修复时间，记为 $MTTR$。

5. 修复率 μ

修复率表示可修复元件在过去的检修能力和维修组织安排的条件下，平均单位时间内修复的次数。当元件的修复时间服从指数分布时，$\mu = 1/MTTR$。

6.2.2　供热元件的故障信息统计

供热元件可靠性指标的计算依赖于元件故障、修复等相关数据。此类数据的获得方法包括加速寿命试验和现场统计两类。加速寿命试验通过在实验室条件下模拟加速元件老化的过程，来快速收集故障数据，此方法有助于在元件还未大规模应用前，预测其在实际运行中的表现。然而，在实验室创造元件实际应用环境需要付出较大的经济代价，同时或多或少会存在一定程度的环境差异。现场统计方法专注于长期收集和记录在实际使用场景中的元件故障与维修信息，但是需要付出更多的时间代价。本节阐述现场统计方法的原理及步骤。

根据第 6.2.1 节可知，供热元件的可靠性指标均为元件（工作）寿命和修复时间的统计值。因此，应该选取元件（工作）寿命和修复时间作为随机变量，用于可靠性指标计算的统计参数。根据元件的使用历史，图 6-1 给出了元件的状态演变示意图。

图 6-1　元件的状态演变示意图

图 6-1 中的 τ_i 是不考虑计划检修时元件的第 i 个工作寿命，其中包括运行时间和备用时间。T''_j 是元件的第 j 个不可用时间，包括故障修复时间和其他不可用时间，如大修时间。

根据元件的状态演变过程，收集元件（工作）寿命和修复时间的步骤如下：

（1）根据元件的"运行日记""值长日记""检修记录"和其他资料，记录并绘制每个元件的状态演变表。例如，水泵的状态演变表如表 6-2 所示。

水泵的状态演变表　　　　　　　　　　　　　　　表 6-2

状态	工作	停止	工作	停止	工作	停止	……
起止时间							……
持续时长							……
故障原因							……

（2）根据统计的目的，确定统计的元件可靠性指标，从元件的状态演变表中摘录相关的样本参数。

可修复元件与不可修复元件在统计特征上不同，但在满足以下两个条件时，可修复元件的统计问题可以转化为不可修复元件的统计问题：

1）元件的维修过程不影响元件性能的完整性。元件故障后，经过检修又能恢复其原有功能，使修复的元件和同一型号的新元件一样。

2）运行条件恒定不变。一个元件安装在某一地点后，历年的运行条件大体相同，此时每个元件的第 i 次工作寿命规律和寿命的起止时间、i 修复前 $i-1$ 个工作寿命以及 $i-1$ 个检修时间均无关系。

在可修复元件的统计问题可转化为不可修复元件的统计问题后，可修复元件的第 i 个工作寿命即对应着第 i 个不可修复元件的寿命。对第 i 个工作寿命进行观察，相当于对第 i 个不可修复元件作寿命试验。对一个可修复元件观察到的 r 个工作寿命 t_1、t_2、$\cdots$、t_r，可以认为是对 r 个同一型号的"不可修复"元件独立进行寿命试验所得到的 r 个寿命，可以看作是独立同分布的一个简单随机子样。

6.2.3　供热元件可靠性指标的计算方法

已有研究表明，供热元件的偶然故障率可近似为常数，通常采用指数分布来进行分析。服从指数分布的元件寿命密度函数为：

$$f(t) = \begin{cases} \lambda e^{-\lambda t} & (t \geq 0) \\ 0 & (t < 0) \end{cases} \quad (6-7)$$

式中　λ——指数分布参数，也是服从指数分布的元件故障率；

　　　t——元件服役时间。

汇总供热元件的可靠性指标计算公式如下所示：

1. 不可修复元件和可修复元件的故障率

不可修复元件和可修复元件故障率的点估计值按下式计算：

$$\hat{\lambda} = \frac{r}{\sum_{i=1}^{m} n_i t_i} \quad (6-8)$$

式中　$\hat{\lambda}$——元件故障率的点估计值，a^{-1}；当元件为管道时，单位为（$km \cdot a$）$^{-1}$；

　　　r——统计时间内元件的故障数量，次；

　　　n_i——第 i 个统计周期内的元件数量，个；当元件为管道时，第 i 个统计周期内的管道长度，km；

　　　t_i——第 i 个统计周期的时间，a；

　　　m——统计周期的数量，个。

在 $1-\alpha$ 置信水平下，元件故障率的置信区间（$\hat{\lambda}_1$，$\hat{\lambda}_2$）按下式计算：

$$\hat{\lambda}_1=\hat{\lambda}\frac{\chi^2_{\frac{\alpha}{2}}(2r)}{2r}\qquad(6-9)$$

$$\hat{\lambda}_2=\hat{\lambda}\frac{\chi^2_{1-\frac{\alpha}{2}}(2r+2)}{2r}\qquad(6-10)$$

式中　$\hat{\lambda}_1$——元件故障率的置信区间下限，a^{-1}；当元件为管道时，单位为$(\text{km}\cdot\text{a})^{-1}$；

　　　$\hat{\lambda}_2$——元件故障率的置信区间上限，a^{-1}；当元件为管道时，单位为$(\text{km}\cdot\text{a})^{-1}$；

　　　α——显著性水平；

　$1-\alpha$——置信水平；

　　χ^2——χ^2分布。

2. 不可修复元件的可靠度

统计周期t内，不可修复元件的可靠度按下式计算：

$$R(t)=\text{e}^{-\hat{\lambda}t}\qquad(6-11)$$

式中　$R(t)$——不可修复元件的可靠度；

　　　t——统计周期，a。

3. 不可修复元件的平均故障前工作时间

$$MTTF=\frac{1}{\hat{\lambda}}\qquad(6-12)$$

式中　$MTTF$——不可修复元件的平均故障前工作时间，a。

4. 可修复元件的平均故障间隔工作时间

$$MTBF=\frac{1}{\hat{\lambda}}\qquad(6-13)$$

式中　$MTBF$——可修复元件的平均故障间隔工作时间，a。

5. 可修复元件的修复率

可修复元件修复率的点估计值按下式计算：

$$\hat{\mu}=\frac{r}{\sum\limits_{i=1}^{r}\tau_i}\qquad(6-14)$$

式中　$\hat{\mu}$——元件修复率的点估计值，a^{-1}；当元件为管道时，单位为$(\text{km}\cdot\text{a})^{-1}$；

　　　τ_i——第i次故障的修复时间，a。

在$1-\alpha$置信水平下，元件修复率的置信区间$(\hat{\mu}_1,\hat{\mu}_2)$按下式计算：

$$\hat{\mu}_1=\hat{\mu}\frac{\chi^2_{\frac{\alpha}{2}}(2r+2)}{2r}\qquad(6-15)$$

$$\hat{\mu}_2=\hat{\mu}\frac{\chi^2_{1-\frac{\alpha}{2}}(2r)}{2r}\qquad(6-16)$$

式中　$\hat{\mu}_1$——元件修复率的置信区间下限，a^{-1}；

　　　$\hat{\mu}_2$——元件修复率的置信区间上限，a^{-1}。

6. 可修复元件的平均修复时间

$$MTTR = \frac{1}{\hat{\mu}} \tag{6-17}$$

式中　$MTTR$——可修复元件的平均修复时间，a。

6.3　供热管网可靠性评价方法

忽略运行环境和操作人员对可靠性的影响，系统可靠性主要由构成系统的元件的可靠性和系统的结构形式决定。非常不可靠的元件很难构成一个可靠性高的系统；同样，如果元件比较可靠，但是系统的结构不合理，也会降低系统的可靠性。本节介绍系统与元件可靠性的关系，以及供热管网可靠性指标的定义及计算方法。

6.3.1　系统与元件可靠性的关系

系统故障与否，与元件的故障及其连接形式密切相关。用方块表示元件，以不同形式连接方块来示意不同结构的系统逻辑图，包括串联系统、并联系统和 k/n（G）系统。

1. 串联系统

假设系统 S 由 n 个元件构成，若其中任一元件故障，均导致系统故障，则称 S 是 n 个元件组成的串联系统，如图 6-2 所示。

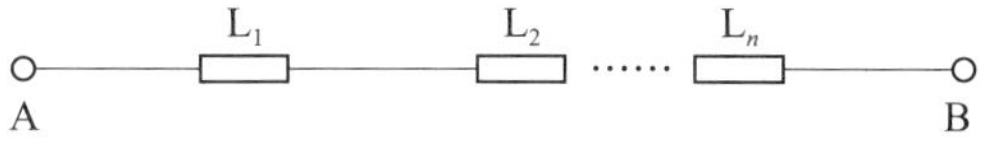

图 6-2　串联系统逻辑图

串联系统的可靠度为：

$$
\begin{aligned}
R_S(t) &= P(\tau > t) = P[\min(\tau_1, \tau_2, \cdots, \tau_n) > t] \\
&= P(\tau_1 > t, \tau_2 > t, \cdots, \tau_n > t) = \prod_{i=1}^{n} P(\tau_i > t) \\
&= \prod_{i=1}^{n} R_i(t) = \prod_{i=1}^{n} e^{-\lambda_i t} = e^{-\sum_{i=1}^{n} \lambda_i t}
\end{aligned}
\tag{6-18}
$$

当供热管道或管路附件故障时，需要关断阀门来隔离故障元件，一般将导致一片区域的元件与管网其他部分断开连接，被隔离的故障元件所在区域称为阀门关断区域。该区域

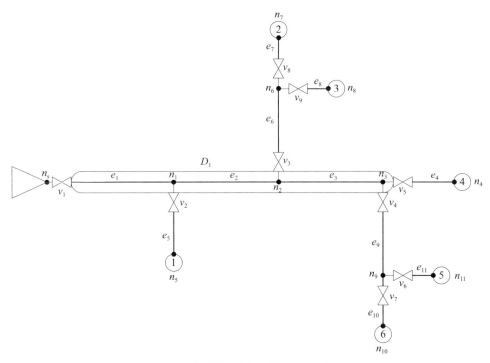

图 6-3　某供热系统阀门关断区域示意图

内的管道和管路附件构成串联关系的系统，任一元件故障所需
关断的阀门相同，阀门关断区域相同。如图 6-3 所示，供热系
统内的管段 e_1、e_2 与 e_3 处于同一个阀门关断区域 D_1 内，管段
e_1、e_2 或 e_3 上任一处故障，均需要关闭阀门 $v_1 \sim v_5$ 来隔离故障点，
阀门关断区域均为 D_1。因此，该区域内的元件呈并联关系。

2. 并联系统

假设系统 S 由 n 个元件构成，若其中所有元件均故障时，才
导致系统故障，则称 S 是 n 个元件的并联系统，如图 6-4 所示。

并联系统的可靠度为：

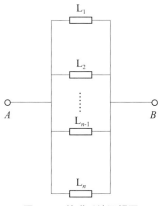

图 6-4　并联系统逻辑图

$$R_S(t) = P(\tau > t) = P[\min(\tau_1, \tau_2, \cdots, \tau_n) > t]$$

$$= 1 - P(\tau_1 \leqslant t, \tau_2 \leqslant t, \cdots, \tau_n \leqslant t) = 1 - \prod_{i=1}^{n} F_i(t) \qquad (6\text{-}19)$$

$$= 1 - \prod_{i=1}^{n} [1 - R_i(t)]$$

3. k/n（G）系统

设系统 S 由 n 个元件构成，若有 k 个或 k 个以上的元件完好时，系统才完好，则称此
系统为 k/n（G）系统。例如，某 2/3（G）系统的逻辑图如图 6-5 所示。

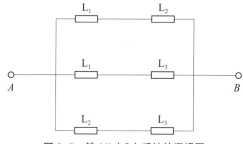

图 6-5　某 2/3（G）系统的逻辑图

k/n（G）系统的可靠度为：

$$
\begin{aligned}
R_{\mathrm{S}}（t）&=\sum_{i=k}^{n} C_{n}^{i} P（\tau_{i+1},\ \tau_{i+2},\ \cdots,\ \tau_{i+1}\leqslant t<\tau_{1},\ \tau_{2},\ \cdots,\ \tau_{i}）\\
&=\sum_{i=k}^{n} C_{n}^{i}[R^{i}（t）][1-R（t）]^{n-i}
\end{aligned}
\tag{6-20}
$$

并联系统和 k/n（G）系统具有一定相似性，可认为并联系统是一类特殊的 k/n（G）系统，即 $1/n$（G）系统。由于供热系统故障工况的最低保证率要求，对于设置冗余备用和容量备用的水泵、换热器和供热机组，一般作为 k/n（G）系统来看待。

6.3.2　供热管网可靠性评价指标

与元件一样，系统也有可修复和不可修复之分。所谓不可修复系统，是指组成系统的元件故障之后不进行修复和更换，即行停止；而可修复系统是指元件故障后，经过修复，元件和系统都可恢复工作状态。可修复系统的可靠性分析更复杂。为简化分析，一般将供热管网作为不可修复系统，假设管网上的所有元件有且仅有完好和故障两种状态，供热管网（即系统）也仅有完好和故障两种状态，如图 6-6 所示。

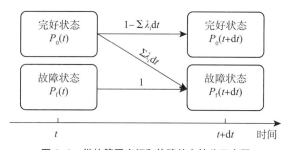

图 6-6　供热管网完好和故障状态转移示意图

元件的修复和故障会引发系统在不同状态之间的过渡。图 6-6 示意了时间轴上供热管网可能呈现的完好状态与故障状态的转移情况。在 t 时刻，供热管网处于完好状态的概率为 $P_0（t）$，故障状态的概率为 $P_{\mathrm{f}}（t）$；$t+\mathrm{d}t$ 时刻，供热管网处于完好状态和故障状态的概率分别为 $P_0（t+\mathrm{d}t）$ 和 $P_{\mathrm{f}}（t+\mathrm{d}t）$。供热管网在 t 时刻处于完好状态，则在 $t+\mathrm{d}t$ 时刻可能呈现完好与故障状态；由于将供热管网作为不可修复系统，当其 t 时刻处于故障状态时，在 $t+dt$ 时刻仍将维持故障状态。

　　进一步简化分析条件，假设所有的元件故障都发生在室外计算温度下。另外，将供热负荷作为供热管网功能的量化指标（称为功能质量指标）。在室外计算温度下，供热管网的功能质量指标是系统的设计热负荷；当元件故障导致部分热用户停供时，停供热用户的设计热负荷之和即是供热管网丧失的部分能力，是供热管网在故障状态下的功能质量指标。实际的供热管网既有完好状态，也存在一定概率的故障状态；而理想的供热管网是没有故障状态的。于是，定义无故障工作概率指标作为供热管网可靠性的评价指标，即实际系统的功能质量指标与理想系统的功能质量指标之比。

6.3.3　供热管网可靠性指标的计算方法

　　假设供热管网由 N 个元件构成，第 i 个元件的故障率为 λ_i。由于两个元件同时发生故障的概率很小，仅考虑单个元件故障的可能。如图 6-6 所示，历经 dt 时间，供热管网从完好状态到故障状态的转移概率为 $\sum\limits_{i=1}^{N}\lambda_i dt$；而其互补事件，即供热管网从完好状态到完好状态的转移概率为 $1-\sum\limits_{i=1}^{N}\lambda_i dt$；根据供热管网作为不可修复系统的假设，其从故障状态到故障状态的转移概率为 1。于是，经过 dt 时间，供热管网处于完好状态的概率为：

$$P_0\left(t\right)=\mathrm{e}^{-\sum\limits_{i=1}^{N}\lambda_i t} \tag{6-21}$$

式中　t——时间，a。

　　而供热管网从 t 时刻完好状态至 $t+dt$ 时刻，由于元件 i 故障导致供热管网处于故障状态的概率为：

$$P_{\mathrm{f},\,i}\left(t\right)=\frac{\lambda_i}{\sum\limits_{i=1}^{N}\lambda_i}\left[1-\mathrm{e}^{-\sum\limits_{i=1}^{N}\lambda_i t}\right] \tag{6-22}$$

式中　$P_{\mathrm{f},\,i}\left(t\right)$——由于元件 i 故障导致的供热管网故障状态概率。

　　可见，供热管网在运行了时间 t 后，其供热负荷的期望即是供热管网在完好状态和各元件导致的故障状态下供热负荷的加权和，而权值即为各状态的概率。

$$E[Q\left(t\right)]=Q'P_0\left(t\right)+\sum\limits_{i=1}^{N}Q_i P_{\mathrm{f},\,i}\left(t\right)=Q'\mathrm{e}^{-\sum\limits_{i=1}^{N}\lambda_i t}+\sum\limits_{i=1}^{N}Q_i\frac{\lambda_i}{\sum\limits_{i=1}^{N}\lambda_i}\left[1-\mathrm{e}^{-\sum\limits_{i=1}^{N}\lambda_i t}\right] \tag{6-23}$$

式中　$E[Q\left(t\right)]$——供热管网的期望供热负荷，MW；

　　　　Q'——供热管网的设计热负荷，MW；

　　　　Q_i——元件 i 故障时供热管网的供热负荷，MW。

根据供热管网无故障工作概率指标的定义，其计算公式为：

$$R_s(t) = \frac{E[Q(t)]}{Q'} = 1 - \frac{1 - e^{-\sum\limits_{i=1}^{n}\lambda_i\tau}}{Q'\sum\limits_{i=1}^{n}\lambda_i}\sum_{i=1}^{n}\lambda_i\Delta Q_i \tag{6-24}$$

式中　$R_s(t)$——供热管网的无故障工作概率；

　　　ΔQ_i——第 i 个元件故障导致的供热负荷不足量，MW。

6.4　可靠性分析案例

6.4.1　供热元件可靠性统计案例

1. 统计过程

统计内容可分为必需内容和补充内容两类，其中必需内容直接用于供热元件可靠性指标的计算，而补充内容可辅助探索可靠性的影响因素。

步骤 1：统计供热管网的基本信息。 包括系统基础信息、管道直径及长度、不同种类的设备数量及规格等。这些参数是用于可靠性指标计算的基础数据，可通过查阅管网平面图的方式统计。

（1）供热系统基础信息调查

供热元件的使用时间是计算可靠性指标的基础数据，故供暖期长度及系统投入运行时间是故障调研首要统计的必需内容。此外，供热管网所在城市、使用的热媒、热源的设计及最高工作参数（如供、回水温度和压力）、地下水位和当前供热规模等数据作为补充内容，有助于全面了解供热管网的状况及分析系统可靠性的因素。表 6-3 列出了供热系统基础信息调研示例。

供热系统基础信息调研示例　　　　　　　　　　　　表 6-3

城市	某市	
运行方式	供暖期运行	
热媒	热水	
供暖期	<u>11 月 15 日至次年 3 月 15 日</u>	
系统投入运行时间	<u>2018 年 10 月 30 日</u>	
现状供热规模	供热面积（万 m²）	1260
	设计热负荷（MW）	546

续表

热源设计参数	温度（℃）	供水温度	110	蒸汽温度	—
		回水温度	50	回水温度	—
	压力（MPa）	供水压力	0.9	蒸汽压力	—
		回水压力	0.43	回水压力	—
最高运行参数	温度（℃）	供水温度	88.4	蒸汽温度	—
	压力（MPa）	供水压力	0.94	蒸汽压力	—
地下水位（m）	最高值			22.7	
	平均值			23	

（2）供热管道长度统计

管道长度是可靠性指标计算的重要基础信息。在调研某供热管网时，按敷设方式分类，逐年统计各类敷设方式的供热管道长度，其中直埋敷设管道近4年的统计长度示例如表6-4所示。由于系统每年的改扩建，管道长度较上个供暖期有所增加。

直埋敷设管道逐年长度统计示例（单位：km）　　　　表6-4

供暖期	DN500	DN600	DN700	DN800	DN900	DN1000
2020—2021	7.3	7.6	1.3	2.1	1.1	1.7
2019—2020	5.3	7.6	0.5	2.1	1.1	1.7
2018—2019	5.3	5.4	0.5	2.1	1.1	1.2
2017—2018	4.7	3.5	0.5	0.3	1.1	—

（3）管路附件数量统计

各类管路附件的数量是可靠性指标计算的重要基础信息。供热管网中的常见附件包括阀门（闸阀、蝶阀、球阀、截止阀等）、补偿器（方形补偿器、波纹管补偿器、套筒补偿器等）、管道支架（座）等。应逐年详细统计各类管路附件的规格和数量。表6-5给出了补偿器数量统计示例。其中，2019—2020供暖期、2020—2021供暖期，由于系统扩建和改造，各规格的补偿器数量较上个供暖期有所增加。

补偿器数量统计示例（单位：个）　　　　表6-5

供暖期	DN500	DN600	DN700	DN800	DN900	DN1000
2020—2021	41	34	5	28	—	20
2019—2020	33	34	5	28	—	20
2018—2019	27	29	5	12	—	—
2017—2018	27	29	5	12	—	—

注：与表6-4数据无关联。

　　步骤 2：统计供热管网中的故障数据。采用一个故障事件一张数据表的原则，记录故障元件的基本信息、故障时间、故障原因及故障后果等关键参数。可根据一些维修日志、故障记录等统计元件的故障数据，所统计的参数应尽可能详细。

　　（1）记录故障元件的基本信息，包括元件规格、在管网中的位置、投入运行时间以及敷设方式等。这些信息对于进行后续的可靠性影响分析至关重要。

　　（2）记录故障发生的时间、发现故障的时间、恢复运行的时间以及故障持续时间。这些时间相关的数据是计算元件的使用寿命和修复时间的关键指标，是可靠性指标计算的必需参数。

　　（3）故障原因的详细记录对于分析不同因素对元件可靠性的影响至关重要。以供热管道为例，将管道故障的常见原因归类为材质问题、外力影响、操作错误、自然灾害及其他因素，并针对每一类进行详细调查。这样的分类有助于更好地理解故障的本质和并制定预防措施。

　　（4）故障前的供回水温度和压力，以及故障造成的负面影响等补充参数，为分析故障后果及其影响因素提供了重要的数据支持。同时，也应统计采取的修复方法和主要措施，这些信息对于制定和优化系统的可靠性维修及更新策略具有重要意义。

　　（5）明确标记故障在供热管网平面图上的具体位置是必要的，有助于在系统改扩建时，更准确地定位和处理潜在的问题区域。

　　表 6-6 为某供热管网一级管网管道故障调查示例。

某供热管网一级管网管道故障调查示例　　　　　　　　　　表 6-6

管道类型及管径	类型	供热水管道
	管径（mm）	500
基本信息	投入运行时间	2007 年 10 月 15 日
	材质	钢管
	管顶覆土深度（m）	1.3
	工作管道壁厚（mm）	9.5
	敷设方式	直埋敷设
	防腐层材料	聚乙烯
	保温层材料	硬质聚氨酯泡沫塑料
	保温层厚度（mm）	53.2
	放水阀直径（mm）	50
	放水区域管长（m）	381
故障信息	故障所处区域情况	住宅区

续表

故障信息	故障影响时间	发生故障时间	2020 年 12 月 18 日 14 时
		故障点定位时间	2020 年 12 月 18 日 16 时
		恢复运行时间	2020 年 12 月 19 日 5 时
		故障持续时间	0 天 13 时 0 分 0 秒
	故障原因（选择其中一项或多项）	管材	管道外腐蚀
		外力	—
		操作	—
		自然灾害	—
		其他（请补充原因）	—
	故障描述		DN500 管道接口外护层损坏，管道被腐蚀导致热水泄漏，地面融雪冒热气
	故障前室外温度（℃）		−14.5
	故障前热源参数	供水温度（℃）	100.78
		回水温度（℃）	43.78
		蒸汽温度（℃）	—
		供水压力（MPa）	0.57
		回水压力（MPa）	0.28
		蒸汽压力（MPa）	—
	停止供热面积及影响范围	停止供热面积（万 m²）	11.93
		停供热用户数（户）	1289
		停供热负荷（MW）	136.98
		直接经济损失（元）	—
	其他故障后果影响	伤亡人数（人）	0
		损坏周围放置车辆数（辆）	0
		对周围环境影响	—
		对周围交通影响	—
		其他	—
	修复方法及主要措施		临时处理：采用打补丁的方式阻止泄漏，待供暖期结束后再对泄漏管道进行更换
	对应热网平面图中位置（可附图）		—

2. 故障率和修复率的统计结果

以北京、沈阳、哈尔滨和牡丹江 4 座城市部分供热系统的调研为例，展示故障率和修复率的统计结果。四个城市管道、阀门和补偿器故障率的点估计值如图 6-7 所示；90% 置信水平下的置信区间估计值如图 6-8 所示，包括区间的上下限和中值。图 6-8 中管道、阀门和补偿器故障率区间中值的连线仅用来比较数值间的大小。表 6-7 为北京和沈阳供热元件修复率的点估计值和区间估计值。由于哈尔滨和牡丹江热网故障样本过少，未计算修复率。

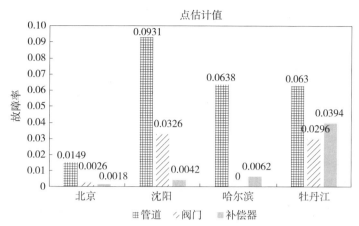

图 6-7　四个城市管道、阀门及补偿器故障率的点估计值

注：管道单位为（km·a）$^{-1}$：阀门和补偿器单位为 a^{-1}。

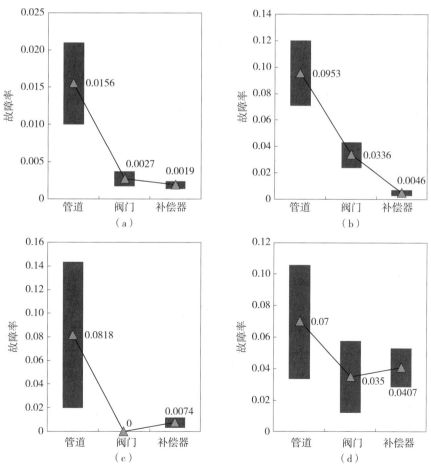

图 6-8　四个城市管道、阀门及补偿器故障率的区间估计值及中值

（a）北京；（b）沈阳；（c）哈尔滨；（d）牡丹江

注：管道单位为（km·a）$^{-1}$：阀门和补偿器单位为 a^{-1}。

北京和沈阳供热管道、阀门和补偿器修复率（单位：a^{-1}）   表 6-7

城市	管道		阀门		补偿器	
	点估计值	区间估计中值及置信区间	点估计值	区间估计中值及置信区间	点估计值	区间估计中值及置信区间
北京	345	360（233，487）	704	738（466，1010）	552	567（407，727）
沈阳	574	580（435，725）	643	650（470，829）	765	804（429，1179）

从上述统计结果可见，供热管网元件的故障率和修复率表现出明显的地域差异。由于各城市气候条件和管道与附件敷设环境的影响，元件的工作环境恶劣程度不同；而各城市的经济水平也影响到元件的选品和更新频率。此外，水质、运行调节、日常检修与维护因素有待更深入地探讨。

元件可靠性指标是系统可靠性分析的基础数据。根据 6.2.3 节的计算方法，故障率和修复率是计算其他指标的依据，二者显得尤为重要。只有获得了构成供热系统的各类元件的故障率和修复率后，才能分析系统的可靠性，从而制定可靠性设计方案以及维修和更新策略。但是，元件可靠性指标统计结果的准确性依赖于故障样本的数量，而故障本身又是一类小概率事件，一年甚至几年的故障数量一般不足以统计出有效的结果。从积累故障样本开始，开展系统的可靠性分析，是一项需要持之以恒的工作。

6.4.2 供热管网可靠性评价案例

1. 案例一

图 6-9 是黑龙江某市单热源供热管网平面示意图，设计热负荷为 630.5MW，供热面积约 1500 万 m^2，换热站 39 个。热源出口分为两条干线向区域供热，通过逐年扩建，右侧干线连接 1~15 号换热站，左侧干线连接 16~30 号换热站。两条干线末端逐渐接近，并最终敷设了管段 17（A17），构成环状供热管网。图中标记了热源和换热站的设计热负荷、干线的长度和 11 个阀门的位置。

忽略其他管路附件的故障影响，取管道故障率 0.05（km·a）$^{-1}$、阀门故障率 $0.002a^{-1}$作为系统可靠性分析的基础数据。首先确定各管段和阀门故障时用以隔离故障元件的阀门，以及被关断区域内的热负荷（即供热负荷不足量）。如管段 A2 故障，需关闭阀门 V2 和 V4，被关断区域内仅有换热站 1，则供热负荷不足量为 19323.3kW。最后根据（6-24）计算得到枝状管网无故障工作概率指标为 0.80，环状管网为 0.91。

从分析结果可见，将管网扩建为环网可以有效提升系统可靠性。行业标准《城镇供热管网设计标准》CJJ/T 34—2022 规定：供热面积大于或等于 1000 万 m^2 的供热系统应采用多

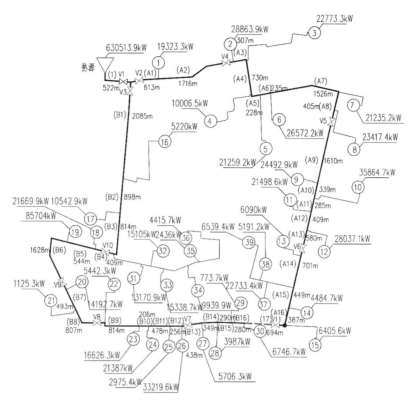

图 6-9 黑龙江某市单热源供热管网平面示意图

热源供热。多热源供热系统在技术经济合理时，输配干线宜连接成环状管网。

但是从无故障工作概率指标的计算过程也可发现其局限性，即仅反映管网拓扑结构和阀门分布的可靠性特征。如管段 A2 故障，关闭阀门 V2 和 V4 后，虽然右侧干线上换热站 2~15 仍然与热源连接，但是此时热源的供热路由是正常工况的近 2 倍，管径容量和循环水泵的出力能否达到输送要求，这是无故障工作概率指标无从探讨的。换言之，较高的无故障工作概率指标保障了管网拓扑结构和阀门分布的合理性，对于故障工况能否实现标准要求的最低保证率（表 6-1），还依赖于故障工况水力计算对管径和循环水泵规格的校核工作。

2. 案例二

随着城市集中供热热源向市郊迁移，长输供热管线承担了城市大部分的热负荷输送任务，一旦发生事故，影响范围广。相对于城市供热管网的复杂结构，长输管线的结构简单，利用 6.3 节系统可靠性的分析方法可以清晰呈现长输管线的可靠性与其影响因素的关系。

假设按照一供一回的双管制设计无分支的长输供热管线，设计热负荷为 1000MW，每隔 2km 设置分段阀，热源出口和隔压站处分别设有关断阀。忽略其他管路附件的故障影响，取管道故障率 0.05（km·a）$^{-1}$、阀门故障率 0.002 a^{-1} 作为系统可靠性分析的基础数据。分析两个可靠性的影响因素：供暖期和管线长度。设供暖期分别为 0.4a、0.5a，长输管线总长

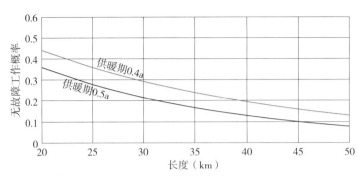

图 6-10 双管制长输供热管线无故障工作概率曲线

度从 20km 到 50km 不等。根据式（6-24）计算，两个因素影响下的无故障工作概率指标曲线如图 6-10 所示。

从图 6-10 可见，两个影响因素对可靠性的影响是显著的。随着管线长度的增加、供暖期的延长，双管制长输供热管线的无故障工作概率指标逐渐降低。不仅如此，参考俄罗斯对城市供热管网可靠性的要求（不低于 0.9），双管制长输供热管线无故障工作概率指标的总体水平很低，最高值也没有超过 0.5。这从无故障工作概率指标计算公式中不难发现，由于没有结构备用，双管制的长输供热管线上每一处管道和阀门的故障均导致 1000MW 的最大供热负荷不足量。换言之，双管制长输供热管线的供热负荷只有两种情况，要么正常工况供热，要么故障工况下全部停供，可靠性水平必然不高。

提高长输供热管线的可靠性唯有增加结构备用。《长输供热热水管网技术标准》T/CDHA 504—2021 要求长输供热管网热源供热面积大于 3000 万 m² 时，应考虑采用两条管线（即两供两回）系统方式。此外，如果从城市供热的角度考虑可靠性，应充分考虑多热源的分布形式和容量配置，以避免通过长输管线供热的热源作为城市的单一热源，或者其他热源出力过小而不能满足最低保证率的恶劣故障后果。

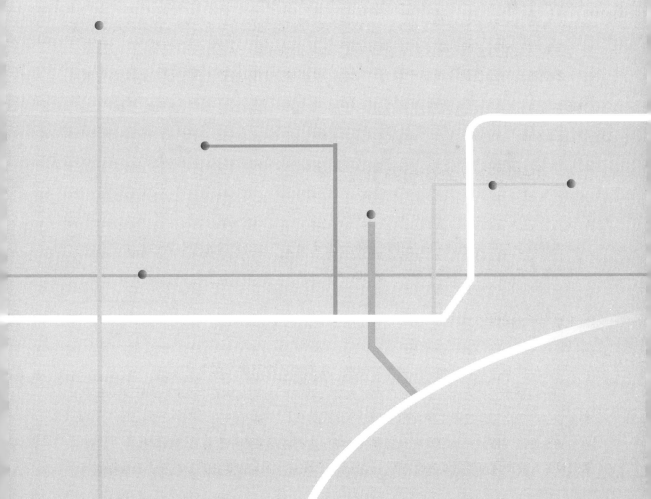

第 7 章　供热安全数字化与信息网络安全

通过物联网、大数据和人工智能等技术的综合应用，新一代智慧供热系统应运而生。城市供热实现了自动化、信息化和智能化，同时也让供热企业实现了基础数据管理、数据资产管理、供热生产运行、客户服务和收费等全业务链的数字化运维。依托智慧供热系统，供热生产安全管理也步入了数字化时代，实现了组织、人员、设备不同层次和场所的风险分级管控，与智慧供热系统相辅相成，保障供热生产的高质量与可靠性。

但是，数字化在提升供热系统生产和管理效率的同时，也新增了信息与网络的安全隐患。一旦遭到网络攻击，可能导致生产与管理数据的大量泄露，甚至危及供热系统的安全运行。因此，面向供热生产和管理等各类业务的信息系统，必须加强网络安全教育、建立网络安全管理制度和规范、建设网络攻击监测和预警系统、加强设备安全防护、强化用户数据隐私保护、建立数据监管机构、定期进行安全评估和漏洞扫描、加强应急响应和处置能力，建立完善的信息与网络安全保障体系，维护信息系统的安全。

本章重点介绍供热安全数字化管理平台、供热信息与网络安全保障体系的构成和主要功能。

7.1　供热安全数字化管理平台

供热安全数字化管理平台是供热企业分级管控生产风险、排除安全隐患、保证安全生产化的重要管控平台，保障供热生产运行的安全。

7.1.1　平台架构

供热安全数字化管理平台可分为数据层、中间层、应用层和用户层。

（1）数据层包括基础业务数据、实时监测数据、企业资源数据。基础业务数据产生于供热企业生产安全管理过程中的文档资料，包括风险模拟、隐患排查、事故治理；实时监测数据主要是通过传感器对经常发生安全事故的场所进行数据采集；企业资源数据是生产运营业务开展的重要支撑，包括设备设施库、人员库、预案库、风险源数据库、应急资源数据库等。

（2）中间层用于支撑风险预警模型建立过程中涉及的数据挖掘、特征提取、回归分析等。风险预警模型包括设备安全管理预警、人员管控预警、运输安全管理预警、安全检查预警等。

（3）应用层能够根据风险预警模型反馈的生产管理状况，进行全面、有效的风险程度评估，同时结合生产运行数据对风险变化量进行预测。此外，应用层还对重大危险源进行数据监测、状态监控，实现消防、安防、气象等信息的实时监控，建立应急联动监控。

（4）用户层是人机交互界面，主要是根据管理用户、操作用户、查询用户的权限提供相应的界面，并且用户层包括企业安全生产管理产生的全部结构化数据与非结构化数据，还包括应急指挥、温度环境、地理信息等基础性数据和风险知识数据。此外，还可为用户提供视频监控、基础网络、物联网感知、广播等功能。

7.1.2　主要功能

供热安全数字化管理平台的主要内容包括组织管理、人员安全管理、设备安全管理、双控体系建设管理、作业与巡检管理、职业健康管理等。

1. 组织管理

（1）组织架构：根据《中华人民共和国安全生产法》，供热企业的安全生产委员会由董事会直接领导，其架构示例如图 7-1 所示。

（2）安全生产制度管理：支持供热企业对法律法规及企业内部生产规章制度、安全操作规程、人员证照、知识题库的管理工作。

（3）绩效考核管理：采集安全生产管理工作相关数据，评定科室绩效得分。

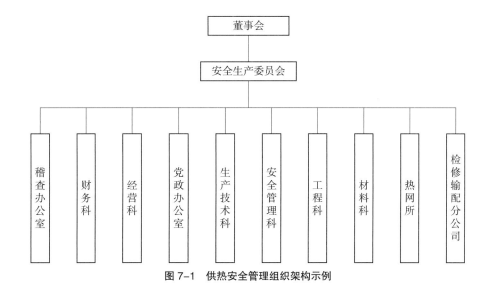

图 7-1　供热安全管理组织架构示例

2. 人员安全管理

（1）安全教育培训：包括安全培训计划、试题管理、课程管理、考试管理、学员档案等功能。

（2）相关方管理：对非本企业的单位或个人进行安全管理，如承包商、供应商、劳务分包方、委托或受托加工方等。

3. 设备安全管理

利用信息化、大数据、通信和空间定位等技术，对供热企业的设备设施进行全生命周期的系统化管理，从采购、安装、调试，到使用过程中的维护、维修、变动，再到设备报废、拆除等全过程动态和静态信息；辅助设备设施、特种设备安全管理制度的贯彻落实，所有特种设备明确责任人，建立运行日志、维护保养和检查制度，自动生成记录与台账；将各种特种设备的安全操作规程与设备基本信息绑定，同时关联应急预案信息，辅助完成应急演练并记录过程。

设备安全管理系统架构示例如图 7-2 所示。

图 7-2 以"系统—设备"为结构关系，以"设备—故障"为管理重点，形成规范化、可调整、可扩展的设备标准信息结构，从不同维度展现设备与各类运行系统的关系，快速定位与查找设备。依据行业编码规则，自动生成设备编码，并为重要设备制作设备二维码标牌，实现手机 App 扫描设备二维码查询设备信息。"现场—科室—企业"按工作权限实施

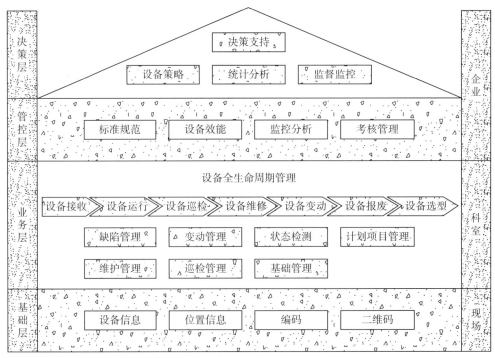

图 7-2　设备安全管理系统架构示例

设备的采购、安装、建卡建账、变动、运行、维修、保养、润滑、更新改造和报废的全过程综合管理。

4. 双控体系建设管理

（1）风险分级管控：具备一套符合体系标准要求、全量化的风险分级管控管理与辨识评价流程，以作业场所为基础，对供热企业内部作业场所的设备设施、作业活动、施工环境的危险源进行定性或定量评价，依据评价结果划分风险等级；根据风险级别、所需管控资源、管控能力、管控措施及其难易程度等因素，确定不同的管控层级。与隐患排查治理模块联动，智能生成隐患排查清单。

（2）隐患排查治理：该功能模块与风险分级管控模块联动，根据风险管控清单智能生成检查内容，利用移动智能终端设备开展巡查、专项检查或派发临时任务，通过供热企业全员、全过程参与，实现信息采集和实时传输、隐患的排查整改落实和信息推送、排查任务的自动流转、安全趋势智能分析等各关键环节的闭环管理。同时，应用大数据智能分析，对排查治理过程中易发生、多重复的问题进行有效预警，从而改进隐患排查治理的整体工作。

隐患排查治理集运行安全隐患、事故上报，以及设备的故障、点检、保养、维修等信息管理功能于一体。如以设备为基础，建立设备缺陷库，联合应急管理、水力仿真等系统实现事故后果的预判，对设备缺陷及其影响后果形成整体评估。安全隐患可通过手持终端或 PC 端上报，展开实施隐患的排查和整改流程。隐患排查治理过程示意图如图 7-3 所示。

（3）危险源管理：通过危险源信息录入、危险源申报与核销，实现危险源的闭环管理，并将危险源基本信息与其相关位号、环境因素、设备设施等进行关联，掌握与危险源相关的各方面信息。在事故发生时，为应急救援提供重要决策支持。

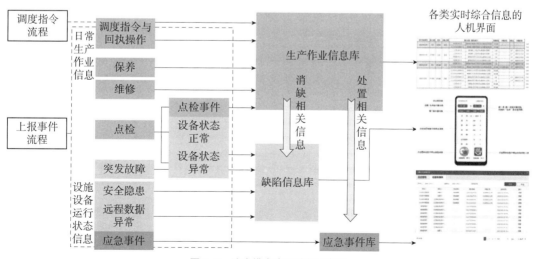

图 7-3　隐患排查治理过程示意图

（4）危险作业：对危险作业和作业票申请流程进行全过程、精细化、系统化管理，规范现场作业行为。

（5）应急管理：对应急预案、应急资源和应急调度指挥系统进行有效管理。

1）应急预案管理。应急预案的内容包括事故风险分析、应急组织机构及其职责、预防与预警、应急响应、信息报告、抢险抢修、保障措施、附件等信息化管理。将各类供热事件应急预案纳入数字化管理平台中，实现预案信息的快速提取，提高应急响应速度。

2）应急资源管理。应急资源包括应急人员、应急物资及外部组织机构。将应急资源纳入供热安全数字化管理平台中，做到不同系统、不同管理范围、线上线下资源统一快速调度，提高供热事故处理效率。其中，应急人员应包括专家库、各级管理人员、抢修单位人员等相关信息；应急物资包括物资种类、物资数量、存储地点、管理人员等信息，应急物资中的备用设备应与设备管理系统对接，并按照设备管理系统的要求进行维护保养；外部组织机构应包括社会应急机构，如消防站、医院等。

3）应急调度指挥系统。该系统采用物联网、数据库、大数据等技术承担供热系统的应急指挥任务，实现应急指挥调度的数字化管理。例如在供热管网的应急开挖中，结合北斗定位系统，采集现场活动视频影像，规范管道维（抢）修过程中的开挖施工，完善基于GIS的管网设备档案数据库。

（6）数据统计与分析：采集供热企业安全管理各环节的相关数据，通过智能分析，自动生成台账、报表、图表和安全趋势图。

5. 作业与巡检管理

作业与巡检管理面向供热企业的日常安全维护工作。作业管理实现作业票签发的在线流转。作业负责人可在对作业现场进行风险辨识、环境确认、安全防护确认后在系统内发起作业票申请，对作业所在位置进行定位并上传现场照片（图7-4），并通过线上审批流程签发作业票。巡检系统通过供热物联网巡检硬件、软件、移动端等，在线监督和调度运维工作。通过提升热力设施及管网巡检的到位率，可以提前发现设备和管网的安全隐患，提前安排维修，避免重大事故发生。

借助先进技术和设备，作业与巡检工作的效率得以大幅提升，以下介绍利用几类应用效果显著的先进作业与巡检项目。

（1）基于光纤的管网泄漏监测：将光纤温度分布测试仪专用感温光缆布置于供热管网、管道场所，通过光纤温度分布测试仪主机进行温度场的实时监测，可以及时对线路中的温度异常点进行预警和定位。

（2）利用无人机进行管网温度监测、声音振动监测，代替人工常规巡检，实现管网巡检的无人化和智能化。

（3）井室监测：将井盖异动监测设备安装在井盖背面，设备终端可监测井盖当前的倾

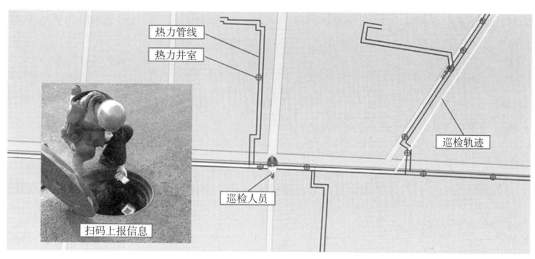

图 7-4　某巡检系统界面

斜角度、井下环境温度，当倾斜角度或者环境温度大于设定的报警值时触发报警，以监测井室管道泄漏、防止因井盖遗失导致人员跌落。

（4）巡检人员定位技术：巡检人员通过手机和佩戴智能安全帽，能够实时进行人员定位、巡检位置打卡、巡检轨迹记录、巡检视频录制并定时上传。在巡检人员有人身危险的情况下，可按下安全帽的 SOS 紧急呼叫按钮，安全帽发出报警声音信号，同时通知平台和响应负责人。当巡检人员安全帽静止不动 5~10min，以及安全帽脱离巡检人员头部 5~10s，发出报警声音信号。

（5）隐患随手拍技术：可充分发动全员力量，人人参与隐患排查，提报安监部门确认，系统对责任人拍单落实隐患整改，形成闭环管理。应急处置与相应功能通过对监测设备发现的异常信号进行数字化处理，定向通过平台、短信等方式推送至责任人进行及时处理。对异常应急处置过程全记录，以可视化形式呈现。

（6）工作现场视频 AI 监测：分为热源、热力站和工程建设项目三大类应用场景，尤其在工程建设过程中，通过可移动摄像头灵活应用于热源建设、设备检修、供热抢修等各类工程项目中，充分利用 AI 智能算法，实现违章、违规行为识别，安全帽识别，安全带识别，现场吸烟识别等风险因素，在线监控作业现场安全状况。

（7）危险环境监测预警：通过气体浓度监测设备，对燃气管道甲烷、氨水间氨气、二氧化硫、氮氧化物、$PM_{2.5}$ 等特殊气体与颗粒物进行监测，实时传输数据，超出报警阈值自动报警。

6. 职业健康管理

职业健康管理包括职业危害因素、劳保用品、员工健康信息表、职业病人员管理、职业健康统计等部分。通过企业危害因素的线上管理，记录第三方检测单位对本企业危害因

素的检测结果，与本单位日常监测进行直观对比。可按年度、季度、月度生成危害因素监
测报告，统计监测数据合格率，指导员工采取防护措施。

7.2   供热管网安全运行监测系统

供热管网安全运行监测系统是以公共安全科技为支撑，应用物联网、云计算、大数据、
移动互联、BIM、空间地理信息等现代信息技术，通过对老城区、高危地段和敏感区域热力
管网进行全线路、全天候、精准化全面感知和动态监测，并基于专业分析模型对供热管网
运行过程中可能发生的泄漏等事故进行风险分析、定位故障管段，同时为应急维修处置等
提供科学依据和决策支持，确保供热管网安全运行。

7.2.1   平台架构

供热管网安全运行监测系统基于"感、传、知、用"的总体框架，分为"五层两翼"。
"五层"依次为前端感知层、网络传输层、大数据服务层、应用层以及前端展示层；"两翼"
是指系统建设必须遵循的法律法规与标准规范和安全保障体系。整体架构如图 7-5 所示。

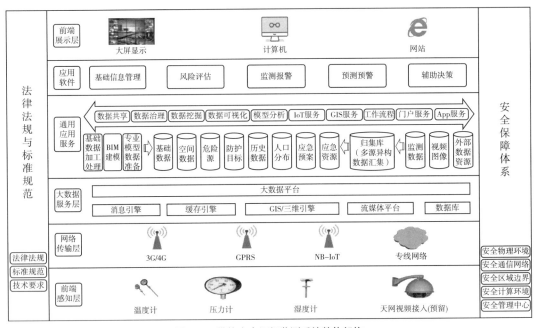

图 7-5   供热安全运行监测系统整体架构

1. 前端感知层

前端感知层即供热管网安全运行前端感知系统，是指分布在城市各区域的监测点，通过前端传感设备进行数据采集，确保传感数据实时反馈至数据中心。

2. 网络传输层

网络传输层即供热管网安全运行监测信息网络传输系统。采用 NB-IoT、现场总线、互联网有线与互联网专线方式，将前端感知层采集的数据回传到中心端。

3. 大数据服务层

大数据服务层包括数据库、物联网数据采集平台、数据工程系统、计算与存储系统、应用支撑系统。整个系统中物联网数据资源通过数据采集平台进入系统，城市数据资源共享平台的相关业务部门结构化数据通过数据接口进入业务数据库，经过系统的处理，对外提供数据检索、模型算法及统计分析服务。

4. 应用软件层

应用软件层在大数据服务层的基础上构建了供热管理单元的数据管理、风险评估、监测报警、预测预警、应急处置等模块，实现供热管网运行风险评估、运行监测及协同处置。

5. 前端展示层

前端展示层以大屏、桌面端、手机端等多种形式对应用系统进行展示。

7.2.2　主要功能

1. 基础信息管理

供热管网基础信息管理是对供热管网各类信息的集成管理和显示，系统支持供热管网基础数据查询，便于系统访问人员快速直观地了解供热管网整体状态。基础信息包括供热管网属性信息和供热管网附属设施信息。

2. 风险评估

基于管网综合监测信息、管网属性信息、管道直径、运行压力等级等数据，构建综合风险评估模型。运用综合风险评估模型定期对供热管网进行综合风险评估，输出每段供热管道的综合风险系数，支持以列表形式对所有供热管道的综合风险评估结果进行展示、查询。根据综合风险评估系数，为供热管网划分风险等级。根据供热管网的风险等级，在三维 GIS 界面对管网进行颜色渲染，以供热管网风险图的形式展示（图 7-6）。

3. 实时监测与报警

对供热管网实时温度、压力和流量等参量进行在线监测。根据供热管道运行的温降、压降及漏失规律，设定初始阈值；结合管道运行一段时间的数据，对比形成正常运行曲线，设置运行报警阈值，当压力超过报警阈值时进行报警。结合历史变化曲线和规律性曲线，对温

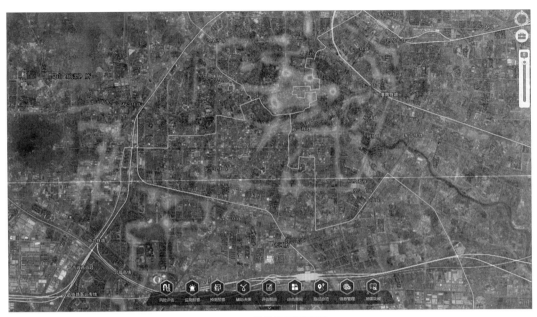

图 7-6　供热管网风险图

度、压力和流量的变化原因进行分析，设备报警后根据实时报警数据判断可能产生报警的原因，通知管线巡检人员进行查看，同时记录报警原因，为分析积累数据，方便用户实时、全面掌握供热管网运行状态，同时为供热管网风险评估、辅助决策提供数据支持。

4. 辅助决策

　　辅助决策包括泄漏影响分析、维修处置、安全运行评估、辅助支持库等。当供热管网发生故障或者其他情况，需要停止某些管网的供热时，辅助决策系统能够对停止供热造成的受影响热用户、受影响区域范围进行分析，生成热用户清单，标识受影响的范围（图 7-7）；针对供热管网风险预警的维修处置，辅助决策系统通过三维可视化直观地展示地下管网空间及拓扑关系，同时提供路面开挖、截面分析功能，展示各类管道高程信

图 7-7　供热管道泄漏后预测影响用户范围

息及各类管道之间的间距等信息，为抢修开挖等提供辅助决策支持；支持定期对供热管网风险、泄漏报警等相关信息进行统计分析，定期整理安全运行报告，助力用户全面、直观地掌控整个监测区域内供热系统的安全态势，从宏观层面精准把握供热安全状况，为供热日常运行监测、巡检巡查等相关工作提供信息依据。同时，建立城市供热安全预案库、知识库等，健全辅助决策机制。

7.3　供热信息与网络安全保障体系

供热行业信息化系统涵盖了供热设备的监测与控制、用户的信息管理以及各类业务系统等，一旦遭受网络攻击或数据泄露，可能导致设备故障、用户数据丢失、财产损失等严重后果，进而影响到整个供热系统的正常运行。建立健全网络安全管理制度、加强网络安全培训、采用先进的网络安全技术等，是确保供热行业信息化健康发展的前提。

7.3.1　安全保障体系框架

供热信息与网络安全保障体系维护着系统的安全性、稳定性和可靠性，应涵盖安全管理体系、安全技术体系、安全运维体系和安全管理中心，其框架如图 7-8 所示。

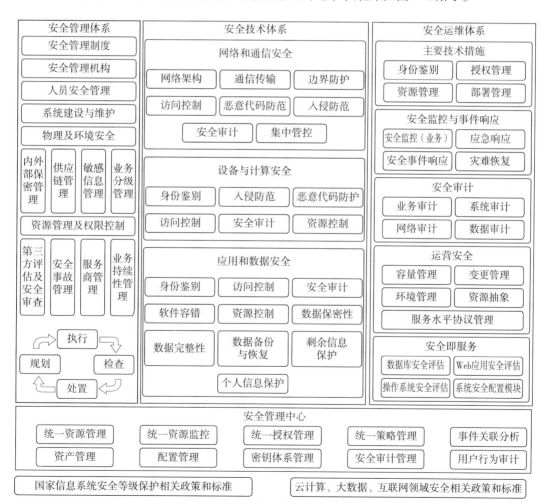

图 7-8　供热信息与网络安全保障体系框架

7.3.2　安全管理体系及其建设

安全管理体系包括信息与网络安全管理制度、安全管理机构、安全管理人员、信息系统 ❶ 建设与维护、信息系统安全策略。

1. 安全管理制度设计

安全管理制度由安全管理制度、安全策略、安全管理规范组成。

（1）安全管理制度覆盖人员信息安全、信息系统信息安全及信息安全管理工作机制三方面的管理要求，通常参照网络安全等级保护制度基本要求和信息安全管理体系 ISMS（ISO 27001），以及供热企业信息化建设的实际情况制定。

（2）安全策略规定信息安全管理的方针、基本策略、职责分工、管理要求、技术措施、防护措施等，适用于信息系统设计、建设、运行等过程的基本信息安全管理要求。

（3）供热企业信息安全管理规范包括多个制度文件，如信息系统安全开发管理办法、信息系统安全运维管理办法、信息系统信息安全管理办法、信息安全检查管理办法、网络安全应急管理办法和信息通报管理办法等。标准规范和操作规程则是信息安全管理要求的具体实施。

2. 安全管理机构建设

设立信息系统安全管理机构，负责信息系统安全的集中控制管理，行使防范与保护、监控与检查、响应与处置职能，统一管理信息系统的安全，统一进行信息系统安全机制的配置与管理。安全管理机构可分为信息安全决策层、信息安全管理层和信息安全执行层。

（1）信息安全决策层：负责制定企业信息系统安全保障的总体目标、规划；制定信息系统安全保障工作的方针政策、规章制度及有关的标准规范；制定信息系统安全保障措施的建设、运行、维护的管理办法、技术方案以及相关的工程实施和管理维护策略；指导相关部门执行安全法律法规和规定，依法对各级安全工作进行监督、检查。

（2）信息安全管理层：负责贯彻执行信息系统安全工作的方针、政策、规章制度及有关的技术标准规范和方案；制订和修订安全策略，并监督安全策略的落实。

（3）信息安全执行层：负责制定产品级安全策略，承担网络与系统的运行安全，确保信息安全保障的具体实践满足组织机构信息安全保障的要求。

---

❶ 信息系统指与供热企业的生产控制、管理运营相关的信息系统，根据信息系统的责任单位、业务类型和业务重要性及物理位置差异等各种因素，可分为管理信息系统和供热监控系统。
管理信息系统是指支持供热企业管理经营的信息系统，如门户网站系统、热费管理系统、财务管理系统、人力资源管理系统等。
供热监控系统是指用于监测和控制热力生产及供应过程的、基于计算机及网络技术的业务系统及智能设备，以及作为基础支撑的通信及数据网络等，包括热力生产、供应数据采集与监控系统（SCADA）、调度管理系统、能量管理系统、热力站自动化系统、热力站计算机监控系统、中继泵站计算机监控系统、微机继电保护和安全自动装置、广域相量测量系统、负荷控制系统、水调自动化系统和水电梯级调度自动化系统等。

3. 安全管理人员建设

对于信息系统的安全管理和技术操作人员，应按照国家等级保护人员安全管理要求，从人员录用、人员管理、人员考核、保密协议、培训、离岗离职等各方面制定相应的安全管理制度和规定，建立安全教育和培训制度，定期进行技能考核，确保管理及技术团队成员能有效完成各自任务。

对于外部人员，包括软件开发商、产品供应商、系统集成商、设备维护商和服务提供商等能接触到信息系统的人员，应制定相应安全管理要求，负责接待的部门和接待人对外部人员来访的安全负责，并对访问机房、热源、热力站等敏感区域进行严格管理。

4. 信息系统建设与维护设计

（1）管理信息系统安全建设的管理设计

管理信息系统安全建设应根据国家等级保护政策及基本要求，按照信息系统的生命周期，提出定级的基本规范、方案编制的基本流程及评审要求、产品采购的基本要求及流程规范；安装时应遵循安全环境、安全使用、安全管理等要求，并设定安全访问控制许可，记录配置结果并备份；对自行及外部开发的软件提出具体的安全要求，形成适用于本企业的应用开发安全标准及应用系统评估标准。

（2）供热监控系统安全建设的管理设计

供热监控系统安全建设除了与管理信息系统安全建设具有同样的管理规范要求外，还包括以下要求：

1）应选择具有安全认证的监控系统产品；

2）应对供热监控系统制定严格的安全策略；

3）应对供热监控系统采用有别于管理信息系统的加密密钥，并对控制指令及密钥进行保护；

4）应设置监控数据的存储措施，定期备份，完善监控数据备份策略和灾备计划；

5）应制定监控应用常见事故、突发事件的应急预案，应急预案应针对实际供热业务情况，明确事故管理流程、预警级别、责任分工与配合机制等；

6）应对监控系统应急响应机制、数据备份与恢复机制进行详细阐述，并加强应急响应能力的技术培训；

7）对于使用违规行为，应当及时报告责任人，保存造成的数据证据；

8）用户应遵守使用制度，遵守使用监控系统过程中的行为准则；

9）管理员应定期开展安全审计，包括用户行为的合规性、数据安全及系统漏洞等。

（3）信息系统安全运维的管理设计

信息系统安全运维管理主要是开展设备与介质管理、密码管理、网络管理、事件管理、备份与恢复管理、监控中心管理等工作，具体包括以下方面：

1）应依据办公环境及机房的管理要求，强化进出登记及携带管理；

2）应明确信息系统的系统管理员、安全管理员、安全审计员岗位职责，加强设备与介质的申领、维修、使用、报废管理；

3）应制定专门的密码管理制度和流程规范；

4）应加强网络使用与配置管理；

5）重点加强安全事件管理，制定应急预案，定期组织安全应急演练；

6）重点制定备份与恢复管理制度并定期演练；

7）重点保障安全管理中心的管控，加强内部工作人员的监控与管理；

8）重点监测信息系统的边界防护，防范病毒及人为误操作，确保热源、热力站及其生产控制中心的网络及信息安全。

5. 信息系统安全策略设计

信息系统安全策略设计考虑物理及环境安全、资源管理及权限控制。管理信息系统和供热监控系统的安全策略设计重点不同，前者侧重供热业务数据及业务系统的安全保护，后者重点考虑热源、热力站等工控系统数据的安全采集及传输、控制指令保护、区域边界安全防护与审计等。

（1）管理信息系统的安全策略设计

管理信息系统的安全策略应按照等级保护要求进行主机及系统安全、网络及通信安全、应用及数据安全、物理与环境安全防护，防范来自主机和网络的病毒及人为攻击。

1）业务数据安全策略：包括供热信息系统数据采集、传输、处理、存储、使用过程中的安全保护措施。

①敏感数据加密：对热用户身份数据、财务数据、企业经营数据、供热控制指令等敏感数据进行加密存储和传输，确保数据在传输和存储过程中的机密性和完整性。

②密钥管理：对于所有加密过程中使用的密钥数据采用安全的密钥管理方案，包括密钥生成、存储、使用和销毁等环节，确保密钥安全。

③加密通信：采用 SSL 等安全加密通信协议，实现网络通信加密，防止数据在传输过程中被窃取或篡改。

2）访问控制策略：包括供热信息系统主机操作系统、数据库、网络、应用系统等用户的访问权限及行为控制。

①身份验证：采用白名单方式，确保只有授权用户才能够访问系统资源，通过用户名、密码、数字证书等方式进行身份验证。

②权限管理：根据用户角色和职责分配不同的访问权限，按照最小权限原则，防止权限滥用。

③会话管理：对用户会话进行监控和管理，包括会话超时、会话锁定等安全措施，确保会话安全。

3）防病毒策略：采用黑白名单结合方式，修补安全漏洞，对于主机、网络、业务系统软件中病毒及非正常行为进行封锁。

①病毒防范：安装防病毒软件，定期更新病毒库，对操作系统、应用程序及网络通信进行实时监控和扫描，防止病毒入侵和传播。

②恶意软件防范：加强对恶意软件的防范，包括广告软件、间谍软件等，避免用户隐私泄露和系统性能下降。

③安全漏洞修补：及时修补操作系统和应用程序的安全漏洞，减少攻击面，提高系统安全性。

（2）供热监控系统的安全策略设计

供热监控系统的安全策略除了采用与管理信息系统同样的策略外，对工控系统数据安全的策略设计如下：

1）工控系统数据安全策略：包括供热生产及控制数据的采集、传输、处理、存储、使用过程中的安全保护措施。

①生产数据保护：对采集的供热设备数据进行加密存储和传输，确保数据在传输和存储过程中的机密性和完整性。

②控制指令加密传输：采用安全通信协议，实现控制指令的网络通信加密，防止指令在传输过程中被窃取或篡改。

2）访问控制策略：包括上位机及现场 PLC 等设备的访问权限及操作行为控制。

①身份验证：采用白名单方式，确保只有授权用户才能够访问上位机，通过用户名、密码、数字证书等方式进行身份验证。

②权限管理：根据用户角色和职责分配不同的访问权限，按照最小权限原则，防止权限滥用。

③区域边界防护：在生产控制中心、热源、热力站之间设置区域边界，采取访问控制和审计措施，并进行日志记录。

7.3.3　安全技术体系及其建设

安全技术体系包括信息系统网络与通信安全、设备与计算安全、应用与数据安全，此外还应考虑物理环境安全。

1. 网络与通信安全建设

（1）通信网络安全

通信网络安全主要从通信网络审计、通信网络数据传输完整性保护、通信网络数据传输保密性保护、可信连接验证等方面进行防护设计。

1）应在信息系统网络设置审计机制，由安全管理中心集中管理，并对确认的违规行为进行报警。

2）应采用由密码等技术支持的完整性校验机制，实现通信网络数据传输完整性保护，并在发现完整性被破坏时进行恢复。

3）采用由密码等技术支持的保密性保护机制，以实现通信网络数据传输保密性保护。

4）通信节点应采用具有网络可信连接保护功能的系统软件或可信根支持的信息技术产品。

（2）区域边界防护安全

1）管理信息系统安全区域边界安全设计主要针对其所在的服务器区、云、各业务区域、终端区域等之间的区域边界访问控制、区域边界包过滤、区域边界安全审计、区域完整性保护、可信验证等方面进行防护设计。

2）供热监控系统安全区域边界安全设计主要针对热源、热力站、生产控制中心之间的区域边界访问控制、区域边界包过滤、区域边界安全审计、区域完整性保护、可信验证等方面进行防护设计。

2. 设备与计算安全建设

设备与计算安全建设的目标是为信息系统打造可信、可控、可管的安全计算环境。

（1）管理信息系统设备与计算安全

1）用户身份鉴别。支持用户标识和用户鉴别，当用户注册到系统时，采用用户名和用户标识符标识用户身份，并确保在系统整个生命周期内用户标识的唯一性；在用户登录系统时，采用受安全管理中心控制的口令、令牌、基于生物特征、数字证书以及其他具有相应安全强度的两种或两种以上的组合机制进行用户身份鉴别，并对鉴别数据进行保密性和完整性保护。

2）自主访问控制。在安全策略控制范围内，使用户对其创建的客体具有相应的访问操作权限，并能将这些权限的部分或全部授予其他用户。自主访问控制主体的粒度为用户级，客体的粒度为文件或数据库表级和记录或字段级。自主访问操作包括对客体的创建、读、写、修改和删除等。

3）标记和强制访问控制。在对安全管理员进行身份鉴别和权限控制的基础上，应由安全管理员通过特定操作界面对主、客体进行安全标记；应按安全标记和强制访问控制规则，对确定主体访问客体的操作进行控制。强制访问控制主体的粒度为用户级，客体的粒度为文件或数据库表级。应确保安全计算环境内的所有主、客体具有一致的标记信息，并实施相同的强制访问控制规则。

4）系统安全审计。应记录系统的相关安全事件。审计记录包括安全事件的主体、客体、时间、类型和结果等内容。应提供审计记录查询、分类、分析和存储保护；能对特定安全事件进行报警；确保审计记录不被破坏或非授权访问。应为安全管理中心提供接口；对不能由系统独立处理的安全事件，提供由授权主体调用的接口。

5）用户数据完整性保护。应采用密码等技术支持的完整性校验机制，检验存储和处理的用户数据的完整性，以发现其完整性是否被破坏，且在其受到破坏时能对重要数据进行恢复。

6）用户数据保密性保护。在各业务系统及主机上部署数据防泄露产品，采用密码等技术支持的保密性保护机制，对在安全计算环境中存储和处理的用户数据进行保密性保护。

7）安全评估。应将系统的安全配置信息形成基准库，实时监控或定期检查配置信息的修改行为，及时修复与基准库中内容不符的配置信息，同时对系统的高危漏洞及时进行发现并修补，并定期开展漏洞扫描工作。

8）入侵检测和恶意代码防范。应通过主动免疫可信计算检验机制及时识别入侵和病毒行为，并将其有效阻断。

（2）供热监控系统的设备与计算安全

除了符合管理信息系统的安全设计要求外，供热监控系统还要针对热源、热力站等生产现场环境设备采取安全措施。生产控制区内的主机应该禁止选用带有无线功能主机，以保障控制区内的网络接入设备可控。

3. 应用与数据安全建设

（1）信息系统应用安全

信息系统软件需要具备身份鉴别、访问控制、安全审计、软件容错、资源管控和统一认证等安全防护设计。

1）身份鉴别

需对登录应用系统的用户进行身份标识和鉴别，身份标识具有唯一性，鉴别信息具有复杂度要求并能随时自查。对多次登录失败的情况能采取保护措施。用户身份鉴别信息丢失或失效时，能采用鉴别信息重置。

2）访问控制

需对登录应用系统的用户分配账户和权限；统一管理各类账户的使用，根据角色权限设定访问控制策略，访问控制策略规定主体对客体的访问规则，授予不同账户为完成各自承担任务所需的最小权限，并在它们之间形成相互制约的关系。

需对访问数据库设置访问权限，控制粒度应达到主体为用户级，客体为文件、数据库表级、记录或字段级；对敏感信息资源设置安全标记，并控制主体对有安全标记信息资源的访问。

3）安全审计

需对应用系统重要的用户行为和重要安全事件进行审计。审计记录包括事件的日期和时间、用户、事件类型、事件是否成功等信息。应对审计进程、审计记录进行保护，防止未经授权的进程中断或记录被破坏。

4）软件容错

供热监控系统需具备数据有效性检验功能，保证通过人机接口输入或通过通信接口输入的内容符合系统设定要求；具备自动保护功能，当故障发生时自动保护当前所有状态，保证系统能够恢复。

5）资源管控

供热监控系统在通信时应能结束长时间未正常响应的会话，限制最大并发会话连接数和单个账户的多重并发会话，能对每个并发进程占用的资源分配最大限额。

6）统一认证

通过预置多种模板，对不同用户需要的业务应用进行权限分配，实现对所有应用用户身份与应用资源的统一管控。提供账户的全生命周期管理，覆盖创建账户、分配权限、账户属性变更、账户注销、员工离职、账户归档全部过程，并可进行生存周期设定。

（2）供热移动办公系统安全

移动终端接入供热企业办公网，使得办公网增加了与外部网络的接口，按照等级保护标准要求，需要采取无线通信加密、内网边界控制、移动终端管控、移动应用管控等措施降低移动终端访问办公网的安全风险。

（3）供热监控系统应用安全

供热监控系统应用软件需要在异常处理功能、防恶意代码、白名单机制方面加强安全设计，检查自身安全漏洞，防范漏洞被利用。

（4）热用户数据及关键生产数据安全

信息系统的热用户数据及关键生产数据需要按照《中华人民共和国个人信息保护法》及《中华人民共和国数据安全法》的要求采取数据安全措施，包括数据完整性和保密性、数据备份与恢复、数据脱敏等措施。采用校验码技术或加解密技术保证重要数据在传输、存储过程中的完整性、保密性；具有重要数据进行本地和异地数据备份与恢复功能，提供重要数据处理系统的热冗余，保证系统的高可用性。鉴别信息、敏感数据所在的存储空间被释放或重新分配前要完全清除。对于热用户信息，应仅采集、保存、授权使用业务必需的用户个人信息。对于敏感的控制指令和经营数据，应采取脱敏措施后才能对外提供。

4. 物理环境安全建设

（1）管理信息系统物理环境安全

管理信息系统所在机房应具备防震、防风、防雨、防雷击、防火、防静电、防水、抗电磁干扰等能力。机房出入口应配置门禁系统，控制、鉴别和记录进入的人员。

（2）供热监控系统物理环境安全

供热监控系统感知节点设备应能防止挤压、强振动，并能正确反映环境状态，室外设备放置于采用防火材料制作的装置中紧固，具有透风、散热、防盗、防雨和防火能力，远离强电磁干扰、强热源等环境。

7.3.4　安全运维体系及其建设

安全运维体系包括安全运维组织体系、安全运维岗位职责和安全运营管理机制的建设与设计。

1. 安全运维组织体系建设

按照国家及行业相关政策、标准设立信息安全"三员"：系统管理员、安全管理员和安全审计员，规范"三员"的具体人员、岗位职责及工作范围。依据安全管理制度和实际运行管理需要，划分运行维护需要的各种角色，严格控制各角色的操作权限。

2. 安全运维岗位职责设计

（1）系统管理员

1）负责业务系统的日常运维管理和操作；

2）负责监测和管理系统运行状态，及时发现和上报发现的故障，并按照要求处理发生的系统故障；

3）负责根据操作手册，使用运维管理工具对各个业务系统进行维护操作及数据备份，并详细记录操作日志，保障业务系统的稳定运行。

（2）安全管理员

1）负责业务系统的日常安全管理工作，协调处理发现的安全事件，并详细记录安全事件的处理过程；

2）负责根据业务系统的业务需求和安全分析制定和下发安全策略；

3）负责用户账号管理、授权管理，定期对用户账号进行分析，并调整用户的权限，保证用户权限的最小授权；

4）负责定期进行漏洞扫描，对发现的安全漏洞及时修补；

5）负责及时更新系统补丁及防病毒软件；

6）负责定期进行系统安全日志分析，及时发现安全异常并及时修补；

7）负责使用安全管理中心，对整体安全态势进行分析和评估。

（3）安全审计员

1）负责对系统管理员、安全管理员的操作行为进行审计、跟踪、分析和监督检查；

2）负责定期检查安全事件处理记录、系统运行日志及系统操作日志等，确保安全策略落实；

3）负责使用安全管理中心，对整体安全态势进行安全审计。

3. 安全运营管理机制建设

（1）信息系统安全监控与事件响应

1）分析监控对象：对影响系统、业务安全性的关键要素进行分析，确定安全状态监控的对象，分析监控的必要性和可行性、监控的开销和成本等，形成监控对象列表。

2）收集状态信息：根据系统内部署的不同类型的状态监控工具，如网络综合审计、自适应主机监控与管理等，收集安全状态监控的信息，识别和记录入侵行为，对信息系统的安全状态进行监控。

3）安全分析与报警：通过对安全状态信息进行分析，及时发现安全事件或安全变更需求，并对其影响程度和范围进行分析，形成安全状态分析报告。

4）安全事件调查处置：针对各类安全事件列表，调查本系统内安全事件的类型、安全事件对业务的影响范围和程度以及安全事件的敏感程度等信息，分析对安全事件进行响应恢复所需要的时间。确定事件等级，制定安全事件的报告程序。对于应该启动应急预案的安全事件按照应急预案响应机制进行安全事件处置。对安全事件处置过程进行总结，形成安全事件处置报告，并保存。

5）安全预案管理：通过对安全事件的等级分析，在统一的应急预案框架下制定不同安全事件的应急预案，明确应急预案中各部门人员的职责，说明应急预案启动的条件，发生安全事件后要采取的流程和措施，并按照应急预案定期开展演练。

（2）信息系统安全审计

信息系统安全审计包括业务应用审计、网络审计和主机及数据审计。

1）业务应用审计包括对业务类型、用户角色、用户操作流程、操作内容、提交物、风险控制点的监测数据分析，对用户违规行为进行告警。

2）网络审计包括对信息系统合规访问策略涉及的源 IP 地址、源端口、目的 IP、目的端口的违规行为进行分析与预警。

3）主机及数据审计包括针对虚拟主机、物理主机和核心数据库的操作行为的审计，进行违规操作分析与预警，定期生成统计报表。

（3）信息系统安全风险评估及改进

通过对信息系统安全状态的检查，为系统的持续改进提供依据和建议，确保供热信息系统的安全保护能力满足相应等级安全要求。定期风险评估的范围至少包括操作系统、数据库和 WEB 应用，通过持续的评估和问题修复，确保系统的漏洞风险得以及时修复。

7.3.5　安全管理中心及其建设

安全管理中心的主要功能包括安全管理基础功能、日志集中管理与审计、安全威胁情报预警、脆弱性管理、安全态势感知分析和事件关联分析与响应。

1. 安全管理基础功能建设

具有自身配置管理功能，包括自身安全配置、系统运行参数配置、审计资源配置等；具有系统自身运行监控与告警、系统日志记录等功能；支持多级部署，能够实现上下级之间的数据共享、互联互通。各功能模块间的通信可采用 SSL 加密方式进行；采用基于 HTTPS 协议的 WEB 管理，保证数据传输的准确性；对采集到的日志进行加密存储，保证数据的完整性和机密性。

2. 日志集中管理与审计

应支持日志的统一管理，多种采集方式收集设备和系统日志，并通过分类、过滤、强化、分析和存储，实现日志管理分析和实时告警。

（1）安全事件采集

内置过滤器，针对网络设备、安全设备进行日志过滤、归并和规范化，过滤掉严重程度较低的原始日志信息。通过指定日志影响的设备、日志采用协议、日志类别、日志标题等对日志属性进行过滤，应能对日志数据过滤的开启状态进行手工设定，多级过滤，可在日志收集端与日志监控端分别设置过滤条件。事件采集引擎支持的日志收集接口包括 XML、JSON、CSV、SYSLOG、NETFLOW、SNMP 等。日志采集引擎支持预处理安全日志，在采集引擎段即可生成标准化的日志格式。通过交互式界面，动态识别和提取日志关键信息，并自动生成正则表达式，通过所见即所得的交互式模式进行正则的验证，并下发到正则引擎当中，从而提升正则生成的效率和准确性。

（2）告警管理

告警管理模块主要针对事件中需要提醒或特别关注的事件，通过配置各种过滤规则将事件过滤出来，实现重点事件重点提示。告警方式包括画面显示、邮件告警、短信告警等，支持将告警事件通过 syslog 协议推送到第三方告警平台。告警的关联规则类型包括阈值告警、事件关联告警、高危行为告警等。

3. 安全威胁情报预警

安全威胁情报信息包括 CERT、安全服务厂商、防病毒厂商、政府机构和安全组织发布的安全预警通告、漏洞通告、威胁通告等典型的安全威胁情报，也包括新的安全威胁情报，例如 0day 漏洞信息、恶意 URL 地址情报等。信息系统导入多种外部威胁情报数据，根据漏洞信息与资产库进行匹配，并根据预警关联信息进行应急运维响应。预警类型包括漏洞预警、威胁预警和安全通告。对预警信息进行生命周期管理，预警状态包括未发布、已发布和已归档。当发布预警时，可以以邮件、短信的方式通知责任人。

4. 脆弱性管理

脆弱性管理包括漏洞脆弱性和配置脆弱性两个部分。漏洞数据来自漏洞扫描工具的数据输入，漏洞评分越高，系统对攻击的敏感性就越大。只有当攻击能充分利用系统具有的漏洞时，攻击才能成功。配置脆弱性数据来自远程安全评估工具。脆弱性管理要从脆弱性、漏洞情报和资产管理出发，分析资产受影响情况，提供防护措施。通过脆弱性管理功能加强漏洞风险管理，实现漏洞的全生命周期跟踪与管理，主要包括以下五个方面：

（1）资产扫描：配置脆弱性的监测策略、时间策略等，扫描资产漏洞（发现资产和脆弱性的关系）。

（2）风险评估：对发现的漏洞与中心威胁情报结合，按照预先制定的风险评估模型，计算风险优先级并展示。

（3）漏洞修复：进行漏洞修复，报告修复状态。

（4）修复核查：对于已修复的漏洞，要通过重复扫描进行是否修复的判断。

（5）报表输出：整个漏洞闭环流程应根据需要配置，提供可定制的报表输出。

5. 安全态势感知分析

安全态势感知分析可以针对整体范围或某一特定时间与环境，基于条件进行因素理解与分析，最终形成历史的整体态势以及对未来短期的预测。通过对入侵、异常流量、僵木蠕、系统安全、网站安全态势进行多维度分析，洞察企业内部整体安全状态，并通过量化的评判指标能够直观地理解当前态势情况。从海量数据中分析统计网络中存在的风险，协助安全分析人员快速聚焦全网高风险点。

（1）综合态势感知：全方位展示网络安全状况，包括风险态势、网络攻击状况、事件类型分布、最新事件列表等。

（2）网络入侵态势感知：基于决策推理系统，采用杀伤链（Kill Chain）和攻击树（Attack Tree）分析技术，借助大数据分析系统的分布式数据库，实现入侵态势感知及决策预警。

（3）异常流量态势感知：基于网络异常流量分析技术，通过自学习降低异常流量告警误报，形成完全可处置的告警信息。

（4）僵木蠕态势感知：对僵尸网络、木马、蠕虫病毒等，采用防病毒引擎，通过对网络流量进行监控，发现僵木蠕的传播情况，并通过通信监控发现蠕虫病毒源、发现僵尸网络（木马）的命令控制服务器，进行僵尸网络发现、打击、效果评估。

（5）网站安全态势感知：企业网站作为供热企业对外的窗口，面临的安全威胁最多。网站安全态势感知可持续监控网站存在的网页漏洞、网页挂马、网页篡改、敏感内容、网页暗链、域名劫持、网站平稳度问题等各类网站风险。

（6）系统漏洞态势感知：依托于漏洞扫描系统的漏洞挖掘能力，对网络中的漏洞情况进行评估，形成对供热业务资产的脆弱性态势感知。

6. 事件关联分析与响应

为了找出信息系统安全事件的威胁源，可对单个 IP 对应的攻击链信息进行下钻分析，查询该攻击链关联的事件。从资产角度出发，将资产相关的事件展示在攻击链模型中。通过关联分析把各种安全事件按照时间的先后序列与时间间隔进行检测，判断事件之间的相互关系是否符合预定义的规则。对多种数据来源进行分析，当符合预设的关联规则定义时，则反映出事件的异常，触发相应的告警动作。

第 8 章

供热安全工程新技术及新产品应用

进入 21 世纪，信息技术革命为人类社会带来了第三次跨时代的发展，这一轮革命也影响到了新技术应用相对迟缓的传统供热行业。一批与智慧供热平台高度融合的安全技术，如基于北斗定位的数字管网、供热故障仿真、预警和诊断系统逐步发展完善；同时，一些传统的作业方法也融入了智能化管理手段，这些技术的创新发展和应用为供热安全提供了多维度的保障。本章重点介绍城市供热安全领域新技术及新产品应用的情况。

8.1　基于智慧供热平台的安全技术应用

8.1.1　基于北斗定位的数字管网系统

1. 技术背景

一直以来国际上通用的卫星定位和导航系统是美国的 GPS 和欧洲的 Galileo 系统，日益激烈的国际竞争和严峻的国家安全形势都迫使我国需要建立自主研发、独立运行的空、天、地一体的卫星定位和导航系统。按照国家北斗导航产业发展要求，北斗卫星导航系统（简称"北斗系统"）是我国自主建设、独立运行的国家重大战略性时空信息基础设施。在城市供热系统上应用北斗系统，也是保障国家关键基础设施和国民经济重点领域安全的选择。

利用北斗系统可对供热管网及附属设施坐标信息实现多维度精准采集定位，并可搭建地下管线数字地形图及管网管理专业化信息平台和移动终端。通过数据互联互通、融合共享，深挖管网数据价值，实现运行、经营、工单、巡检、设备管理等的能源综合管理，促进供热管网数字化、网络化、智能化发展。

2. 技术原理

北斗系统已成功发射几十颗导航卫星，采用第四代技术，通过全球基准站估计导航卫星轨道、钟差和硬件延迟，通过少量区域基准站估计大气延迟误差，并将这些误差发送给用户，改进传统算法，提高定位精度，缩短收敛时间，提升服务质量。北斗系统通过多个卫星导航系统（多模）、多个频率信号（多频）协同工作，与惯性导航技术优势互补，能更好地处理电离层延迟误差，在高楼林立的城市复杂环境中能显著提高定位的稳定性和连续性。

（1）搭建北斗精准服务网络。通过北斗地面基准站（图8-1）、终端和信息化系统建设，实现精密单点定位和实时动态定位，对地下管网数据进行厘米级定位和管理，构建基于北斗定位的供热管网数字化、智能化管理体系，如图8-2所示。

（2）搭建地下管线数字地形图及信息平台。建立供热管网信息档案，实现电子、影像及三维地图与供热管网厘米级空间数据、属性信息的深度融合，以及业务定位、查询、统计、分析等辅助工程建设、生产运行等精细管理工作。

图 8-1　北斗地面基准站

（3）提升数据采集精度及效率。创新供热管网空间数据及属性信息的数字化安全、快捷、准确传输链路，搭建 VPN 专用安全网络，实现专业厘米级定位测绘设备 RTK、移动测绘终端 App、信息平台数据实时互联。

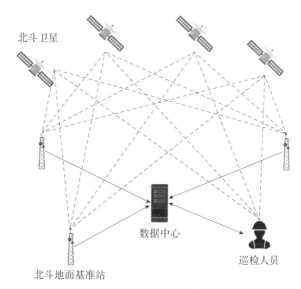

图 8-2　基于北斗定位的供热管网数字化、智能化管理体系架构

3. 技术应用

天津能源投资集团有限公司在国内供热行业率先实施了基于北斗定位的供热管网数字化管理，实现了对 63 座热源、5933km 供热管线和 2470 座换热站的数字化管理，管理平台如图 8-3 所示。利用北斗系统对供热管网及附属设施坐标信息实现多维度精准定位，综合运用数字孪生、移动 GIS、物联网、大数据等技术，整合天津市航空影像、电子地图、三维地图及供热管线等时空地理信息数据，建立供热管网信息档案。调度人员运用北斗系统，使用专业厘米级定位测绘设备 RTK，对管网和设施精准定位，完善了地下设施高程、埋深等详细数据。完成"数据管理—供热管网运行—供热管网维护"三位一体的管理，实现公

图 8-3　基于北斗定位的供热管网数字化管理平台

司业务"一张图"的动态展示与实时联动。此外，将北斗系统与巡检和维护深度融合，将该技术与无人机巡检、铁塔视频巡检系统相结合，使用高精度视频设备，对辖区供热设施自动巡查、快速反馈，提高巡检的安全性、效率与自动化水平。

8.1.2　供热故障仿真系统

1. 技术背景

随着工业化与城市化进程的加速推进，供热故障仿真系统 20 世纪中期起步后逐渐兴起。凭借物联网和大数据等先进的智慧供热技术，实现了供热系统的全面监测与智能分析，供热故障仿真系统也利用智慧供热技术构建起与现实城市供热系统对应的"源—网—荷—储"全过程仿真模型，开展多元件、多类型的故障工况仿真与分析。故障仿真结果不仅为事故后果评估、应急预案的制定和演练提供技术支持，同时辅助预测潜在故障，减少停机时间，降低维护成本，提高用户满意度，为保障城市供热系统的安全高效运行奠定了坚实基础。

2. 技术原理

从供热参数的维度划分，供热故障仿真可分为供热系统故障工况的热力和水力仿真。

（1）热力仿真原理

故障工况的热力仿真主要聚焦于热用户室内温度的变化。处于故障隔离区域的热用户将被停止供热，而在故障隔离区域以外的热用户可能被削减供热量。无论哪种情形，热用户的室内温度都将随着故障处置时间的延续而逐渐下降。室内温度下降的程度与建筑物围护结构的热工性能、故障工况的室内外温度以及故障工况延续时间等有关。

图 8-4 给出了室外计算温度为 −24℃、蓄热系数为 40h 的条件下，不同限额供热系数水平（$\bar{Q}$=0.5、0.6 和 0.7）下室内温度与修复时间的关系。故障工况下的限额供热系数（即供热量）越大，修复时间越短，热用户室内温降越小。

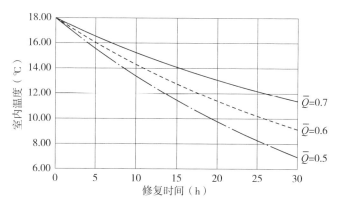

图 8-4　限额供热系数与室内温度和修复时间的关系

（2）水力工况仿真原理

假设故障工况的供回水温差恒定，可将热量输送的问题简化成供热管网中的流量分布问题。水力仿真的任务是通过合理调度热源的流量、调节水泵频率和调节阀开度，使热用户得到规定流量。

水力工况仿真主要步骤如下：

1）故障管网拓扑重构。由于对故障元件采取的隔离措施，供热管网的拓扑结构发生变化，部分管网及其连接的热用户被剥离。此外，供热系统的供水平面管网和回水平面管网的拓扑结构一般基本对称，如果故障工况下仅关闭故障元件所在的供水或回水平面管网的隔离区域，故障工况的空间管网将不再对称。

2）故障工况下的热用户供热要求。供热系统连接成千上万的热用户，不同的热用户对供热的质量和可靠性有不同的需求。根据供热的可靠性、供热需求对用户分类，如：不允许降低供热质量的热用户；允许短时间降低供热质量的热用户；除上述两类热用户之外的其他热用户。对不允许降低供热质量的热用户，可考虑设置备用热源。此外，更关注允许短时间降低供热质量的热用户。对停供热用户，其允许室内温降一般按设备防冻的值班供暖温度规定；而可供热用户则按人体可短时接纳的低温（如 12℃）来规定允许温降。根据热用户的允许室内温降和其他因素，可由热用户的热力计算方法推算出故障时的供热负荷，即限额供热系数。如图 8-4 所示，热用户允许室内温降越小，修复时间越长，要求的限额供热系数水平越高。

3）水力仿真。故障工况水力计算的基本原理仍然是基尔霍夫第一定律和第二定律，即节点流量平衡和回路压力平衡。故障工况水力仿真是一类可及性 ❶ 问题，即以实现热用户限额供热为目标，优化调节阀开度与循环水泵出力。

3. 技术应用

管道或管路附件破裂是供热管网常见的故障。根据故障管网拓扑重构模块对管网连通性进行分析，得出隔离故障点的最小影响区域、需关闭的阀门和停供的热力站，如图 8-5所示。通过故障仿真系统，模拟故障工况系统流量分布、热用户室内温降，评估故障后果。

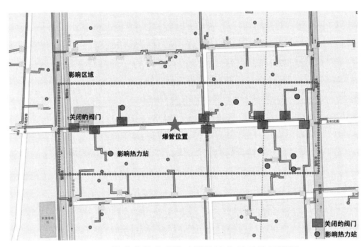

图 8-5　管道或管路附件破裂故障分析系统示意图

8.1.3　供热系统故障预警

1. 技术背景

早期的供热系统故障预警主要依赖人工和基础监测设备，可预警的故障类型有限，精度较差。进入 21 世纪，随着传感器、物联网和大数据技术的发展，故障预警技术的信息化和智能化程度大幅提高。现代故障预警系统实现了实时监测数据、智能分析和远程控制等功能，拓展了故障预警的范围，提升了预警精度，同时可将影响供热系统安全运行的故障或异常通过声、光、电等多样化的预警提示展现在预警信息化平台上，显著提高应急效率，减少故障导致的突发停机事件，降低系统的故障危害程度，提升用户满意度和服务质量。

---

❶　秦绪忠，江亿 . 集中供热网的可及性分析 [J]. 暖通空调，1999，（1）：4-9.

2. 技术原理

供热设施、设备故障预警的基本原理是利用智慧供热系统提供的各类参数，如管网压力、温度等，与预先设定的阈值比较，当参数值超过阈值时，通过自动触发机制发出预警信息。供热系统的故障预警项目可参考表 8-1。

供热系统的故障预警项目

表 8-1

位置	类别	项目	数据
热源	温度	锅炉供水温度高、低	锅炉供水温度
		锅炉回水温度高、低	锅炉回水温度
		锅炉炉膛温度高	锅炉炉膛温度
		一级管网供水温度高、低	一级管网供水温度
		一级管网回水温度高、低	一级管网回水温度
		引风机电机温度高	引风机电机温度
		鼓风机电机温度高	鼓风机电机温度
		循环水泵电机温度高	循环水泵电机温度
		变压器各相温度高	变压器各相温度
		低压母排温度高	低压母排温度
	压力	锅炉供水压力高、低	锅炉供水压力
		锅炉回水压力高、低	锅炉回水压力
		一级管网供水压力高、低	一级管网供水压力
		一级管网回水压力高、低	一级管网回水压力
	流量	锅炉流量低	锅炉流量
	物位	软化水水箱液位高、低	软化水水箱液位
		蓄水池液位高、低	蓄水池液位
	设备故障	鼓风机故障	设备故障代码
		引风机故障	设备故障代码
		循环水泵故障	设备故障代码
		补水泵故障	设备故障代码
		输煤减速机故障	设备故障代码
		输煤皮带跑偏	跑偏开关状态
		输煤皮带断裂	—
	电气故障	变压器进线柜调整	进线开关状态
	振动	鼓风机振动大	鼓风机振动值
		引风机振动大	引风机振动值
		循环水泵振动大	循环水泵振动值
	供电	热源停电	供电状态

续表

位置	类别	项目	数据
热源	环境参数	锅炉房粉尘浓度大	锅炉房粉尘浓度
		火灾报警	烟雾浓度、环境温度
		有害气体浓度大	有害气体浓度
		外人或动物侵入	视频画面
一级管网	温度	一级管网供水温度高、低	一级管网供水温度
		一级管网回水温度高、低	一级管网回水温度
	压力	一级管网供水压力高、低	一级管网供水压力
		一级管网回水压力高、低	一级管网回水压力
	流量	一级管网流量高、低	一级管网流量
	物位	井室液位高	井室液位
	阀门故障	阀门电源缺相	阀门故障代码
		阀门反馈故障	阀门故障代码
		阀门电机损坏	阀门故障代码
		阀门开过力矩	阀门故障代码
		阀门关过力矩	阀门故障代码
		阀门失电故障	阀门故障代码
	泄漏	一级管网泄漏	一级管网温度、电阻值、声波
	位移	补偿器位移大	补偿器位移
	环境参数	土壤温度高	土壤温度
		土壤湿度大	土壤湿度
		井室内有害气体浓度大	井室内有害气体浓度
换热站	温度	一级管网供水温度低	一级管网供水温度
		一级管网回水温度高	一级管网回水温度
		二级管网供水温度高、低	二级管网供水温度
		二级管网回水温度高、低	二级管网回水温度
		循环水泵电机温度高	循环水泵电机温度
		回水加压泵电机温度高	循环泵电机温度
	压力	一级管网供水压力低	一级管网供水压力
		一级管网回水压力高、低	一级管网回水压力
		二级管网供水压力高	二级管网供水压力
		二级管网回水压力高、低	二级管网回水压力

续表

位置	类别	项目	数据
换热站	压力	换热器压差大	换热器前后压力
		除污器压差大	除污器前后压力
	物位	软化水水箱液位高、低	软化水水箱液位
		集水坑液位高	集水坑液位
	设备故障	循环水泵故障	设备故障代码
		补水泵故障	设备故障代码
		回水加压泵故障	设备故障代码
	供电	换热站停电	供电状态

3. 技术应用

预警信息化平台可以支持供热系统预警信息的综合管理与展示，本节重点介绍某供热企业平台中的预警信息输出和预警配置等模块。

（1）预警信息输出模块

预警信息输出模块可查看当前预警输出的所有信息，包括预警位置、参数、比较符、设定值、预警值、预警时间、预警状态等内容，如图 8-6 所示。为避免误报，当系统触发预警后，工作人员应对预警信息进行确认，并进入预警处理流程。针对历史预警信息，可设置时间和位置等多个维度分类统计查看。

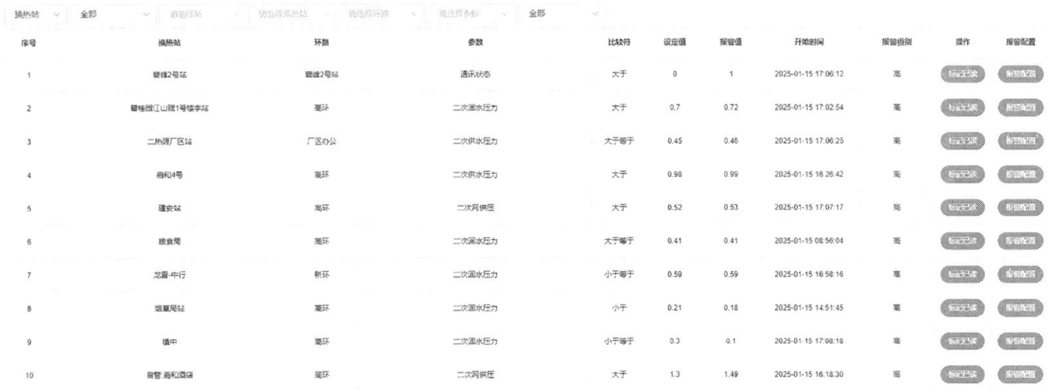

图 8-6　预警信息输出模块示例

注：该图为软件实时截图，图中参数为行业通俗用法。

（2）预警配置模块

预警配置模块对热源、热力站和供热管网的相关参数进行配置，配置内容包括位置、参数、比较符、预警值、预警级别、预警设定值等，如图 8-7 所示。

换热站 全部 全部 新增报警

序号	换热站	环路	参数	比较符	设定值	报警级别	修改时间	修改人	报警状态	编辑	删除
1	安泰南	高环	二次回水压力	小于等于	0.4	高	2025-01-14 23:33:18	测试员	开启		
2	东山二级隔压站	高环	二次网瞬时流量	小于	120	高	2025-01-11 08:54:02	系统管理员	开启		
3	河东新村高中环	中环	二次回水压力	小于等于	0.65	高	2025-01-08 09:30:44	测试员	开启		
4	江南福邸A5-1	隔压站环	二次网回压	小于	0.25	高	2025-01-14 08:46:09	测试员	开启		
5	交通局小区	高环	二次供水压力	小于	0.18	高	2025-01-06 20:40:07	测试员	开启		
6	交通局小区	高环	二次回水压力	小于等于	0.18	高	2025-01-06 20:40:02	测试员	开启		
7	汽车站站	高环	二次回水压力	小于	0.2	高	2025-01-04 12:42:37	系统管理员	开启		
8	瑞鹿三期	高环	二次回水压力	小于等于	0.7	高	2025-01-11 12:09:26	测试员	开启		
9	五小换热站	高环	二次回水压力	小于等于	0.4	高	2025-01-08 09:42:23	测试员	开启		
10	西山站	低环	二次回水压力	小于等于	0.32	高	2025-01-08 09:26:01	测试员	开启		

图 8–7 预警配置模块示例

注：该图为软件实时截图，图中参数为行业通俗用法。

8.1.4 供热系统故障诊断

1. 技术背景

故障诊断与预警技术都依赖于对系统的观测和规律总结。故障预警侧重于故障发生前的隐患判断，是为了预防故障；而诊断是对故障现象的溯源，是为了定位故障点，处理故障。城市供热需求的不断增加导致供热系统规模日益扩大和供热管网结构日趋复杂，管网中小故障将可能引发大范围的供暖问题，因此供热系统需要具备及时、准确的故障诊断能力，以便快速识别故障原因并采取有效的维护措施。进入 21 世纪，机器学习、深度学习和物联网等技术的融合发展推动了故障诊断的智能化发展。现代供热故障诊断系统利用智慧供热平台提供的大数据，通过设定合理、有效的诊断规则并按照固定诊断频率，对供热系统的运行数据进行智能分析，评估供热系统的运行状态，从而判断和定位故障。

2. 技术原理

故障诊断的原理是将人的故障判断经验转化为诊断规则，通过故障规则运算，判断出供热设施、设备故障或异常。存储诊断规则的专家库可在实践中不断完善，从而改善诊断精度。

诊断规则的设定要尽可能全面，做到不“漏诊”。同时，应根据运行逻辑设定前置否定条件，即在特定条件下认为是正常现象，从而避免“误诊”。例如当某换热站同时诊断出“水表故障”和“补水量异常”时，那么“补水量异常”就可能是“水表故障”造成的正常现象，“水表故障”即为“补水量异常”的前置否定条件。

供热故障诊断的项目可参考表 8–2。

供热故障诊断项目　　　　　　　　　　　　　　　　表 8-2

位置	项目	数据
热源	锅炉爆管	锅炉炉膛温度、锅炉供水压力、锅炉流量
	锅炉失压	锅炉压力、一级管网补水量
	锅炉汽化	锅炉压力、锅炉流量
	一级管网大量失水	一级管网压力、一级管网流量、一级管网补水量
	补水泵不上水	一级管网回水压力、补水量
	除污器堵塞	除污器前后压力
	电压三相不平衡	电压三相平衡度
一级管网	一级管网泄漏	一级管网压力、周边土壤温度、周边土壤湿度
换热站	二级管网大量失水	二级管网压力、二级管网补水量
	电动调节阀意外关闭	阀位设定值、阀位反馈值
	补水泵不上水	一级管网回水压力、补水量
	换热器堵塞	换热器前、后压力
	除污器堵塞	除污器前、后压力
	电压三相不平衡	电压三相平衡度
	通信故障	通信状态

3. 技术应用

承德热力集团有限责任公司自 2019 年开始建设供热系统故障预警和诊断信息化平台，在技术的不断更迭中，系统故障率由 2020 年的 0.87% 降低至 2022 年的 0.34%，提高了系统运行的安全性。

图 8-8 通过图、表等形式多维度展示了诊断结果。其中饼图和柱状图给出了诊断出的故障位置、类型的统计结果；表中给出了部分单次的诊断细节，如根据某热力站二次供水温度与一次回水温度的差值偏小，诊断出该站换热器效率低。

8.2　供热管网安全监测

我国城市供热管网几乎都采用地下敷设方式，出现"跑、冒、滴、漏"往往难以事先预测，现状对于"滴、漏"也不容易被及时发现。针对这种情况，近年来，面向地下敷设供热管道的各类检漏新技术不断涌现，本节介绍其中关注度较高、特点鲜明的几项技术。

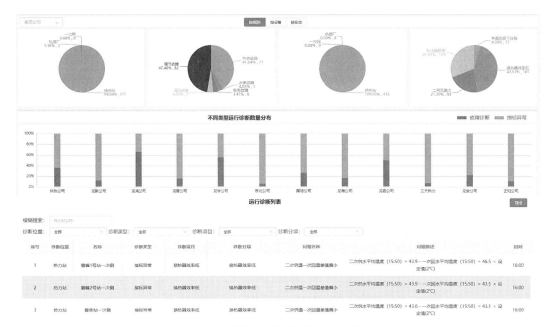

图 8-8　供热故障诊断信息化平台示例

注：该图为软件实时截图，图中参数为行业通俗用法。

8.2.1　光纤泄漏监测技术

1. 技术背景

　　光纤是一种由玻璃或塑料纤维制成的适合长距离信息传输的低功耗光传导工具。在使用过程中，研究人员发现光纤对环境变化高度敏感，可作为温度、压力和声波等多种物理量的传感器。将光纤沿管道敷设，能够感知管道沿线的温度、管壁应力等物理量变化，再通过数据加工、计算，分析管道的工作状态，光纤监测技术逐渐应用到工业领域的各类管线工程中。在长距离石油、天然气输送管线工程中，利用光纤进行泄漏监测的技术逐渐兴起，成为近年来讨论的热点。现代光纤泄漏监测系统集成了先进的传感技术和大数据分析算法，能够实时监测并精确定位泄漏点，显著提高了检测效率和准确性。与其他泄漏监测技术相比，光纤泄漏监测技术具有精度高、距离长和抗干扰等优势，逐渐在供热系统的重要管线中得以应用。

2. 技术原理

　　光纤泄漏监测技术的核心是光纤测温，其原理示意图如图 8-9 所示。高速驱动电路驱动激光器发出一窄脉宽激光脉冲，激光脉冲经分波复用器后沿光纤向前传输，激光脉冲与光纤分子相互作用，产生多种微弱的背向散射，包括瑞利散射、布里渊散射和拉曼散射等，其中拉曼散射是由于光纤分子的热振动产生温度不敏感的斯托克斯光和温度敏感的反斯托

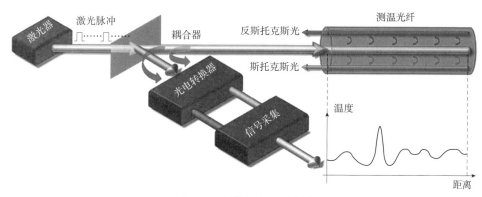

图 8-9　光纤测温原理示意图

克斯光，二者的波长不一样，经波分复用器分离后由高灵敏的探测器所探测。光纤中的反斯托克斯光强受外界温度调制，反斯托克斯光强与斯托克斯光强的比值准确反映了温度信息；不同位置的拉曼散射信号返回探测器的时间是不同的，通过测量该回波时间即可确定散射信号所对应的光纤位置；结合高速信号采集与数据处理技术，可准确、快速地获得整根光纤上任一点的温度信息。该技术漏点定位精度可精确至 1m 以内。

　　光纤敷设与供热管道敷设工程同时进行，一般敷设在管道轴线水平面下侧，与供热管道捆扎牢固，如图 8-10 所示。当供热管道保温层损坏或发生泄漏时，测温光纤能及时捕获局部管道的温度异常，通过管道沿途温度分布曲线（图 8-11）可定位破损或泄漏位置。

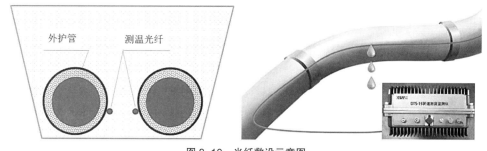

图 8-10　光纤敷设示意图

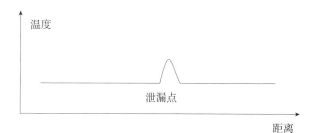

图 8-11　温度分布示意

3. 技术应用

某核能供热工程中，沿44km长度的管线，在供水和回水管道均敷设了光纤，通过相应的泄漏监测系统平台实时观测沿线的温度分布，诊断和定位漏点（图8-12）。鉴于长输供热管线的供热负荷高，在城市供热中的重要性极为突出，如郑州裕中电厂引热入航空港区供热管网工程、托克托电厂至呼和浩特长输供热管网工程等项目都采用了光纤泄漏监测技术，保障长输供热管线的运行安全。

随着该技术的愈加成熟，其定位精确的优势突出，为了规范和推广光纤泄漏检测技术，已制定团体标准《直埋供热管道光纤监测系统技术条件》T/CDHA 11—2022。

图8-12　全光纤热力管道安全检测系统

8.2.2　温度胶囊泄漏监测技术

1. 技术背景

温度胶囊泄漏监测技术是通过对热力管线沿途检查室内空气温度和集水坑温度的实时监测，根据温度波动间接判断管道泄漏及其漏点的技术。该技术的核心设备是温度胶囊。利用物联网和无线传感技术，温度胶囊内嵌的温度传感器可将温度变化信号转化为数字信号，并通过无线通信模块传输至监控中心，从而使温度胶囊与智能化监测系统相结合，能够实时采集并传输数据，通过算法分析预测潜在泄漏点，提高维修效率，降低维护成本。

2. 技术原理

温度胶囊主要包括温度传感单元、数据采集和传输模块，根据需要也可增加水位传感器。温度传感单元具备自节能采集和发射机制，采集频率会根据测点温度变化实施节能调节，即温度变化幅度越大，采集频率越高，温度变化幅度越小，采集频率越低。采用 lora 传输技术，穿透能力强，传输距离远，空旷地带传输距离可达 3~10km。此外，设置耐高温能量块供电，一般可使用 5a。地下敷设的供热管道一旦发生泄漏，管道泄漏处及周围区域的温度会逐步升高，设置在附近检查室内的温度胶囊可捕捉到温度变化，并通过数据传输单元将数据发送至附近的分布式数据采集与控制系统。

分布式数据采集与控制系统是温度胶囊传感网络的基站，由无线数据采集系统、数据采集通信设备和基站控制系统组成，可设置在管网附近的建筑物或热力站内。数据传输至热网监控系统，由管线泄漏分析系统利用支持向量回归（Support Vector Regression，SVR）、极端梯度提升（eXtreme Gradient Boosting，XGBoost）等机器学习方法分析数据，判断泄漏情况并定位漏点。温度胶囊泄漏监测系统的基本组成如图 8-13 所示。

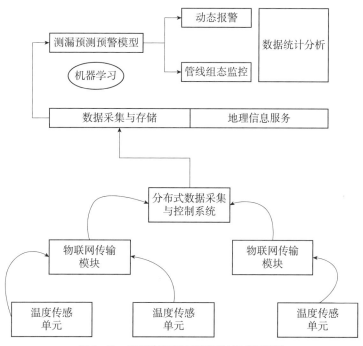

图 8-13　温度胶囊泄漏监测系统组成示意图

为了适应检查室环境，温度胶囊应具备 IP 68 及以上防水等级，耐腐蚀外壳，耐高温和耐久的供电模块，以及穿透能力强和传输距离远的数据传输模块。在检查室内，一般将温度胶囊（或其传感单元）分别置于集水坑及管道下方 20 cm 处（图 8-14）。数据采集和传输模块如果采用太阳能供电，需放置在高点。

3. 技术应用

北京市热力集团有限责任公司（简称北京热力）自 2018 年起先后在输配公司等各班

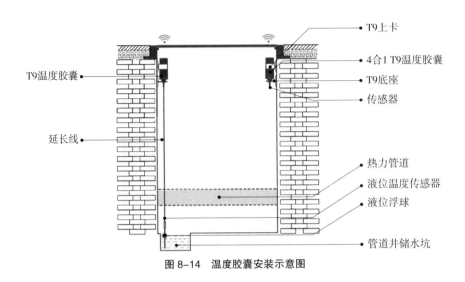

图 8-14　温度胶囊安装示意图

组进行数次试验，其间诊断出了管沟内沙眼漏水、法兰滴水、数十次检查室外来水等情况，初见成效。自 2019 年开始在已经投入运行的城区供热主干线沿线检查室内部署了温度胶囊监测系统。2020 年新投入的液位温度胶囊产品性能更加稳定。覆盖重点区域内的 1100 余个检查室、2200 个液位温度胶囊，通过温度胶囊专属微信小程序扫码录入使用相关的所有功能，与 PC 端平台相辅相成。图 8-15 所示的某检查室温度监测曲线中，某日温度激增，通过现场维护发现是由管道泄漏导致。图 8-16 所示的某检查室温度监测曲线中，三周内检查室内温度升高约 2℃，通过现场维护发现是由法兰滴水导致。

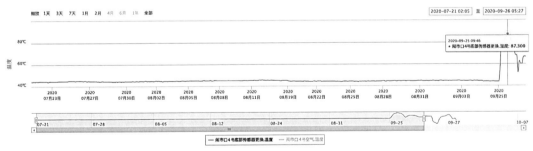

图 8-15　温度胶囊监测曲线（管道泄漏）

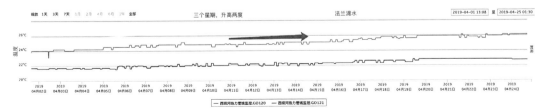

图 8-16　温度胶囊监测曲线（法兰滴水）

8.2.3　负压波泄漏监测技术

1. 技术背景

负压波泄漏监测技术基于供热管网上（包括热力站内）的压力测点建立管网压力监测体系，采用负压波定位泄漏点。随着传感器技术和信号处理技术的进步，负压波技术在 20 世纪末得到了显著发展，并在石油、天然气等行业得到广泛应用。进入 21 世纪，负压波泄漏监测技术与物联网、大数据和人工智能等现代科技相结合，实现了智能化升级。负压波技术具有响应速度快、检测精度高、安装成本相对较低等优势。尤其在长距离管道中，负压波监测技术的传播速度较快，能够在泄漏发生后迅速反应，并且可以实现对少量泄漏的敏感检测。

2. 技术原理

负压波泄漏监测技术主要包括：泄漏报警、泄漏定位、信息传输和 AI 模型分析。

（1）泄漏报警。管网压力监测体系实时、高频率地监测压力数据。当供热管道发生泄漏时，局部压力降低，一旦压力变化率及压力值超过设定阈值即触发泄漏报警。

（2）泄漏定位。负压波由泄漏处沿管道向上、下游传播，由于管壁的波导作用，负压波传播衰减较小，可通过压力传感器观测负压波的到达时刻，利用负压波通过上、下游测量点的时间差及其在管线中的传播速度，测算泄漏位置。负压波泄漏定位原理示意图如图 8-17 所示。综合实时模型对负压波传播速度进行校正，进一步保证定位的准确性。

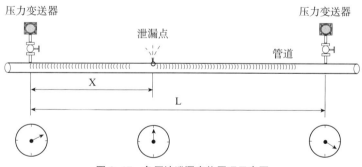

图 8-17　负压波泄漏定位原理示意图

（3）信息传输。负压波在水中的传播速度约为 1000m/s，因此压力数据采样频率越高，定位精度越高。采样周期为 50ms 时可实现 ±20m 的泄漏定位精度，同时要求采用高频率、低延迟的数据传输网络架构，用以支撑极短采样周期的数据传输。

（4）AI 模型分析。负压波泄漏定位技术仅支持线性管道两测点间的泄漏定位。对于结构复杂的供热管网，开发基于神经网络技术的 AI 供热管网泄漏分析技术，利用管网中测点的分布和负压波传导路径，实现复杂供热管线的泄漏定位。

负压波关键技术包括以下几点：

（1）实现瞬态压力波信号的捕捉。采用软件滤波方式，使系统能够对不同信号作出相应处理。

（2）实现对管道泄漏的判断。采用了信号自动分段技术，以平稳信号作为参考，显示非平稳特性。

（3）对压力波波速的确定和校正。利用特定公式进行数值积分求解。

（4）注重时间差的精确测点。采用小波变换和卡尔曼滤波技术解决时间差问题。实践证明，两端信号序列产生 1s 时间差会引起 1000m 的报警误差。

（5）注重系统的检测灵敏度和准确度。系统采用序贯比检验等现代信号处理技术，提高对微小泄漏的灵敏度，并使用多尺度、多参数等相关技术，甄别现场情况，减少漏报率和误报率。

3. 技术应用

天津市热电有限公司在所辖供热管网中部署了 18 个高频高精度压力监测点，如图 8-18 所示，泄漏监测系统中心站设置在供热调度中心。图 8-19 给出了 2021 年某供暖日某压力监测点观测的压力曲线，约在 10：25 呈现负压波，15s 负压波变化率为 2.6%，触发泄漏报警。

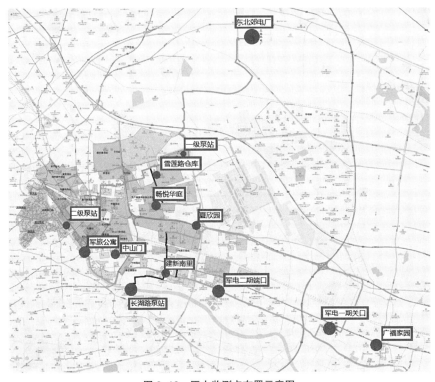

图 8-18　压力监测点布置示意图

注：本书页面所限，其他 5 个压力监测点在该图中未显示。

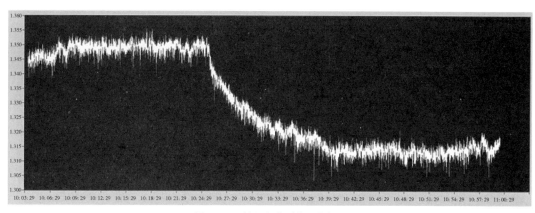

图 8-19   某压力监测点采集数据

8.2.4   利用水音预警仪泄漏监测技术

1. 技术背景

水音预警仪泄漏监测技术是一种基于声学原理的管道泄漏检测方法，广泛应用于供水管网、石油和天然气输送系统，在供热管网中也有应用。相比于其他泄漏监测方法，水音预警仪的主要优势在于对少量泄漏的灵敏性较高，能够在噪声较低的环境中高效工作，适用于地下管网和隐蔽管道的泄漏检测。

2. 技术原理

水音预警仪利用声波传感技术，通过捕捉管道内流体泄漏后流动产生的声音信号，结合先进的信号处理技术，转化为数值后远程传输至泄漏诊断系统，根据声波数值的变化以及相关的干扰因素判断管网泄漏情况并定位，一般步骤如下：

（1）采集夜间（一般为 2：00~4：00）的噪声，作为管道最小噪声水平；

（2）依据最小噪声水平，评估噪声水平趋势；

（3）评估噪声质量；

（4）根据噪声值、噪声趋势、噪声质量和传感器增益大小等参数对漏水状态进行评估。

某型号水音预警仪如图 8-20 所示，可记录最小夜间噪声数值、噪声 FFT 频率分布图、噪声质量、噪声记录文件、最小漏水噪声值、最大漏水噪声值等信息。水音预警仪一般配备 0.5 dB 的高灵敏度水音传感器，有利于监测微小泄漏。

3. 技术应用

大连某热力公司热电厂供热管网最大管径 $DN1000$，工作管道材质为钢管，埋深 2~6m，使用年限约 10a。利用水音预警仪开展泄漏普查工作，针对疑似泄漏区域，在检查室内利用既有压力表和放气阀接口安装水音预警仪，如图 8-21 所示。

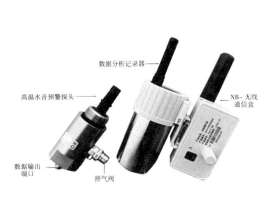

图 8-20 水音预警仪

图 8-21 水音预警仪安装现场

预警仪安装完成后，可在泄漏诊断系统中查看监测数据和诊断结果，如图 8-22 所示。根据诊断结果，排查出 4 个泄漏点。维修后，供热管网失水量由原来的 1000t/d 降至 240t/d。

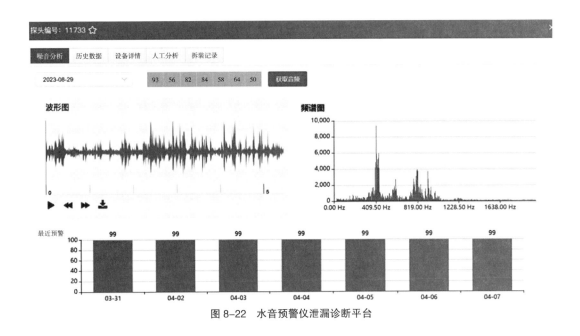

图 8-22 水音预警仪泄漏诊断平台

8.2.5 无人机智能热网成像巡检技术

1. 技术背景

城市供热管网规模大，人工地面巡检成本高、效率低、人员风险大。20 世纪末，随着无人机技术和红外热成像技术的发展，无人机智能热网成像巡检技术在工业领域逐渐兴起，尤其在温度敏感的热力管道和电力线路的巡检中展现出巨大潜力。现代无人机系统能够自主规划航线，实时采集并传输热成像数据，通过算法分析识别潜在的故障点，实现快速定位和报警。它能够在短时间内覆盖大面积区域，及时发现热力不平衡或设备异常，减少人工巡检的劳动强度和安全风险。不仅如此，利用无人机进行巡检能够实现精细化的数据收集，并生成全面的热成像图谱，为后续的管道维护和故障修复提供数据支持。

2. 技术原理

无人机智能热网成像巡检技术利用无人机快速移动平台，搭载双光（红外和可见光）热成像设备、网络图传设备、识别诊断系统和专家分析系统，具备红外图像自动化批处理、图谱综合分析诊断、检测图谱数据实时回传、疑似泄漏点位和保温缺失实时报警、现状图谱与历史健康图谱数据库比对分析判别、自主飞行等功能，实现管网温度场实时监测、指挥中心远距离实时指挥以及管网健康状态管理等。系统构成与功能框架如图 8-23 所示。

3. 技术应用

（1）案例一：图 8-24 是无人机搭载双光摄像机在 50m 高度拍摄的某小区二级管网红外图像，其中高温区域面积较大，说明热水泄漏量较大。根据红外图像，系统捕捉其中温度最高和最低位置，从而利用温差精确判断泄漏位置，如图 8-24 中标记。

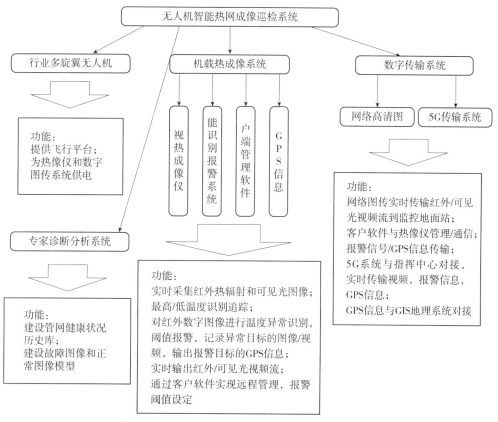

图 8-23　无人机智能热网成像巡检系统构成与功能框架

（2）案例二：图 8-25 所示为某段供热管道敷设区域的红外图像（左）与可见光图像（右）。可见光图像未见异常，但是红外图像右中位置存在高温异常点，与可见光图像对比发现，该异常点为检查室人孔。经维护人员现场检查，确定为地下管线保温层破损，从而及时排除了该处安全隐患。

图 8-24　某小区红外图像及泄漏定位

图 8-25　红外图像与可见光图像对比

8.2.6　非开挖弱磁无损检测技术

1. 技术背景

非开挖弱磁无损检测技术的早期发展可以追溯到对金属结构中应力、应变的磁场变化研究。20 世纪末，随着高精度磁传感器和数据采集设备的出现，非开挖弱磁检测技术在检测精度和灵敏度方面取得突破。基于超高灵敏度的磁传感器，技术人员能够检测到微小的磁场变化，并通过信号处理与数据分析技术识别出与管道缺陷相关的磁异常信息，并开始在油气行业的长输管线检测中得到广泛应用，用于识别管道腐蚀、裂纹等缺陷，并实现对缺陷位置的精准定位。非开挖弱磁无损检测技术的优势在于其非侵入性和高效性，不仅降低了对道路和环境的破坏，且可较快速地完成长距离管道的检测。此外，由于该技术对微小磁场异常极其敏感，可以检测到管道内外部的微小缺陷，适用于早期腐蚀和裂纹的预防性监测。

2. 技术原理

（1）外护管缺陷检测。直埋供热管道外护管缺陷电流检测多采用管中电流检测法（图 8-26）、直流电位法、人体电容法、密间隔电位法等弱电检测方式，实现缺陷点的定位。

（2）管道点腐蚀金属失量检测。应用高精度的磁通门弱磁检测仪（图 8-27），在管道正上方路面上沿管道路由走向，连续采集直埋供热管道的天然磁场。通过采集到的管道磁场数据与正常的管道磁场数据模型进行比对，计算出磁场异常处的金属失量值，如图 8-28 所示。

图 8-26　直埋供热管道外护管缺陷电流检测原理图

图 8-27　磁通门弱磁检测仪

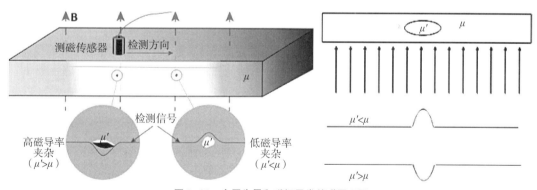

图 8-28　金属失量和磁场异常关联原理图

（3）管道面腐蚀金属失量检测。直埋供热管道的面腐蚀分为内腐蚀和外腐蚀两类，均表现为管道金属失量增多，平均壁厚降低。供热管道平均壁厚检测多采用瞬变电磁检测方法，通过瞬变电磁设备在直埋管道上方对管道发射一组高频电磁波，然后通过瞬间多窗口采集的电磁波数值变化来验算影响该变化的管道壁厚的具体数值，进而对管道平均壁厚变化进行定量（图 8-29）。

图 8-29　瞬变电磁设备及检测现场

（4）管道应力异常集中检测。金属管道的应力集中会使其自身的磁场发生异常突变，应用磁梯度检测设备在直埋管道上方地面对管道磁场进行采集（图 8-30），发现磁场数据发生突变，排除外界其他干扰后，可应用系统软件对应力集中程度进行分级研判，进而提前对即将发生的崩裂点位进行维修，消除应力。

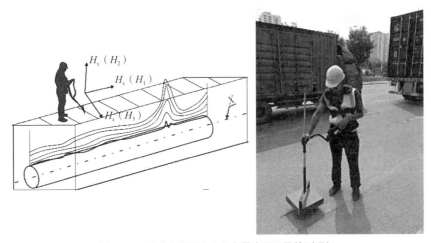

图 8-30　磁梯度检测应力集中基本原理及检测现场

3. 技术应用

2020 年，应用非开挖弱磁无损检测技术对天津市某路段在役 25a 的一级管网直埋供热管道开展系统性检测。管道长 730m，共检测出安全隐患点 30 处，其中一类隐患点 3 处、二类隐患点 5 处、三类隐患点 22 处。对 3 处一类隐患点开挖，验证了均存在外护层严重缺失，

图 8-31　一类隐患点开挖现场

管道锈蚀严重，裸露管道表面存在较深的点腐蚀坑，面腐蚀金属失量均超过 35%，存在较高的穿孔泄漏风险（图 8-31）。检测区域全域开挖验证，验证结果与检测报告结论符合率达到 87%。天津市热电有限公司应用该项技术累计检测一级管网 30 余千米，排查安全隐患点 280 余处。

8.2.7　大规模管网泄漏报警系统

1. 技术背景

大规模管网泄漏报警系统是基于对管网中关键节点的数据监测和分析完成的。它不仅依赖于监测设备的精度、分布位置、数量，还需要较高复杂度的算法。在传感器、通信、大数据和人工智能快速发展的今天，利用分布式传感网络的大规模管网泄漏报警技术也在不断更新。与其他泄漏监测手段相比，大规模管网泄漏报警系统依托供热系统既有的热源、热力站和其他位置的传感器，必要时增加管网中的关键监测点，组成分布式传感网络，安装难度低，投资较小，智能算法在经过大数据训练后，输出结果稳定、可靠。

2. 技术原理

大规模管网泄漏报警系统通过整合热源、热力站和管网中关键节点的监测数据，利用智能算法定位泄漏，将各监测点以分级报警的形式在平台中展示。系统采用分层架构设计，包括感知层、数据层、分析和决策层，各层主要设备和功能如下：

（1）感知层

传感器网络：部署于供热管网的关键节点，包括管道压力传感器、温度传感器、流量传感器。

远程监控单元（RTU）：负责收集各传感器的数据，初步处理后通过有线或无线方式（如 LoRa、NB-IoT、4G/5G）传输至平台层。

（2）数据层

大数据存储与管理平台：采用分布式存储技术存储海量历史数据与实时数据，支持高效的数据检索与分析。

数据分析与挖掘引擎：运用大数据分析、机器学习与人工智能算法，对管网数据进行深度挖掘，识别泄漏特征，优化仿真模型参数，提高侦察精度。

数据可视化平台：提供直观的图表、地图、动态云图等可视化工具，展示管网运行状态、历史泄漏记录、仿真结果等，便于管理人员快速理解管网状况。

数据保密与加密系统：对敏感数据进行加密存储与传输，确保数据在传输过程中的保密性。采用先进的加密算法（如 AES、RSA）与协议（如 HTTPS、TLS），防止数据泄露。

数据备份与恢复机制：定期备份数据，确保在数据丢失或损坏时能够迅速恢复。

（3）分析和决策层

数据处理系统：接收来自感知层的数据，进行数据清洗、格式转换与标准化处理，确保数据质量。

仿真与模型构建平台：基于流体力学模型与机器学习算法，构建供热管网仿真模型。该模型能够模拟管网在不同工况下的运行状态，并通过机器学习识别泄漏工况，为泄漏报警提供理论基础。

实时监控与报警系统：对管网运行数据进行实时监控，一旦检测到异常（如压力骤降、流量异常等），立即触发报警机制，并启动泄漏报警流程。

GIS 模块：实现报警信息的 GIS 展示。

3. 技术应用

某供热管网试压过程中，大规模管网泄漏报警系统发出报警信息，某热力站于 21:57 出现四级报警，之后约每 5min 报警一次，连续报警 3 次，报警等级由四级逐渐升至二级。报警期间该热力站供水压力值由 0.72MPa 降至 0.23MPa，下降变化率达 68%。从该热力站的压力趋势图中可见，当日 21:57 系统出现第一次报警，压力由 0.72MPa 降至 0.26MPa，后续压力持续下降，直至关闭阀门（图 8-32）。此外，其他热力站也相继报警。根据智能算法研判，该热力站压力下降变化率最大，距管道泄漏位置最近。

8.2.8 波纹管补偿器智能监测技术

1. 技术背景

尽管波纹管补偿器在结构设计上具有良好的弹性和抗疲劳特性，但在长期运行中，受环境温度、内部压力、腐蚀、振动等因素的影响，补偿器易出现裂纹、泄漏和变形等问题，可能导致管道系统的故障甚至停运。因此，对波纹管补偿器的状态进行智能监测，对于提

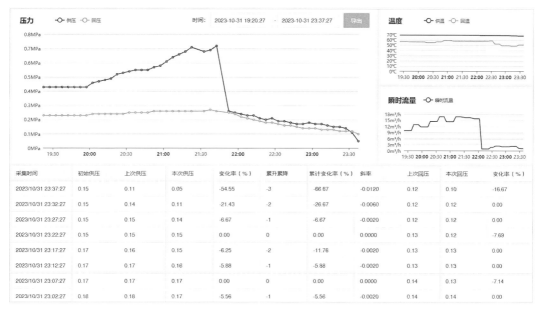

图 8-32　某热力站压力趋势图

注：1. 图中"供温""回温""供压""回压"分别指"供水温度""回水温度""供水压力""回水压力"。

　　2. 该图为软件实时截图，图中参数为行业通俗用法。

升管道系统的安全性和可靠性至关重要。波纹管补偿器智能监测技术是针对供热用波纹管补偿器开发的集成监测技术，能够实时采集波纹管的压力、位移、温度等数据，通过算法分析识别潜在的故障或性能下降，为城市供热管网安全提供了可靠保障。

2. 技术原理

布置在补偿器上的多种类型传感器实现波纹管泄漏、波纹管位移、温度、压力等信息的采集，借助工业网关进行信号传输，由监测系统终端对信号进行实时分析、显示、存储和异常报警。

波纹管补偿器智能监测系统是一套完整的远程数据采集、传输、存储以及浏览系统，配合智能监测装置完成对补偿器健康运行状态的实时监测，其结构示意图如图 8-33 所示。现场节点由传感器、控制卡和传输模块等组成，安装于被监测对象的现场环境中，通过有线 /4G 网络上传补偿器运行数据；服务器接收现场单元上传的运行数据，存储于数据库中；监测平台调用数据库中传感数据按照一定规则进行计算分析，并根据分析结果判定是否发生预警或报警。

3. 技术应用

（1）案例一：阳城电厂—晋城长输供热管网隧道段回水管 *DN*1400 金属波纹管补偿器智能监测系统。采用 220V 交流电源对数据采集、通信设备供电，数据采集、通信设备外设拉绳位移传感器、压力传感器和液位传感器进行数据采集，并通过 4G 无线传输。采用拉绳

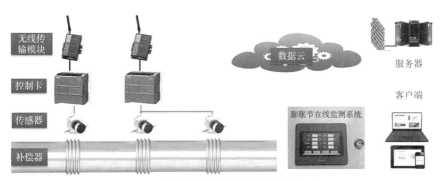

图 8-33 波纹管补偿器智能监测系统结构示意图

位移传感器监测波纹管位移，根据监测位移值进行波纹管补偿器运行循环次数计算，并根据波纹管补偿器运行位移数值，判定是否发生超位移预警或报警；采用压力传感器监测外压型补偿器波纹管最外层和次外层的空腔压力变化，通过零压判断，确认是否发生波纹管补偿器疲劳裂纹破坏报警；采用液位传感器监测波纹管与外护管间是否存在液体，并结合压力判断结果，判定是否发生波纹管补偿器整体泄漏报警。工程现场如图 8-34 所示。

图 8-34 长输热水供热管网波纹管补偿器智能监测系统

（2）案例二：大同二电厂—华岳电厂 DN800 长输直埋蒸汽管网波纹管补偿器智能监测系统。该补偿器覆土深度 1.8m。根据现场安装环境以及管道内介质特点，采用 24V 太阳能直流供电系统对数据采集、通信设备供电，数据采集、通信设备外设温度传感器，采用温度传感器监测波纹管补偿器泄漏。波纹补偿器留监测接口，采用预制保温导气管将其与温度传感器监测端连通，蒸汽通过导气管传输至温度监测口，通过监测温度变化判断波纹管是否发生泄漏。工程现场的地上可见部分如图 8-35 所示。

图 8-35 长输直埋蒸汽管网波纹管补偿器智能监测系统地上部分

8.2.9　轨道式机器人智能巡检系统

1. 技术背景

管沟敷设供热管道的传统人工巡检难度大，危险性较高。轨道式机器人智能巡检系统是针对管沟场景专门设计的监测系统。该系统可集成多种传感器，可沿预设轨道自动巡检，实时采集管沟内的图像、温度、气体等数据，通过算法分析识别潜在的故障或性能下降，实现快速预警和给出维护建议。随着机器人和人工智能技术的发展，轨道式机器人智能巡检系统正在向更高效、更智能的方向发展，为管沟、管廊敷设的管道提供高效的巡检手段。

2. 技术原理

轨道式机器人智能巡检系统可通过机器人采集海量数据，对管沟内异常运行状况进行智能识别与预警分析，替代传统的人工巡检，规避运维人员安全风险，实现对地下热力管网环境与设备的有效监控。

轨道式机器人智能巡检系统主要包括机器人车体、传输系统、控制调度软件、充电设备等。

（1）机器人车体搭载高清摄像机、红外热成像仪双视云台、定位装置系统、气体（O_2、H_2S、CO、CH_4）传感器及温湿度传感器（图 8-36），在巡检过程中能够完成管沟内高清影像画面及红外热成像画面的拍摄，并检测管沟内 O_2、H_2S、CO、CH_4 的气体浓度及温湿度。机器人的双视拍摄云台为可升降式，能够进行 360° 立体旋转，可根据巡检需求对重点巡检部位进行全面检查。

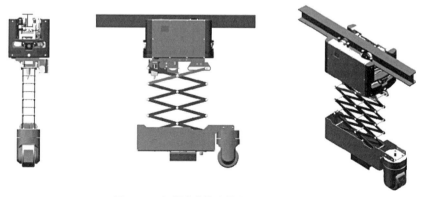

图 8-36　机器人车体（带有升降架）结构

（2）为了保证传输系统高质量的信号覆盖，需在管沟直线无遮挡位置放置一台天线一体化基站设备，碰到弯道或者翻身段位置需增加一台设备，从而完成整个管沟的无线网络覆盖。机器人车体上安装一台快速移动漫游客户端设备，当机器人在管沟内移动时，可在管沟内所有安装的基站设备之间快速漫游。机器人车体上搭载的快速移动漫游客户端设备可以实现数据的实时传输。

（3）控制调度软件可以编辑机器人的巡检路径，并向下发送调度指令，控制机器人车体执行巡检任务，也能够控制机器人车体到达指定位置，操控双视拍摄云台动作。高清影像画面及红外热成像画面实时展示在控制调度软件主页面上，在结束巡检任务之后，可从控制调度软件导出该次巡检的影像视频资料，进行存储。同时，时间信息、机器人车体定位信息、行进速度信息、温湿度信息、保温状态、气体浓度信息也在控制调度软件主页面上显示，如图 8-37 所示。

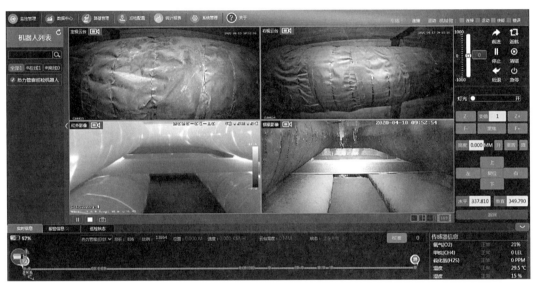

图 8-37　控制调度软件示意图

（4）机器人车体采用坞站供电（图 8-38）。坞站主要用于机器人及便携式移动电源的存放，具有除湿、温度自动调节等功能，坞站安装于检查室平台处。

3. 技术应用

北京高碑店 $DN1400$ 供热管线位于电厂出口，介质温度、压力较高，管沟埋深 14m，管沟内人工巡检安全风险高。北京市热力集团有限责任公司自 2019 年开始在该管线部署了轨道机器人智能巡检系统，覆盖巡检范围达到 20km，可减少运行人员约 3.5 人。

图 8-38　机器人供电坞站

在运行中，发电车对坞站完成一次满电充电需时 3.5h，坞站对巡检机器人完成一次满电充电需时 2h，且巡检机器人满电状态下可以对 1km 管线完成 2.5 次往返巡检。单台机器人运行里程受管沟尺寸、走向、高温高湿环境的影响，实际运行里程约为 3km。

在巡检过程中（图 8-39），能够利用高清摄像机及红外热成像仪对管道及管道保温情况进行检查。通过红外热成像仪得到管道温度分布，能够明确区分供回水管段，在保温接口及无保温的设备附件部分也能够明显看到温度升高现象。利用红外热成像画面能够准确识别温度异常区域，并结合高清影像画面，分析温度异常原因，例如保温脱落，管道腐蚀泄漏等。

此外，利用红外影像画面中的温度标尺，可得到管道表面的温度估读值，从控制调度软件界面可读取机器人携带的温度传感器测量的环境温度。结合管道的各项参数，可得到管道的实际热损失估算值。通过该估算值与理论热损失值进行对比，可对管道的运行经济性、保温材料性能、管道施工质量进行系统性评估，对优化管网的运行调度管理、研究实验新型高效保温材料、检验管网的建设施工质量有重要的指导意义。

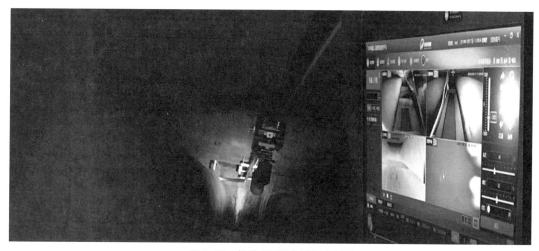

图 8-39　轨道式机器人巡检现场图

8.3　作业与施工安全智能化管理

8.3.1　有限空间作业安全智能化管理

1. 技术背景

供热管网的检查室多，区域分布广，检查室内高温高湿、环境恶劣，其内部作业的安全监控问题一直是供热企业的痛点。早期的有限空间作业安全管理依赖于便携式气体检测仪和手动检测设备，主要用于检测作业前的气体浓度、氧气含量等参数，缺乏系统的监控与分析手段，对作业人员的安全操作要求高，且难以及时识别作业人员的安全状况。随着物联网技术的发展，现代有限空间作业安全智能化管理能够实时采集作业环境的氧气含量、易燃易爆气体浓度、有毒有害气体浓度等数据，通过算法分析识别潜在的危险，实现快速预警和应急响应。有限空间作业安全智能化管理还集成了智能身份识别和定位功能，确保仅授权人员进入作业区域，同时实现作业人员位置的实时跟踪，对于作业现场的动态管理和应急救援至关重要，能够大幅提升有限空间作业的安全。

2. 技术原理

有限空间作业安全智能化管理的架构如图 8-40 所示，包括有限空间作业场所、现场监护和有限空间作业安全智能化管理平台三部分，实现有害气体实时监测、作业人员监控、安全事故还原分析、复杂环境下的网络传输及接入安全和全流程管控。

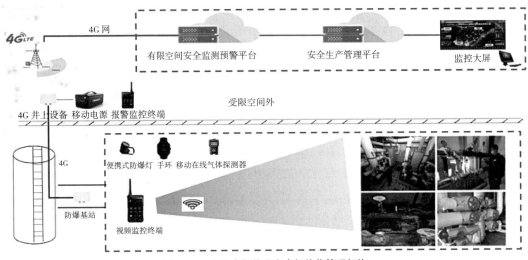

图 8-40　有限空间作业安全智能化管理架构

（1）有限空间作业场所与作业人员

检查室入口附近需放置 4G 井上设备，与检查室内防爆信号基站通过防爆软管连接，以保证检查室中作业现场的网络信号畅通。作业人员携带防爆信号基站，移动在线式气体探测器、视频监控终端和佩戴手环进入检查室。进入检查室后，将防爆信号基站放置在空旷处，视频监控终端放置在能够监测到作业人员的全身和操作过程的地方，移动在线式气体探测器可放置在远离强磁场的地方。气体探测器探测到的气体监测数据与视频监控终端数据无线上传到智能化管理平台。现场作业人员佩戴的手环可实时监测人体体征。

（2）现场监护

地面现场监控人员通过监控手机与有限空间内的视频监控终端进行实时视频监控与语音对讲，并能实时收到位于监控中心的智能化管理平台的告警信息。

（3）有限空间作业安全智能化管理平台

智能化管理平台收到作业现场发来的多模信息后，通过特征提取技术获得监测目标发生异常现象的特性，作业环境安全数据、人员体征安全基准数据采用国内相应标准的数据作为基准值，通过基于深度学习的安全监测模型的学习和更新，对预设的安全指标进行判断并发出相应的告警信息。发出告警信息后，及时通知相关责任人进行相关告警处置，并根据告警性质和级别启动相关的应急预案，同时通知现场监控人员进行及时救助。

3. 技术应用

北京某热力公司建设了有限空间作业智能化管理平台，如图 8-41 所示。为作业人员配备了有限空间作业智能监测预警装备（图 8-42）。在作业前，通过电子化申请和审批作业票，提高效率、增强透明度、方便数据管理、降低错误率，实现实时沟通。作业中采取拍照、数据自动上报的方式进行强制通风及气体数据检测，若出现不通风、不进行气体检测情况将无法进行下一步操作。同时，在气体检测过程中，可根据现场上中下三段气体检测数据，动态计算环境风险等级（依据地标分级规则），更好地辅助现场负责人做出正确指令。

图 8-41　有限空间作业智能化管理平台

注：该图为软件实时截图，图中专业术语为行业通俗用法。

图 8-42　有限空间作业智能监测预警装备

8.3.2 管道非开挖内衬修复施工技术

1. 技术背景

随着供热系统运行年限的增长，供热管道开始出现老化、破损等问题，需进行更换或修复。但是城市路面开挖成本高、工期长，且对城市交通影响大，老旧供热管道更换和修复困难较多。非开挖内衬修复技术通过在原有管道内部铺设新的内衬材料，形成"管中管"结构，从而恢复管道的承载能力和密封性能，提供了一种在不破坏地面的情况下快速、高效地修复老旧管道的方法。

2. 技术原理

该技术利用特制的内衬材料沿管道内壁展开，形成连续无缝的内衬层。用于修复的内衬修复软管由三层结构组成，如图 8-43 所示。

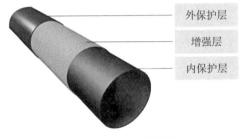

图 8-43 产品结构图

（1）内保护层采用耐高温的高分子材料（如 EPDM+ 聚合物），为管道提供密封输送空间。

（2）增强层采用高强型涤纶长丝纤维或芳纶纤维，为管道提供强度，承担内衬安装施工过程中拉力荷载和输送运行过程压力荷载。

（3）外保护层采用耐高温的高分子材料（如 EPDM+ 聚合物），为管道提供保护，承担内衬安装过程的磨损。

施工所需设备包括：CCTV 检测仪、卷扬机、清管器、设备车和内衬材料等。图 8-44 所示为施工示意图。首先，在起点和终点位置开挖断管；修复前 CCTV 检测仪确认管道内部状况；使用清管器对原管道进行清洗；将内衬修复软管挤压成 U 形后，利用牵引绳或钢缆将其从起点坑拉入到待修复管道中，并从终点坑拉出；充入压缩空气将内衬软管涨开并紧密贴合原管道；将内衬软管与原管道焊接，连接断管。

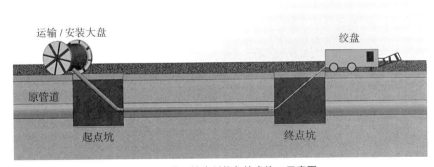

图 8-44 非开挖内衬修复技术施工示意图

3. 技术应用

2018 年河北某热力公司在对老旧管道排查过程中发现，辖区内一条 *DN*300 的供热管道由于服役年限较长存在较为严重的腐蚀状况。计划对该管道进行非开挖内衬修复，避免影响道路交通。非开挖内衬修复管道长 370m，施工总计 12h。目前已经过 6 个供暖期的运行，状况良好。

8.4　应急抢修技术与产品

8.4.1　带压堵漏技术

在供热管道泄漏的应急抢修中，修复时间越快，故障导致的负面影响越小。带压堵漏技术是一种管道和设备的应急修复技术，避免了传统管道抢修前后的长时间放水和充水，极大程度缩短了泄漏故障的抢修时间。但是，这种修复方法一般是临时性的，还需在供暖期结束后对泄漏管道或设备进一步修复或更换。带压堵漏技术多样，封堵和作业工具不同，以下介绍钢带堵漏、捻缝焊接法堵漏、导流焊补法堵漏、抱箍堵漏和硅胶板引流焊接法堵漏。

1. 钢带堵漏

将钢带堵漏器套在泄漏管道上，在钢带内侧塞进密封垫和卡瓦，使密封垫对准漏点中心，锁紧螺栓直至完全堵住泄漏。现场施工图如图 8-45 所示。

2. 捻缝焊接法堵漏

在泄漏管道边缘堆焊起部分焊肉，用尖锤、扁头錾子等将泄漏点周围的金属挤向泄漏的孔洞内，使孔洞逐渐缩小直至泄漏停止，如图 8-46 所示。或用塑性好的铁丝、焊丝、焊条芯等，把孔洞塞住，边焊边锤击挤压，直至泄漏停止。

图 8-45　钢带堵漏现场

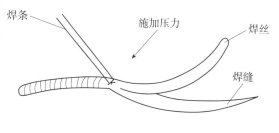

图 8-46　捻缝焊接法示意图

3. 导流焊补法堵漏

此方法应用于不能使用捻、挤、压焊接方法的工件或压力大、罐（管）壁薄及材料强度高的场合。先焊一段管子和阀门引流带压介质，待焊接工作完毕后，再关闭阀门，如图8-47所示。

4. 抱箍堵漏

抱箍装置由箍板、翼板、拉结筋板、螺栓及内衬垫构成，需要一定操作空间，常用于大管径、高压力泄漏处，如图8-48所示。

5. 硅胶板引流焊接法堵漏

该方法应用于故障补偿器的带压应急抢修，其结构如图8-49所示。操作时，先关闭补偿器上游的闸阀；在闸阀后部的管道顶部设开口；在开口处安装抽水泵抽水；放入硅胶板，调整紧固件，使硅胶板与管道内壁的密封面密封良好；在管道密封结构前部开口位置设底部开口，在底部开口处安装导流管；更换补偿器；打开导流管阀门，撤掉硅胶板和抽水泵，顶部开口位置通过焊接恢复密封状态。

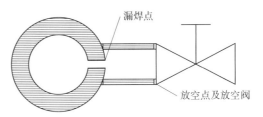

图8-47　导流补焊法示意图

图8-48　抱箍堵漏装置及操作图

8.4.2　新型带压堵漏装置

一种具有泄水外引管的新型带压堵漏装置如图8-50和图8-51所示。其中泄水外引管配2套法兰弯头，方便施工过程中不同作业空间的调整；密封焊接环的弧形贴合钢管外径制作而成，半包围泄漏管道，增加了可覆盖面积；密封胶嵌填在密封焊接环内，与工作钢管直接接触，起到柔性密封作用；固定把手位于密封焊接环左右两端。新型带压堵漏装置的规格型号覆盖全部常用钢管管径，可用于$DN50 \sim DN1400$的钢管发生泄漏时的应急抢修作业。

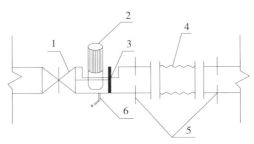

图8-49　硅胶板引流焊接法堵漏示意图
1—闸阀；2—硅胶板；3—盲板；4—补偿器；
5—疏水阀；6—导流管

在修复中，应首先清理泄漏点周边的保温材料，打开泄水外引管阀门，将密封胶嵌填在密封焊接环内，焊接环覆盖在漏点上方，并紧密贴合。焊接完成后关闭泄水外引管阀门，恢复保温层，完成修复。

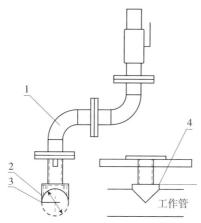

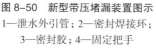

图 8-50　新型带压堵漏装置图示
1—泄水外引管；2—密封焊接环；
3—密封胶；4—固定把手

图 8-51　新型带压堵漏装置

2022 年 3 月，天津市某供热支线 $DN350$ 管道发生泄漏，泄漏点位于支线供水阀门前，为蜂窝式点腐蚀造成的管壁减薄泄漏，管道运行压力 1.1MPa，热水温度 92℃，泄漏量约 80t/h。如果采用传统方式进行抢修，需要关闭主干管 $DN1200$ 阀门进行降压，将对 1105 万 m^2、9.7 万户居民的供热产生影响。通过现场研判，采用了新型带压堵漏装置进行抢修处置，仅用 1h 即恢复供热。

8.4.3　新型防烫服

供热管道的破裂伴随着高温蒸汽或热水的泄漏，对抢修人员构成烫伤威胁。供热管道抢修作业应穿戴个人防护装备，包括防烫服、手套、安全帽等，以确保人员安全。其中，防烫服是个人防护的核心装备，要求其材料具有良好的隔热性、高温耐用性、操作灵活性、良好的视野和通信，以及一定的舒适性。目前，气凝胶材料制成的新型防烫服各项性能得到了大幅度提升，如图 8-52 所示。

气凝胶是一种具有独特结构的轻质材料，它采用航天特种热防护技术，由具有网格结构

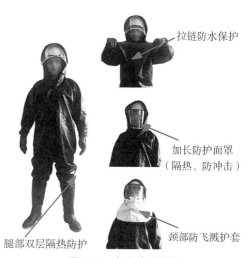

图 8-52　气凝胶防烫服

的纳米多孔性固体材料和有机纤维材料经特殊的超临界干燥工艺复合而成。气凝胶材料导热系数低，具有防水、环保等诸多优点。气凝胶防烫服面料外部贴合了高品质 PVC 材料，

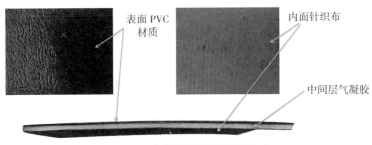

表面PVC材质

内面针织布

中间层气凝胶

图8-53 气凝胶防烫服的面料构成

克服了气凝胶自身强度不高、易撕裂的缺点；内部贴合了既轻薄又耐撕扯的针织布，表面光滑不沾身，穿脱方便，提高了舒适性，如图8-53所示。

防烫服的上半身采用加长防护面罩和颈部防飞溅护套等特殊设计，能够有效阻挡飞溅的热水，保护工作人员的胸部、腹部和手臂等敏感部位。在抢修作业中，为了保证抢修人员安全，水位应控制在膝盖以下，因此气凝胶防烫服的膝盖以下部位采用加厚气凝胶材料，保证在接近100℃的热水中可经受较长时间的浸泡。

第 9 章

供热安全法制与文化建设

9.1　法律法规

9.1.1　基本体系

供热安全是一项复杂的系统工程，其稳定运行的基石在于多方面的有力支撑，其中法律法规体系的健全与完善起着至关重要的作用。我国已经构建了一整套详尽且全面的安全生产与劳动保护法律法规体系，对供热安全从规划设计、建设施工、系统运行等方面都具有一定的适用性。安全生产法律法规体系包括法律、法规、规章等层级，见表9-1。

安全生产法律法规体系　　　　　　　　　　　　　表9-1

名称	类别		性质	示例
法律	国家根本法		体系中的上位法、最高层级，其法律地位和效力高于行政法规、地方性法规、部门规章、地方政府规章等下位法	《中华人民共和国宪法》
	国家基本法			《中华人民共和国刑法》《中华人民共和国民法典》
	有关安全生产的专门法律			《中华人民共和国安全生产法》《中华人民共和国消防法》《中华人民共和国特种设备安全法》等
	与安全生产相关的法律			《中华人民共和国劳动法》
法规	行政法规	条例	法律地位和效力低于有关安全生产的法律，高于地方性安全生产法规、地方政府安全生产规章等下位法	《生产安全事故应急条例》
		规定		《国务院关于特大安全事故行政责任追究的规定》
		办法		《生产安全事故应急预案管理办法》《安全生产违法行为行政处罚办法》
	地方性法规		法律地位和法律效力低于有关安全生产的法律、行政法规，高于地方政府安全生产规章	安全条例、规章、规程、规定
规章	部门规章		国务院有关部门依照安全生产法律、行政法规的授权制定发布的安全生产规章，法律地位和效力低于法律、行政法规，高于地方政府规章	《突发事件应急预案管理办法》
	地方政府规章		最低层级的安全生产立法，法律地位和效力低于其他上位法，不得与上位法相抵触	—

1.《中华人民共和国安全生产法》

《中华人民共和国安全生产法》是为了加强安全生产工作，防止和减少生产安全事故，保障人民群众生命和财产安全，促进经济社会持续健康发展而制定的，是我国第一部全面规范安全生产的专门法律，是对所有生产经营单位的安全生产普遍适用的基础法、综合性的法律。

《中华人民共和国安全生产法》对所有行业生产经营单位的安全生产保障提出了法律要求，其内容系统、全面。供热生产经营单位应严格落实责任制度、推行"三同时"、加强安全防护措施、推行安全评价制度、安全设备全过程监管、强化危化品和重大危险源监控、交叉作业和高危作业管理等内容。其中安全投入保障、配备注册安全工程师专管人员、明确安全专管机构及人员职责、强化全员安全培训等是新增加的内容。这些内容充分体现了人防、技防、管防的科学防范体系，体现了时代对基于规律、应用科学的安全方法论，即实现如下方法方式的转变：变经验管理为科学管理、变事故管理为风险管理、变静态管理为动态管理、变管理对象为管理动力、变事中查治为源头治理、变事后追责到违法惩戒、变事故指标为安全绩效、变被动责任到安全承诺等。

《中华人民共和国安全生产法》对从业人员安全生产权利义务提出规定。《中华人民共和国安全生产法》中，从业人员是一个含义非常广泛的概念，既包括主要负责人，也包括劳务派遣人员甚至不合法的用工关系中的"劳动者"。劳动合同中应当载明有关保障从业人员劳动安全、防止职业危害的事项，以及依法为从业人员办理工伤保险的事项，生产经营单位与从业人员签订的"生死协议"无效。从业人员享有安全生产知情权，批评、检举、控告、拒绝权，紧急避险权，获得赔偿权等安全权利，但同时要承担服从安全管理、接受安全生产教育培训、发现事故隐患和不安全因素时要报告等义务。

《中华人民共和国安全生产法》明确要求各级人民政府建立生产安全事故应急救援预案和应急救援体系，规定了生产经营单位应急救援预案的制定和演练，明确了生产安全事故的报告主体、报告程序和事故抢救的主体以及要求。

2.《中华人民共和国特种设备安全法》

《中华人民共和国特种设备安全法》是为了加强特种设备的安全管理，预防特种设备事故，保障人身和财产安全，促进经济社会发展而制定的。我国特种设备已经形成从设计、制造、检测到安装、改造、修理等完整链条。《中华人民共和国特种设备安全法》中与供热安全生产相关的重要条款如表 9-2 所示。

《中华人民共和国特种设备安全法》中与供热安全生产相关的重要条款　　　　　表 9-2

条款	内容
第二十五条	锅炉、压力容器、压力管道元件等特种设备的制造过程和锅炉压力容器、压力管道、电梯、起重机械、客运索道、大型游乐设施的安装、改造重大修理过程，应当经特种设备检验机构按照安全技术规范的要求进行监督检验；未经监督检验或者监督检验不合格的，不得出厂或者交付使用

条款	内容
第三十二条	特种设备使用单位应当使用取得许可生产并经检验合格的特种设备。 禁止使用国家明令淘汰和已经报废的特种设备
第三十四条	特种设备使用单位应当建立岗位责任、隐患治理、应急救援等安全管理制度，制定操作规程，保证特种设备安全运行
第三十五条	特种设备使用单位应当建立特种设备安全技术档案。安全技术档案应当包括以下内容：（一）特种设备的设计文件、产品质量合格证明、安装及使用维护保养说明、监督检验证明等相关技术资料和文件；（二）特种设备的定期检验和定期自行检查记录；（三）特种设备的日常使用状况记录；（四）特种设备及其附属仪器仪表的维护保养记录；特种设备的运行故障和事故记录
第三十七条	特种设备的使用应当具有规定的安全距离、安全防护措施。 与特种设备安全相关的建筑物、附属设施，应当符合有关法律、行政法规的规定
第三十九条	特种设备使用单位应当对其使用的特种设备进行经常性维护保养和定期自行检查，并做出记录。 特种设备使用单位应当对其使用的特种设备的安全附件、安全保护装置进行定期校验、检修，并做出记录
第四十一条	特种设备安全管理人员应当对特种设备使用状况进行经常性检查，发现问题应当立即处理；情况紧急时，可以决定停止使用特种设备并及时报告本单位有关负责人。 特种设备作业人员在作业过程中发现事故隐患或者其他不安全因素，应当立即向特种设备安全管理人员和单位有关负责人报告；特种设备运行不正常时特种设备作业人员应当按照操作规程采取有效措施保证安全
第四十二条	特种设备出现故障或者发生异常情况，特种设备使用单位应当对其进行全面检查，消除事故隐患，方可继续使用
第四十四条	锅炉使用单位应当按照安全技术规范的要求进行锅炉水（介）质处理，并接受特种设备检验机构的定期检验。 从事锅炉清洗，应当按照安全技术规范的要求进行，并接受特种设备检验机构的监督检验

在供热行业，特种设备具有至关重要的地位，它们是供热生产运行不可或缺的关键组成部分。这些特种设备具备在高温、高压环境下稳定运行的卓越特性，为整个供热行业的稳定与高效运转提供了坚实的支撑。

锅炉压力容器事故是供热行业屡见不鲜的一种安全事故类型。这类事故的发生往往涉及多个环节，如设计、制造、安装、使用及检验等。由于锅炉压力容器安全问题的复杂性和关联性，任何一个环节的疏忽都可能对整体安全造成严重影响。为了确保供热行业的安全稳定运行，必须对特种设备的主要环节实施严格的管理措施。这包括从设计到制造、从安装到使用以及检验等各个环节的细致把控。同时，还需要有专门的机构对这些环节进行统一的安全监督管理，以确保各项安全要求得到有效落实。

要有效预防和控制锅炉压力容器事故的发生，供热生产经营单位必须全面加强特种设备的安全管理工作，这不仅是对供热行业安全生产的负责，更是对广大人民群众生命财产安全的负责。

3.《中华人民共和国消防法》

《中华人民共和国消防法》是预防火灾和减少火灾危害、加强应急救援工作、维护公共安全的重要法律，是全社会在消防安全方面必须共同遵守的行为规范。

《中华人民共和国消防法》作为一部至关重要的法律，其对供热生产经营单位而言，肩负着预防火灾发生、减轻火灾带来的危害、强化应急救援机制，以及保卫公共安全的重要使命。该法律不仅厘清了全社会在消防安全领域所必须恪守的行为准则，更着重强调了消防安全对社会稳定与发展的不可或缺性。它为公众提供了清晰明确的指导与坚实保障，使人们在日常生活中能够更加自觉地维护消防安全，共同构筑起一个安全、稳定、和谐的社会环境。《中华人民共和国消防法》中与供热安全生产相关的重要条款如表 9-3 所示。

《中华人民共和国消防法》中与供热安全生产相关的重要条款　　　　表 9-3

条款	内容
第十九条	生产、储存、经营易燃易爆危险品的场所不得与居住场所设置在同一建筑物内，并应当与居住场所保持安全距离。 生产、储存、经营其他物品的场所与居住场所设置在同一建筑物内的，应当符合国家工程建设消防技术标准
第二十一条	禁止在具有火灾、爆炸危险的场所吸烟、使用明火。因施工等特殊情况需要使用明火作业的，应当按照规定事先办理审批手续，采取相应的消防安全措施，作业人员应当遵守消防安全规定。 进行电、气焊等具有火灾危险作业的人员和自动消防系统的操作人员，必须持证上岗，并遵守消防安全操作规程
第二十三条	生产、储存、运输、销售、使用、销毁易燃易爆危险品，必须执行消防技术标准和管理规定。 进入生产、储存易燃易爆危险品的场所，必须执行消防安全规定。禁止非法携带易燃易爆危险品进入公共场所或者乘坐公共交通工具。 储存可燃物资仓库的管理，必须执行消防技术标准和管理规定
第二十四条	消防产品必须符合国家标准，没有国家标准的，必须符合行业标准。禁止生产、销售或者使用不合格的消防产品以及国家明令淘汰的消防产品……
第二十八条	任何单位、个人不得损坏、挪用或者擅自拆除、停用消防设施、器材，不得挤压、圈占、遮挡消火栓或者占用防火间距，不得占用、堵塞、封闭疏散通道、安全出口、消防车通道。人员密集场所的门窗不得设置影响逃生和灭火救援的障碍物
第二十九条	负责公共消防设施维护管理的单位，应当保持消防供水、消防通信、消防车通道等公共消防设施的完好有效。在修建道路以及停电停水、截断通信线路时有可能影响消防队灭火救援的，有关单位必须事先通知当地消防救援机构
第三十四条	消防设施维护保养检测、消防安全评估等消防技术服务机构应当符合从业条件，执业人员应当依法获得相应的资格。依照法律、行政法规、国家标准、行业标准和执业准则接受委托提供消防技术服务，并对服务质量负责

《中华人民共和国消防法》确立了消防工作的总体导向和根本原则，即"预防为主、防消结合"，同时明确了"政府统一领导、部门依法监管、单位全面负责、公民积极参与"的消防安全责任体系。这一体系强调了四方主体——政府、部门、单位和公民在消防安全工作中的共同责任和协作关系。

在供热生产经营单位的消防安全工作中，各单位务必严格遵循《中华人民共和国消防法》所规定的方针和政策导向。为确保消防安全工作的全面性和有效性，各单位必须承担起主体责任，建立健全消防安全管理制度，并确保其得到切实执行。着力提升员工的消防安全意识和技能同样重要，定期组织消防安全培训和演练活动，使员工能够熟练掌握消防安全知识，增强应对火灾事件的能力，从而保障供热生产经营活动的安全稳定运行。

4.《生产安全事故应急条例》

《生产安全事故应急条例》全面规范了生产安全事故应急工作，自 2019 年 4 月 1 日起施行。该条例开启了安全生产应急管理法制建设的新征程，为应急管理部门、负有安全生产监督管理职责的部门以及全行业的应急管理工作提供了基本的法律支撑和法规遵循，推动安全生产应急管理工作真正走上法治化、规范化、制度化轨道。

《生产安全事故应急条例》强化了应急准备在应急管理工作中的主体地位。应急准备是应急管理工作的基本实践活动，是平时为消除事故隐患、遏制事故危机、有效应对事故灾难而进行的组织、物质、技能和精神等准备。每当发生重大险情或事故后，社会和公众关注的焦点往往是应急处置与救援的成效。而决定应急处置与救援成效的关键因素是平时的应急准备水平。应急处置与救援活动是检验应急准备水平最直接、最有效的方式。其成效如何，只是应急准备能量在"战时"的集中释放而已。因此，《生产安全事故应急条例》在立法的定位上，始终围绕着"平时牵引应急准备，战时规范应急救援"这一基本任务，目的在于推动各方牢固树立"宁可千日无事故、不可一日不准备"的思想，把应急准备作为加强应急管理工作的主要任务，并从应急预案演练、应急救援队伍、应急物资储备、应急值班值守等方面搭建了安全生产应急准备的基本内容。

《生产安全事故应急条例》明确了有关各方在生产安全事故应急中的职责。《生产安全事故应急条例》在总则中确立了政府统一领导、生产经营单位负责、分级分类管理、整体协调联动、属地管理为主的生产安全事故应急体制，明确规定了各级人民政府、应急管理部门、事故单位及其主要负责人在应急处置与救援中所承担的责任和应当采取的必要措施，以及相应的法律责任。既遵从了上位法的相关要求，又理顺了政府、部门、企业、社会等有关各方在生产安全事故应急工作中的职责和定位，为推动实现各担其职、各负其责的生产安全事故应急工作局面提供了法制保障。

《生产安全事故应急条例》解决了生产安全事故应急中的现实问题，包括明确应急救援费用承担原则、建立应急救援现场总指挥负责制度、赋予有关人民政府决定应急救援终止的权限；明确了生产经营单位的应急职责，包括主要负责人全面负责（第四条）、制定预案（第五条、第六条）、预案的备案（第七条）、定期演练（第八条）、应急队伍（第十条）、报送队伍建设情况（第十二条）、配备应急物资（第十三条）、应急值班（第十四条）、应急教育培训（第十五条）、应急处置和应急救援（第十七条）；明确了生产经营单位的法律责任，包括依照《中华人民共和国安全生产法》追究法律责任（第三十条）、依照《中华人民共和国突发事件应对法》追究法律责任（第三十一条）等。

9.1.2　法律法规在供热行业的应用

1. 安全管理类法规

安全管理类法规是国家为提升安全生产水平、强化劳动保护及确保职工安全健康所设立的规范准则。国家的立法、监督、检查和教育等方面都属于管理范畴。

（1）安全生产责任制

《国务院关于加强企业生产中安全工作的几项规定》对安全生产责任制的内容及实施方法做了比较全面的规定。经过多年的劳动保护工作实践，这一制度得到了进一步的完善和补充，在国家相继颁布的《中华人民共和国安全生产法》《中华人民共和国环境保护法》《中华人民共和国职业病防治法》等多部法律法规中，安全生产责任制都被列为重要条款，成为我国安全生产管理工作的基本内容。供热行业生产经营单位对本单位的安全生产负责，是安全生产的责任主体，必须建立全员安全生产责任制，把"管行业必须管安全、管业务必须管安全、管生产经营必须管安全"的原则从制度上固化。

（2）安全教育制度

《中华人民共和国安全生产法》第二十八条第一款：生产经营单位应当对从业人员进行安全生产教育和培训，保证从业人员具备必要的安全生产知识，熟悉有关的安全生产规章制度和安全操作规程，掌握本岗位的安全操作技能，了解事故应急处理措施，知悉自身在安全生产方面的权利和义务。未经安全生产教育和培训合格的从业人员，不得上岗作业。

《中华人民共和国劳动法》不仅规定了用人单位开展职业培训的义务和职责，同时规定了"从事技术工种的劳动者，上岗前必须经过培训"。国家还颁布了《安全生产培训管理办法》《锅炉司炉工人安全技术考核管理办法》《特种作业人员安全技术培训考核管理规定》等，对提升从业人员安全素质，防范、遏制生产安全事故具有重要作用。

（3）生产安全事故报告处理

国务院颁布的《生产安全事故报告和调查处理条例》对生产安全事故的报告、调查及处理均进行了明确规范。该条例规定，国家实行生产安全事故的分级报告和调查处理制度，将生产安全事故划分为特别重大、重大、较大和一般四个等级。这一制度的设计旨在确保各级政府和相关部门能够迅速、有效地应对生产安全事故，保障人民群众的生命财产安全。

《生产安全事故应急条例》第四条规定：生产经营单位应当加强生产安全事故应急工作，建立、健全生产安全事故应急工作责任制，其主要负责人对本单位的生产安全事故应急工作全面负责。供热行业生产经营单位要规范生产安全事故的报告、调查和处理等法律依据，保障职工的生命财产安全，促进行业健康稳定发展。

（4）工伤保险制度

1993年，《中共中央关于建立社会主义市场经济体制若干问题的决定》中明确提出了"普遍建立企业工伤保险制度"的要求，1996年，原劳动部发布了《企业职工工伤保险试行办法》，国务院颁布了《工伤保险条例》，标志着我国在探索建立符合社会保险通行原则的工伤保险工作上迈入了新的发展阶段。为了更好地规范和指导工伤鉴定工作，现行国家标准《劳动能力鉴定　职工工伤与职业病致残等级》GB/T 16180规定了职工工伤致残劳动能力鉴定原则和分级标准。工伤保险制度不仅体现了工伤保险与事故预防相结合的指导思想，而且将工伤预防、工伤补偿和职业康复三项任务有机结合起来，实现了工伤保险制度的全面发展与进步。

2. 安全技术与设备设施类法规

安全技术法规是国家为确保安全生产，防范和杜绝生产过程中的安全事故，切实保障广大职工的人身安全所制定的一系列法律法规。

（1）设计与建设工程安全

《中华人民共和国安全生产法》第三十一条规定：生产经营单位新建、改建、扩建工程项目的安全设施，必须与主体工程同时设计、同时施工、同时投入生产和使用。安全设施投资应当纳入建设项目概算。

《建设项目安全设施"三同时"监督管理办法》规定，建设项目安全设施是指生产经营单位在生产经营活动中用于预防生产安全事故的设备、设施、装置、构（建）筑物和其他技术措施的总称。

（2）特种设备安全措施

《中华人民共和国安全生产法》第三十七条规定：生产经营单位使用的危险物品的容器，运输工具，以及涉及人身安全、危险性较大的压力容器、压力管道等特种设备，必须按照国家有关规定，由专业生产单位生产，并经具有专业资质的检测、检验机构检测、检验合格，取得安全使用证或者安全标志，方可投入使用。

《特种设备安全监察条例》将锅炉、压力容器（含气瓶，下同）、压力管道、电梯、起重机械、客运索道、大型游乐设施和场（厂）内专用机动车辆八大类设施规定为特种设备。供热行业中电气设备、锅炉和压力容器等都属于使用普遍且安全问题突出的特种设备。

（3）设备设施安全装置

《中华人民共和国安全生产法》第三十六条规定：安全设备的设计、制造、安装、使用、检测、维修、改造和报废，应当符合国家标准或者行业标准。生产经营单位必须对安全设备进行经常性维护、保养，并定期检测，保证正常运转，维护、保养、检测应当做好记录，并由有关人员签字。

《中华人民共和国劳动法》第五十三条规定"劳动安全卫生设施必须符合国家规定的标准。"对于机器设备的安全装置，现行国家标准《生产设备安全卫生设计总则》GB 5083 中有明确要求，如设备传动带、明齿轮、砂轮、电锯、联轴节、转轴、皮带轮等危险部位和压力机旋转部位有安全防护装置。

（4）劳动卫生个体防护

《中华人民共和国安全生产法》第四十五条规定：生产经营单位必须为从业人员提供符合国家标准或者行业标准的劳动防护用品，并监督、教育从业人员按照使用规则佩戴、使用。

个体防护用品按其制造目的和传递给人的能量来区分，有防止造成急性伤害和慢性伤害两种。《劳动保护用品管理规定》和《劳动防护用品配备标准（试行）》，对劳动防护用品的研制、生产、经营、发放、使用和质量检验、配备标准等做出了规定。《中华人民共和国职业病防治法》第二十二条规定：用人单位必须采用有效的职业病防护设施，并为劳动者提供个人使用的职业病防护用品。

供热行业用人单位为劳动者个人提供的职业病防护用品必须符合防治职业病的要求，不符合要求的，不得使用。

9.2　标准规范

9.2.1　基本体系

标准规范作为提高安全管理水平的重要技术文件，已触及安全生产的各个角落，从事故预防、控制、监测，直至职业病诊断、统计，都需要有关标准加以指导，制定标准并及时进行宣贯已经成为安全领域重要的基础工作之一。按照《中华人民共和国标准化法》的规定，标准分为国家标准、行业标准、地方标准、团体标准和企业标准（表 9-4）；按照标准内容，安全生产标准体系可分为基础标准、管理标准、技术标准（表 9-5）。

安全生产标准分类　　　　　　　　　　　　　　　　　表 9-4

类别	性质	示例
国家标准	国家标准化行政主管部门依照《中华人民共和国标准化法》制定的在全国范围内适用的安全生产技术规范	《企业安全生产标准化基本规范》GB/T 33000—2016 等

类别	性质	示例
行业标准	国务院有关部门和直属机构依照《中华人民共和国标准化法》制定的在安全生产领域内适用的安全生产技术规范	《基于风险预控的火力发电安全生产管理体系要求》DL/T 2012—2019 等
地方标准	地方（省、自治区、直辖市）标准化主管机构或专业主管部门批准发布，在某一地区范围内统一的安全生产技术规范	《安全生产等级评定技术规范　第 44 部分：供热单位》DB11/T 1322.44—2018 等
团体标准	由团体按照团体确立的标准制定程序自主制定发布，供社会自愿采用的标准，具有比较强的灵活性，是当下国家重点鼓励制定的标准	中国城镇供热协会发布的《热力管道安全评估方法》T/CDHA 9—2022；《直埋供热管道光纤监测系统技术条件》T/CDHA 11—2022
企业标准	由企业自行制定，在企业范围内需要协调、统一的技术要求、管理要求和工作要求所制定的标准，涵盖企业生产的产品或提供的服务的各个方面	—

安全生产标准体系　　　　　　　　　　　　　　　　表 9-5

标准类别		标准示例
基础标准	通用标准	标准编写的基本规定、职业安全卫生标准编写的基本规定、标准综合体系规划编制方法、标准体系表编制原则和要求、企业标准体系表编制指南、职业安全卫生名词术语、生产过程危险和有害因素分类代码
	安全标志与报警信号	安全色、安全色卡、安全色使用导则、安全标志、安全标志使用导则、工业管路的基本识别色和识别符号、报警信号通则、紧急撤离信号、工业有害气体检测报警通则
管理标准		特种作业人员考核标准、重大事故隐患评价方法及分级标准、事故统计分析标准、职业病统计分析标准、安全系统工程标准、人机工程标准
技术标准	安全技术及工程标准	机械安全标准、电气安全标准、防爆安全标准、储运安全标准、爆破安全标准、燃气安全标准、建筑安全标准、焊接与切割安全标准、涂装作业安全标准、个人防护用品安全标准、压力容器与管道安全标准
	职业卫生标准	作业场所有害因素分类分级标准、作业环境评价及分类标准、防尘标准、防毒标准、噪声与振动控制标准、其他物理因素分级及控制标准、电磁辐射防护标准

9.2.2　适用的安全标准

供热行业生产经营活动应符合安全生产相关标准要求。目前适用于供热行业的安全标准有企业安全生产标准化、作业环境危害评价、安全生产设备与工具、防护用品等方面，见表 9-6。

适用于供热行业的安全标准

表 9-6

序号	标准号	标准名称	与安全相关的主要内容
企业安全生产标准化			
1	GB/T 33000	《企业安全生产标准化基本规范》	规定了企业安全生产标准化管理体系建立、保持与评定的原则和一般要求，以及目标职责、制度化管理、教育培训、现场管理、安全风险管控及隐患排查治理、应急管理、事故管理和持续改进 8 个体系的核心技术要求。该标准适用于工矿商贸企业开展安全生产标准化建设工作，有关行业制修订安全生产标准化标准、评定标准，以及对标准化工作的咨询、服务、评审、科研、管理和规划等
作业环境危害评价			
2	GBZ/T 189.10	《工作场所物理因素测量 第 10 部分：体力劳动强度分级》	规定了工作场所体力作业时劳动强度分级测量方法，适用于体力作业时劳动强度分级的测量
3	GBZ/T 230	《职业性接触毒物危害程度分级》	规定了职业性接触毒物危害程度分级的依据，适用于职业性接触毒物危害程度的分级，是工作场所职业病危害分级以及建设项目职业病危害评价的依据
安全生产设备与工具			
4	GB 5083	《生产设备安全卫生设计总则》	规定了各类生产设备安全卫生设计的总体要求、一般要求和特殊要求，适用于除空中、水上交通工具，水上设施，电气设备以及核能设备之外的各类生产设备
5	GB/T 35076	《机械安全 生产设备安全通则》	规定了生产设备的基本安全和职业健康要求，包括生产经营单位的要求、操作者的要求，以及生产设备的基本安全要求，适用于所有在役的生产设备
6	GB 7231	《工业管道的基本识别色、识别符号和安全标识》	规定了工业管道的基本识别色、识别符号和安全标识，适用于工业生产中非地下埋没的气体和液体的输送管道
防护用品			
7	GB/T 30041	《头部防护 安全帽选用规范》	规定了安全帽的选择、安全帽的使用及维护和安全帽的判废等要求，适用于职业用安全帽
8	GB 2890	《呼吸防护 自吸过滤式防毒面具》	规定了自吸过滤式防毒面具的分类及标记、技术要求、标识、包装和制造商提供的信息，描述了试验方法，适用于基于自吸过滤原理的防毒面具
9	GB/T 3609.1	《职业眼面部防护 焊接防护 第 1 部分：焊接防护具》	规定了焊接防护具的分类、标记、技术要求、包装、标识和储运，适用于各类焊接工防御有害弧光、熔融金属飞溅或粉尘等有害因素对眼睛、面部伤害的防护具
10	GB/T 23466	《护听器的选择指南》	规定了护听器的选择原则、方法和培训要求，适用于工业企业噪声作业场所护听器类个人防护用品的选择
11	GB 21148	《足部防护 安全鞋》	规定了安全鞋的基本要求、防护性能、附加要求、标识和制造商应提供的信息，适用于保护穿着者足部免遭作业区域危害或工作区域安全的鞋
12	GB 12014	《防护服装 防静电服》	规定了防静电服的技术要求、测试方法、检验规则、标识等，适用于可能因静电引发电击、火灾及爆炸危险的场所穿用的防静电服

9.2.3　与安全相关的供热标准

供热行业多项标准均涉及安全相关内容，本节根据标准内容按照基础管理类和工程建设类进行梳理，详见表 9-7、表 9-8。

供热行业涉及安全的标准一览表　　　　　　　　　　　　　　　　表 9-7

序号	标准号	标准名称	与安全相关的主要内容
基础管理类			
1	CJJ/T 220	《城镇供热系统标志标准》	该标准依据《安全标志及其使用导则》GB 2894 有关内容编写，规定了安全标志中禁止、警告、指令、提示标志的基本形状、颜色、尺寸与观察距离的关系及设置等要求
2	GB/T 33833	《城镇供热服务》	一是要求供热经营企业制定安全技术操作规程及相关的安全管理制度并遵照执行；二是要求热用户在用热环节，注意安全和正确使用热设备，对室内自用供暖设施进行检查和维护；三是规定了供热经营企业对供热设施的日常检修要求以及在供、用热设施发生故障后应采取的有效措施；四是应急处置中要求供热经营企业对严重影响正常供热服务的事件制定应急预案并进行定期演练等
3	GB/T 38705	《城镇供热设施运行安全信息分类与基本要求》	该标准将城镇供热设施运行安全信息分类标准化，与《供热工程项目规范》GB 55010 配套实施，为供热工程安全的质量保障提供标准化基础。该标准对城市供热设施运行安全相关信息进行了梳理和分类，初步形成了安全信息采集框架体系，对供热设施运行过程中的隐患信息进行了汇总和分类，有助于提高供热事故预警能力和加强应急管理，便于供热企业分级分层管控各类事故隐患
4	GB/T 50627	《城镇供热系统评价标准》	该标准在管理评价中的运行管理、设备管理、应急管理均涉及供热系统安全。运行管理评价对供热系统的安全运行、经济运行、节能管理、环境保护四个方面进行考核；设备管理对设备基础管理、运行维护、检修管理、事故管理四个方面进行考核；应急管理对系统管理的组织机构、应急预案、应急保障、监督管理四个方面进行考核。另设有专门的安全防护评价和消防评价
工程建设类			
5	CJJ/T 241	《城镇供热监测与调控系统技术规程》	该规程对热力监控系统的规划和设计提出原则和具体要求，对监控设备提出选用和安装技术要求，对监控系统的施工、验收、运行与维护进行规范指导，从而系统地解决现有供热工程中监控系统各个环节存在的问题，提高城镇供热系统监测与调控的管理水平
6	GB 55010	《供热工程项目规范》	该规范是全文强制规范，是供热工程建设的"技术法规"，是供热工程勘察、设计、施工、验收、维护等项目全生命周期必须严格执行的技术准则，是供热行业监管和工程建设划定的"红线"和"底线"。该标准对供热工程的规模、布局、功能、性能和技术措施等进行了细化，对供热工程设计、施工、验收过程中五方责任主体所必须遵守的"行为规范"提出了具体技术要求。其中与安全相关的重点条款解读详见表 9-8
7	GB 50016	《建筑设计防火规范》	该规范在耐火等级、防火间距、消防通道等方面进行了周全考虑，确保建筑在面临火灾等紧急情况时，能够有效保护人们的生命财产安全

序号	标准号	标准名称	与安全相关的主要内容
8	CJJ/T 34	《城镇供热管网设计标准》	该标准适用于自热源出口至建筑热力入口的城镇供热管网系统，其中大型供热系统热源形式、热水管网循环泵运行时管网压力、综合管廊或通行管沟逃生口设置、供热管网管道与燃气管道交叉处理、供热管网穿墙措施、供热管网阀门设置、蒸汽热力站分气缸设置等均涉及供热系统安全相关内容
9	CJJ 28	《城镇供热管网工程施工及验收规范》	该标准对工程测量、土建施工、管道和设备安装、管道防腐保温、试验、清洗、试运行及工程验收等作出了规定，从材料质量、焊接检验、设备检测等工序的要求上把质量控制前移，以提高施工水平，保障工程质量和供热安全
10	CJJ 203	《城镇供热系统抢修技术规程》	该规程适用于城镇供热系统的抢修，包括热源（锅炉房）、供热管网、热力站、楼内及户内供热系统，重点解决了抢险作业与维护保养如何界定、抢修作业的质量验收如何开展等问题
11	CJJ 88	《城镇供热系统运行维护技术规程》	该规程涵盖供热热源、管网、换热站、热用户及系统运行控制和计量的整个供热系统，内容除包括安全要求外，还包括系统的启动、运行、控制、停车、故障处理运行后的保养和维护的技术要求，并增加热力网的变流量运行、热计量、直埋管道等新技术的管理要求，以及节能减排、环保等方面的相关技术要求，适用于城镇供热系统的运行和维护，其中热源部分适用于燃煤层燃锅炉和燃气锅炉

《供热工程项目规范》GB 55010—2021 中与安全相关的重点条款解读　　表 9-8

序号	条款号	条款内容	条款解读
		总则	
1	1.0.3	供热工程应以实现安全生产、稳定供热、节能高效、保护环境为目标，并应遵循下列原则……	供热工程关乎人民群众的切身利益，同时供热热媒又存在一定的危险性，确保供热工程建设和运行安全是重中之重。保障人身、财产和公共安全是供热工程建设的根本性要求，是供热行业高质量发展和支撑社会经济建设的前提
		规模与布局	
2	2.1.2	供热工程的布局应与城乡功能结构相协调，满足城乡建设和供热行业发展的需要，确保公共安全，按安全可靠供热和降低能耗的原则布置	供热设施的周边地质条件应满足防火、防洪、抗震等安全需求，周边道路、给水排水和电力供应等基本配套设施应满足供热设施的生产需求。供热热源厂和供热管网要方便供热系统的备用连通和维护检修，提高供热系统的韧性和可靠性
		建设要求	
3	2.2.1	供热工程应设置热源厂、供热管网以及运行维护必要设施，运行的压力、温度和流量等工艺参数应保证供热系统安全和供热质量，并应符合下列规定……	供热系统介质具有一定的压力和温度，一旦发生事故，不仅会影响人们冬季取暖和工业生产，还会造成人员伤亡，因此对系统可靠性要求较高。配备保证管网安全运行必备的运行维护设备可及时切断事故管网，可最大限度地缩小事故的影响范围

续表

序号	条款号	条款内容	条款解读
4	2.2.4	供热工程主要建（构）筑物结构设计工作年限不应小于50年，安全等级不应低于二级	本条依据《工程结构通用规范》GB 55001中建（构）筑物结构设计工作年限划分的原则，参照给水排水、燃气等同类基础设施的设计工作年限，结合供热工程自身的特点，并对不同结构方案和主材选择进行比较，优化供热工程结构全生命周期的成本而制定的。安全等级主要根据建（构）筑物的重要性以及结构破坏可能产生后果的严重性来确定，其中：一级为很严重，二级为严重，三级为不严重。由于供热工程是城市能源基础设施，中断供热会造成较大社会影响，因此安全等级定为二级
5	2.2.5	供热工程所使用的材料和设备应满足系统功能、介质特性、外部环境等设计条件的要求。设备、管道及附件的承压能力不应小于系统设计压力	介质特性、功能需求、外部环境、设计压力、设计温度是决定供热工程设备选型、管道及附件选材的基本要素，应根据各项目不同特点选择适用的材料和设备，以保证供热系统满足设计年限和安全稳定供热的需要。不合格的设备和材料不但降低工程质量，也会给运行维护造成隐患，还极有可能造成能源的浪费
6	2.2.7	在设计工作年限内，供热工程的建设和运行维护，应确保安全、可靠。当达到设计工作年限时或因事故、灾害损坏后，若继续使用，应对设施进行安全及使用性能评估	供热工程应当按照设计工作年限设定的标准进行建设，满足一定的建设质量要求。供热经营者应对供热设施定期进行安全检查；应当按照国家有关工程建设标准和安全生产管理的规定，对供热设施定期进行巡查、检测、维修和维护，确保供热设施的安全运行。为保障供热的安全性，当达到设计工作年限时或遭遇事故、灾害后应评估，再确定是继续使用还是进行改造或更换。继续使用应制定相应的安全保证措施
7	2.2.8	供热工程应采取合理的抗震、防洪等措施，并应有效防止事故的发生	国家对不同城市制定了相应的防洪标准，对应的供热设施应按照相应防洪标准进行设计、建设。供热设施的抗震要求应执行《工程结构通用规范》GB 55001和《建筑与市政工程抗震通用规范》GB 55002等相关通用规范
8	2.2.9	供热工程的施工场所及重要的供热设施应有规范、明显的安全警示标志。施工现场夜间应设置照明、警示灯和具有反光功能的警示标志	供热介质具有一定的温度和压力，供热设施具有分布广的特点，所以应有对厂站外人员警示的措施；同时也应加强从业人员的安全意识，切实减少各类违章行为，避免事故的发生。供热设施作业时，应划出作业区，并对作业区周围设置护栏和警示标志，既对作业人员起到保护作用，又对路人、车辆等起到提示作用
		运行维护	
9	2.3.3	供热设施的运行维护应建立健全符合安全生产和节能要求的管理制度、操作维护规程和应急预案	安全运行、保障供热是政府和热用户对供热单位的基本要求，也是供热单位的职责所在。供热单位应根据供热系统和设施运行、维护的基本原则和特点，健全和落实安全生产责任制，加强供热安全生产标准化建设，建立完善的安全管理制度，保证本单位安全生产投入的有效实施，保障供热安全
10	2.3.4	供热工程的运行维护应配备专业的应急抢险队伍和必需的备品备件、抢修机具和应急装备，运行期间应无间断值班，并向社会公布值班联系方式	供热单位能够及时发现故障或事故、迅速排除故障或安排事故抢修抢险、减少故障或事故停运时间，应拥有一支训练有素的应急抢险队伍，同时要配备好排除故障或抢修作业时需要的数量合理的备品备件、抢修以及应急装备。执行中应保证报修电话接通率。值班联系方式应向社会公布，以方便热用户或其他人员发现供热异常情况后，能够随时与供热值班人员联系，以便供热单位及时处理

续表

序号	条款号	条款内容	条款解读
11	2.3.5	供热期间抢修人员应 24h 值班备勤，抢修人员接到抢修指令后 1h 内应到达现场	供热期间供热单位应设置 24h 报修电话并公布于众，一旦发生供热故障或事故，热用户能通过电话报修或报警；抢修人员 24h 值班备勤，保证随时待命，接到抢修或报警电话能够立即出勤。24h 值班备勤也是市政行业的通用要求，不能因为满足接到抢修指令 1h 之内到达现场的要求，而不 24h 值班备勤
12	2.3.7	供热管道及附属设施应定期进行巡检，并应排查管位占压和取土、路面塌陷、管道异常散热等安全隐患	敷设在地下的供热管网或设施有时存在未经允许占压施工、由于巡检不到位造成被其他管线设施或构筑物占压、在管道及附属设施附近取土等情况，会影响供热设施的正常运行并形成安全隐患。定期巡检是供热单位保证供热管道及附属设施正常安全运行的日常工作。在巡检过程中，通过工作人员观察，上述问题可及时发现并排除
13	2.3.8	供热工程的运行维护及抢修等现场作业应符合下列规定……	供热单位应当建立健全供热安全管理制度，对供热工程的运行维护及抢修作业要针对不同作业情景制定科学、合理、可靠的操作规程以及现场作业的具体规定，并定期对管理人员和现场作业人员进行安全知识教育以及操作技能培训。要根据供热事故可能的影响范围和严重程度分级编写供热事故的应急预案，对供热区域实施网格化管理，按照区域配备应急抢修人员、抢险物资和设备，并定期组织演练
14	2.3.9	进入管沟和检查室等有限空间内作业前，应检查有害气体浓度、氧含量和环境温度，确认安全后方可进入。作业应在专人监护条件下进行	供热管沟和检查室属于有限空间。为了保证作业人员安全，在进入管沟和检查室前，需要打开两端的井盖，进行长时间通风，如果不具备自然通风的条件或效果不佳，应进行强制通风。通风时间要根据换气量进行估算，下井前应采用专门的仪器检查有害气体浓度、氧含量和环境温度，达到符合人体健康的要求方能进入。同时，下井操作人员不得少于 2 人，地面上还需留有观察人员，以便发现异常情况及时救助
厂区				
15	3.1.7	燃油或燃气锅炉间、冷热电联供的燃烧设备间、燃气调压间、燃油泵房、煤粉制备间、碎煤机间等有爆炸危险的场所，应设置固定式可燃气体浓度或粉尘浓度报警装置。可燃气体报警浓度不应高于其爆炸极限下限的 20%，粉尘报警浓度不应高于其爆炸极限下限的 25%	燃油或燃气锅炉间、冷热电联供的燃烧设备间、燃气调压间、燃油泵房、煤粉制备间、碎煤机间等场所存在可燃气体（粉尘）积聚的可能，当积聚至其爆炸下限以上时，遇到明火会发生爆炸。设置可燃气体（粉尘）浓度报警装置可实时监测环境中可燃气体（粉尘）浓度，及时采取有效措施，避免事故发生
锅炉和设备				
16	3.2.5	锅炉安全阀应逐个进行严密性试验，安全阀的整定和校验每年不得少于 1 次，合格后应加锁或铅封	锅炉安全阀是锅炉最重要的安全装置，直接关系到锅炉的安全运行，定期整定和校验方可保证其有效性，满足安全放散的压力要求。安全阀投入使用必须每年进行压力整定和严密性试验，以保证锅炉正常运行时安全阀处于闭合状态，当压力升高到整定压力时能够及时开启泄放，防止锅炉超压，并在压力回落到回座压力时自动关闭安全阀。安全阀的整定和严密性试验应由使用方主动送至法定检验机构进行，检定合格后应加锁或者铅封，防止整定压力人为或者误操作而发生改变

续表

序号	条款号	条款内容	条款解读
17	3.2.7	燃油、燃气和煤粉锅炉的烟道应在烟气容易集聚处设置泄爆装置。燃油、燃气锅炉不得与使用固体燃料的锅炉共用烟道和烟囱	燃油、燃气和煤粉锅炉的未燃尽介质往往会在烟道和烟囱中的局部聚集，遇到明火会发生爆炸。为使这类爆炸造成的损失降到最低程度，要求在烟气容易集聚的地方设置泄爆装置。泄爆口不得危及人员安全，必要时应加装设泄压导向管。采用固体燃料的锅炉，烟道系统中可能存在明火，所以不得与燃油、燃气锅炉共用烟囱或烟道，避免燃油、燃气和煤粉锅炉的烟气中可能存在未燃尽介质遇明火爆炸
		管道和附件	
18	3.3.1	供热管道不得与输送易燃、易爆、易挥发及有毒、有害、有腐蚀性和惰性介质的管道敷设在同一管沟内	供热管道禁止与易挥发、易爆、易燃、有害介质管道共同敷设在同一管沟内，是为了避免有害气体沿供热管沟扩散到其他建筑物，危及人员安全；禁止与有腐蚀性介质的管道敷设在同一管沟内，是为了避免腐蚀性介质对供热管道的腐蚀；不能与惰性介质管道敷设在同一管沟内，是为了避免惰性气体造成检修人员窒息
19	3.3.8	燃气管道不应穿过易燃或易爆品仓库、值班室、配变电室、电缆沟（井）、通风沟、风道、烟道和具有腐蚀性环境的场所	燃气一旦发生泄漏，进入易燃易爆品仓库极易引发爆炸或火灾，并且会产生更大的次生灾害；值班室经常有人工作，一旦发生事故容易造成人身伤亡事故；变配电室、电缆、烟道极易产生火花，烟、风道容易导致燃气扩散，极易引发爆炸或者火灾；腐蚀性环境会增加燃气管道损坏的风险，故作此规定。实施过程中，燃气管道的敷设方案应经过专业技术人员设计和审查，工程竣工应由消防部门检查验收
		供热管网	
20	4.1.4	室外供热管沟不应直接与建筑物连通。管沟敷设的供热管道进入建筑物或穿过构筑物时，管道穿墙处应设置套管，保温结构应完整，套管与供热管道的间隙应封堵严密	室外供热管沟有可能渗入有害气体，如果管沟直接连接建筑物，有害气体进入室内，容易造成燃烧、爆炸、中毒等重大事故。为了防止有害气体通过供热管沟进入室内，室外管沟不得直接与室内管沟或地下室连通，应在管道穿墙处进行有效的封堵，避免室外管沟内可能集聚的有害气体进入室内
21	4.1.5	当供热管道穿跨越铁路、公路、市政主干道路及河流、灌渠等水域时，应采取防护措施，不得影响交通、水利设施的使用功能和供热管道的安全	铁路、公路、桥梁、河流和城市主要干道是重要交通及水利设施，供热管道如需与铁路、公路、桥梁、河流交叉，应与相关运营管理单位协商穿越或跨越实施方案，在施工、运行及维护时不破坏其他设施，同时要保证供热管道自身安全。供热管道穿跨越铁路和道路的净空尺寸或埋设深度要满足车辆通行及路面荷载要求；穿跨越河流的净空尺寸或埋设深度要满足泄洪、水流冲刷、河道整治和航道通航的要求
22	4.1.7	热水供热管网运行时应保持稳定的压力工况，并应符合下列规定……	热水供热系统运行压力过低时热水可能汽化进而引起水击事故，水泵入口压力过低可能引起水泵汽蚀，为保证在系统运行压力少量波动时供热系统也能安全运行，应在介质汽化压力的基础上留有适当富裕压力。但供热系统压力也不可过高，要满足相关规定，设备与管道应能满足设计压力和温度下的强度、密封性要求
23	4.1.10	通行管沟应设逃生口，蒸汽供热管道通行管沟的逃生口间距不应大于100m；热水供热管道通行管沟的逃生口间距不应大于400m	通行管沟或管廊是人员可以进入检修及操作的空间，设置逃生口（事故人孔）是为了保证进入人员的安全，保证运行检修人员安全撤离事故现场。蒸汽管道发生泄漏事故对人员的危害性较大，因此设有蒸汽管道的管沟逃生口间距要求较小；当沟内供热管道全部为热水管道时，逃生口间距可适当放大

续表

序号	条款号	条款内容	条款解读
24	4.1.11	供热管道上的阀门应按便于维护检修和及时有效控制事故的原则，结合管道敷设条件进行设置，并应符合下列规定……	管道上设置阀门的目的是便于维修、降低管网事故的影响范围。供热管道每个分支均应设置阀门，且热水管道输送距离较长时还应设置分段阀门。分段阀门有以下作用：减少检修时的放水量（软化、除氧水），降低运行成本；事故状态时缩短放水、充水时间，加快抢修进度；事故时切断故障段，保证尽可能多的热用户正常运行，增加供热的可靠性
25	4.1.12	蒸汽供热管道应设置启动疏水和经常疏水装置，直埋蒸汽供热管道应设置排潮装置。蒸汽供热管道疏水管和热水供热管道泄水管的排放口应引至安全空间	蒸汽供热管道启动暖管时会产生大量凝结水，在低负荷运行时也可能产生凝结水，所以需设置疏水装置，以使凝结水及时排出，防止发生水击事故。蒸汽供热管网一般供应多个热用户，难以保证蒸汽流量持续稳定，因此要求既设置启动疏水装置也设置经常疏水装置。蒸汽管道的低点和垂直升高的管段前应设疏水装置，同一坡向的管段间隔一定距离也应设疏水装置。 直埋蒸汽管道设置排潮管的目的：一是在暖管时排出保温层中的潮气，使保温材料达到其绝热性能；二是检查判断管道的故障，若运行时工作管泄漏或外护管不严密而进水，均可通过排潮管向外排汽，根据排潮管的排汽量可判断泄漏点的大致位置。 供热管道介质温度较高，排放时可能对人员的身体造成伤害。在蒸汽管道启动疏水和热水管道检修排水时，需要采取临时措施将排水管引至安全空间
26	4.1.14	供热管道施工前，应核实沿线相关建（构）筑物和地下管线，当受供热管道施工影响时，应制定相应的保护、加固或拆移等专项施工方案，不得影响其他建（构）筑物及地下管线的正常使用功能和结构安全	为了减少供热管道工程施工对周边建（构）筑物和地下管线等设施的影响，管道施工前应对工程影响范围内的障碍物进行现场核查，并应逐项查清障碍物构造情况及与拟建工程的相对位置，必要时采取措施避免沟槽开挖损坏相邻设施。当管道穿越既有设施或建（构）筑物时，施工方案应取得相关产权或管理单位的同意。当沿线相关建（构）筑物和地下管线受供热施工影响时，应与有关单位进行协商，制定相应的拆移、保护或加固等专项施工方案，并及时实施，不应影响其他建（构）筑物及地下管线的正常使用功能和结构安全
27	4.1.16	供热管道焊接接头应按规定进行无损检测，对于不具备强度试验条件的管道对接焊缝应进行 100% 射线或超声检测。直埋敷设管道接头安装完成后，应对外护层进行气密性检验。管道现场安装完成后，应对保温材料裸露处进行密封处理	管道焊接质量检验包括对口质量检验、外观质量检验、无损探伤检验、强度试验，无损检测是检验管道焊接质量的重要手段。一般情况下根据不同介质、不同管径、不同敷设方式确定管道焊缝的无损检测数量和比例，检测数量及合格标准应符合设计文件及相关标准的要求。不具备强度试验条件的管道对接焊缝，应进行 100% 无损检测。 国内外相关数据显示，保温管接头施工质量是直埋热水管道失效的主要原因。在接头外护层安装完成后、接头保温施工前，应按照要求对接头逐个进行气密性检验。 整个管道系统上所有预制保温管道裸露的保温层都应进行密封处理，防止水和潮气进入保温层，在管网高温运行下破坏保温结构
28	4.1.17	供热管道安装完成后应进行压力试验和清洗，并应符合下列规定……	管道进行压力试验及清洗是供热工程中的重要环节，管道压力试验包括强度试验和严密性试验。强度试验是对管道本身及焊接强度的检验，在试验段管道接口防腐、保温及设备安装之前进行；严密性试验是对阀门等管路附件及设备密封性的检验，在试验段管道全部安装完成后进行。 压力试验时发现的缺陷必须在试验压力降至大气压后进行修补，要求不得带压处理管道压力试验时发现的管道和设备缺陷。蒸汽吹洗由于温度高、速度快，需根据出口蒸汽的扩散区划定警戒区，避免人员烫伤

序号	条款号	条款内容	条款解读
			热力站和中继泵站
29	4.2.2	蒸汽热力站、站房长度大于12m的热水热力站、中继泵站和隔压站的安全出口不应少于2个	当热水热力站站房长度大于12m时，为便于人员迅速撤离，应设2个或2个以上出口。水温100℃以下的热水热力站由于水温较低、没有二次蒸发问题、危险性较低，可只设1个出口。蒸汽热力站事故时危险性较大，不应少于2个出口。中继泵站和隔压站相对面积较大，都应设置2个或2个以上出口
30	4.2.5	热力站入口主管道和分支管道上应设置阀门。蒸汽管道减压减温装置后应设置安全阀	热力站是热能分配站，生产工艺、供暖、通风、空调及生活热负荷需要的参数各不相同，而且它们的运行时间也很难做到完全一致，各个分支管道可以单独设置阀门、减压阀、安全阀、流量计等附件，从而进行不同用途系统的分时启停、流量分配、用汽量计量、参数调整等，减少不同用途系统之间的互相影响，当某个分支管路出现问题需要检修时，可以单独切断而不影响其他管路正常工作，提高了整体供热的可靠性。蒸汽热力站也是蒸汽转换站，根据热负荷的不同需要，通过减温减压装置可满足不同用户的需要，通过换热系统可满足不同介质的需要。当各分支通过减压减温装置使用不同参数的蒸汽时，为避免减压减温装置故障引起系统超压，各个减压减温装置后应设置独立的安全阀

9.3　安全文化建设

9.3.1　安全文化概述

1. 安全文化定义

安全文化有广义和狭义之分。广义安全文化是指人类在生产生活实践中，为保障身心健康而创造的一切安全精神财富与安全物质财富的总和。狭义安全文化是指人类在生产生活实践中，为维护安全所形成的安全价值观、安全人生观、安全习俗以及与其相适应的安全制度、组织网络等精神财富。安全文化属于意识形态范畴，是文化的一个组成部分。

企业安全文化也有广义和狭义之分。广义企业安全文化包含狭义企业安全文化的内容；狭义企业安全文化是广义企业安全文化的一个重要组成部分，尽管它强调的是精神方面，但并不是不以物质作为基础，任何企业的安全文化建设，都离不开物质条件，精神因素只有通过物质层面才能体现出来。狭义企业安全文化更符合企业的需要，是指企业在创造和应用社会物质财富的过程中，产生的安全理念和安全价值观的总和，是企业实现宗旨、履行使命以及进行长期管理活动和生产实践过程逐渐积淀而形成，不但可以体现职工的安全性特征，还能够影响社会、自然、企业环境、生产秩序和企业安全氛围，是一种具有综合安全性的独特文化。

供热行业安全文化是供热企业在长期生产经营过程中不断总结和提炼出来的宝贵经验与财富，良好的安全文化能引领行业安全健康发展。安全文化形成非一朝一夕之功，需要长期探索实践。安全文化建设是提升安全思想的前提，只有安全思想认识到位，安全意识才能提高，安全行为才会规范，遵章守纪才会成为自觉行动。

2. 供热企业安全文化理念

供热企业安全文化建设是将供热安全文化理念内化于心、外化于形、固化于制、融化于情，只有安全文化落地生根，安全生产才会开花结果。落实供热企业安全文化理念内容，具体可包括以下内容：

安全核心理念：以人为本，关爱生命，珍视健康；

安全管理理念：制度至上，执行第一，精细精准，重抓落实；

安全行为理念：循规蹈矩，遵章守纪，按制度办事；

生命价值理念：惜命胜金，珍视健康，生命高于一切；

安全道德理念：以确保安全为荣，以发生事故为耻，以严格标准为荣，以简化作业为耻，以遵章守纪为荣，以违章违纪为耻；

安全目标理念：零事故不是我们追求的目标，零风险才是我们永远的目标；

安全责任理念：责任重于安全，责任决定安全；

安全培训理念：内化思想，外化行为，塑造本质安全型人；

安全生产理念：安全第一，生产第二，不安全不生产，先安全后生产；

安全意识理念：安全只有起点，没有终点；安全生产只有更好，没最好。

3. 供热企业安全文化建设目标

供热企业在安全文化建设过程中，应充分考虑自身内部和外部的文化特征，引导全体员工的安全态度和安全行为，实现在法律和政府监管要求基础上的安全自我约束，通过全员参与实现企业安全生产水平持续提高。

9.3.2　供热企业安全文化的内容

供热企业安全文化是供热企业发展的重要保障，其内容包括落实安全生产责任、强化日常安全管理、加强安全教育和科技创新、提升全员安全文化水平等。

1. 落实安全生产责任

（1）建立健全并落实全员安全生产责任制

建立健全并落实覆盖所有部门、所有岗位、所有人员的全员安全生产责任制。全员安全生产责任制应定岗位、定人员、定安全责任，根据岗位的实际工作情况，确定相应的人员，明确岗位职责和相应的安全生产职责，并明确相应的考核标准。

（2）制定并落实供热安全生产规章制度

依据供热安全生产法律法规、规章、标准及规范性文件，结合供热安全生产实际，建立健全并实施企业供热安全生产规章制度。每年对安全生产规章制度进行复查或修订，公布现行有效的制度清单，确保供热安全生产规章制度符合安全生产现状。表 9-9 是某供热企业 2022 年安全制度汇编。

某供热企业安全制度汇编一览表（2022 年版）   表 9-9

序号	制度名称
1	全员安全生产责任制
2	消防安全责任制
3	安全费用管理规定
4	安全培训管理标准
5	安全检（巡）查管理标准
6	事故调查管理标准
7	隐患排查治理管理标准
8	应急管理规定
9	应急预案管理规定
10	有限空间作业安全管理制度
11	较大危险因素场所、设备和设施的安全管理制度
12	安全风险预控管理标准
13	危险作业管理制度
14	"主要负责人安全工程"管理制度
15	安全生产承诺诚信管理制度
16	安全会议管理标准
17	安全生产监察、保障管理制度
18	交通安全工作管理标准
19	消防安全管理标准
20	应急值守与信息报告管理规定
21	特种作业人员、特种设备作业人员安全管理制度
22	三同时管理制度
23	外委（相关方）单位安全管理制度
24	危险物品（危险化学品）管理制度
25	安全标志管理制度

序号	制度名称
26	安全用电管理制度
27	安全检查、监察管理制度
28	安全工作奖惩办法
29	治安保卫工作管理规定

（3）推行安全生产标准化

制定和执行统一的安全生产标准和规范，使供热企业安全管理更加科学规范。建立供热安全生产岗位标准，将每项工作具体分解量化成最小管理要素，实现人人有标准、事事有标准、时时有标准、处处有标准、物物有标准。健全基层供热安全生产管理标准，制定基层安全生产标准化建设方案，实现作业程序标准化、生产操作标准化、生产设备设施标准化、作业环境器具标准化、个人防护用品穿戴标准化、安全标志标准化、安全用语标准化。建立标准化动态自查机制，在保持静态达标的基础上，有计划地改进工艺技术、设备设施、管理措施，规范作业人员操作行为。

（4）制定并落实供热相关安全操作规程

依照供热安全生产法律法规、标准规范，结合供热工艺流程、供热设备特点以及原辅料危险性等情况，制定、实施并定期修订供热相关安全操作规程。操作规程应覆盖生产经营活动的全部生产操作，明确操作规程的审核审批流程、有效期限、学习培训和考核要求。表9-10是某供热企业安全操作规程。在新技术、新材料、新工艺、新设备设施投产或使用前应组织编制或修订操作规程。

某供热企业安全操作规程一览表　　　　　　　　　　表9-10

序号	制度名称
1	电气安全操作规程
2	管网安全操作规程
3	热力站运行、维护、检修安全操作规程
4	水处理安全操作规程
5	维修安全操作规程
6	有限空间安全操作规程
7	焊接安全操作规程
8	消防安全操作规程
9	锅炉专业安全操作规程
10	食堂安全操作规程

（5）建立并实施全员岗位安全责任清单和追溯问责

依据全员安全生产责任制、安全生产规章制度、标准及操作规程等有关规定，建立全员岗位安全责任清单，明确各岗位安全生产责任。全员岗位安全责任清单经各级负责人逐级审核，由企业发布实施。以全员岗位安全责任清单为基础，实施安全责任追溯问责。对安全生产规章制度、操作规程不落实和各级安全检查、隐患排查等发现的安全管理存在的问题，追溯责任，落实考核问责。

2. 强化日常安全管理

（1）安全风险分级管控

一是以安全风险辨识和管控为基础，从源头上全面辨识风险、分级管控风险，把安全风险管控放在隐患前面，努力把各类风险控制在可接受范围内，杜绝和减少事故隐患。二是建立并落实安全风险分级管控制度，明确安全风险辨识、评估的周期、方法和分级原则，全面辨识、定期排查、动态更新、严格管控生产工艺、设备设施、作业环境、人员行为和管理体系等方面存在的安全风险，准确评估确定风险等级，制定并落实风险分级防范措施。三是建立各级、各部门、各岗位安全风险分级管控清单，明确并公示各类风险管控的责任部门、责任人员和管控措施，确保安全风险始终可控。

（2）事故隐患排查治理

将各类生产经营活动纳入隐患排查范畴，认真排查风险管控过程中出现的缺失、漏洞和风险控制失效环节，全面排查和治理事故隐患，确保"人、机、物、环、管"处于良好的状态。建立并落实生产安全事故隐患排查治理制度，明确各级隐患排查治理和监控责任，采取技术、管理措施，即查即改。健全隐患排查治理台账，如实记录隐患排查治理情况，对治理结果通过职工大会或职工代表大会、信息公示栏等方式向全员通报。

（3）生产现场目视化管理

通过安全标识管理、看板管理、编码管理、定置管理，用安全标志标识、标签、标牌、编码、看板、安全色等方式明确现场人员分类、工器具、工艺设备的使用状态以及作业区域的危险状态，公示具体安全风险、事故隐患及安全措施，实现人员、设备设施、安全工器具、生产作业环境的目视化管理。

（4）强化危险作业管理

供热企业日常运营生产涉及吊装、动火、临时用电、有限空间、高处等危险作业。强化危险作业管理，一是健全并落实安全作业管理制度；二是严格落实危险作业许可，谁审批、谁签字、谁负责，严格执行作业流程，未经审批许可或审批程序不全的严禁施工；三是开展危险作业审批信息化管理，规范审批流程及内容；四是强化危险作业现场安全管理，严格落实作业人员、现场安全管理人员责任，确保作业过程中现场安全管理人员在岗履职，保证操作规程的遵守和安全措施的落实，现场安全管理人员不在施工现场的严禁施工。

（5）开展反违章管理

反违章管理是指企业或组织在生产经营活动中，通过一系列的措施和手段，预防和纠正员工违反安全操作规程、管理制度、法律法规、标准规范等规定的行为。供热企业反违章管理包括严格落实反违章管理制度，以"零容忍"态度严厉查处违章行为，强化反违章管理"五个不到位"的督查检查，发现问题及时整改等内容。

3. 加强安全教育和科技创新

（1）提高安全培训规范性

一是制定并实施安全生产教育培训计划，按规定建立安全生产教育培训档案，如实记录安全生产教育和培训的时间、内容、参加人员以及考核结果等情况；二是严把安全教育培训关，坚持先培训、后上岗，未经安全生产教育培训和考核不合格的从业人员，严禁上岗作业；三是强化安全培训考核问责，对允许未经培训考核合格上岗、无证上岗的，严肃责任追溯问责。

（2）创新模式提高安全培训效果

一是坚持自主培训与外部培训相结合、走出去与请进来相结合、课堂教学与现场指导相结合、集中培训与专项提升相结合，线下培训与线上培训相结合，丰富安全教育培训方式。二是推进 VR 情景体验式培训、新媒体自助学习培训等新型培训模式，以易于接受的情景、实物、视频、图像的方式激发员工学习兴趣。图 9-1 是某供热企业创新安全生产培训

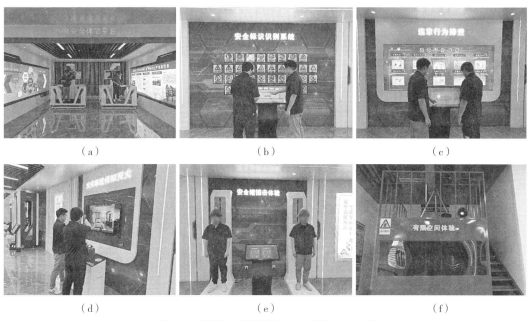

（a）　　　　　　　　　　（b）　　　　　　　　　　（c）

（d）　　　　　　　　　　（e）　　　　　　　　　　（f）

图 9-1　某供热企业创新安全生产培训方式实践
（a）VR 安全体验平台；（b）安全标识识别系统；（c）违章行为模拟排查设备；
（d）火灾事故模拟灭火设备；（e）安全帽撞击体验设备；（f）有限空间体验

方式实践。三是实施安全培训考核评价激励，全面提高安全培训的有效性。四是编制典型
事故案例汇编，总结经验教训，完善事故防范措施，定期组织开展吸取事故教训、认真查
改事故隐患活动，着力提升员工安全意识和自我保护意识。

（3）因需因人施教提高安全培训针对性

结合岗位需求实施分层分类培训，领导层突出安全责任意识能力培训，管理层突出安
全管理和执行能力培训，操作层突出规范操作技能培训。建立交通安全、消防安全、施工
安全、有限空间作业、高处作业、锅炉房运行、热力站运行、在职员工（三级教育）、外委
人员等相关人员的教育培训及考试题库，有针对性地开展安全培训和考核。

（4）大力开展安全科技攻关和成果应用

围绕安全生产工作中存在的突出问题和薄弱环节，加大技术创新项目立项实施，开展
核心技术攻关，持续提升安全生产的信息化、自动化、智能化、智慧化水平。加大安全科
技投入，通过示范工程、技术培训、推广应用等方式加速科技成果的转化和应用。大力推
进智慧供热、无人巡检等技术创新应用，积极采用新技术、新工艺、新设备、新材料，持
续提升安全生产科技保障能力。

（5）大力开展全员创新

通过构筑创新工作室、技术创新攻关小组等创新平台，围绕安全生产的难题、瓶颈，
通过课题立项、合理化建议等形式，向全体员工开放改进建议反馈渠道，引导全员开展
技术创新、岗位创新、管理创新。完善全员创新激励机制，搭建创新成果展示平台，定
期选树优秀典型成果，广泛宣传，营造浓厚的全员创新氛围。通过技能培训、技能大赛、
科学研究、学习交流、联合攻关、课题共享等形式，大力培养创新人才，持续提升全员
创新能力。

4. 提升全员安全文化水平

（1）确定岗位入职及上岗标准

依据岗位职责，明确从业人员入职标准，从源头上严把人员准入关，实现人员安全准
入。制定岗位上岗标准，包括岗位安全技能标准和岗位安全职责，要求员工依据岗位职责，
熟练掌握本岗位基本安全技能；依据岗位职责，主动获取并熟练掌握本岗位安全职责，在
日常工作及遇有突发情况时，准确履行岗位安全职责。

（2）加强外委单位安全管理

外委项目是指各业务部室根据自身经营方式和管理模式，需要由外部单位承揽实施的
项目。外委单位是承揽各业务部室外委项目的外部单位。外委单位安全管理包括将外委单
位纳入企业安全管理体系，建立外委单位用工档案及台账，动态掌握外委单位人员变化情
况，严禁无合同（安全协议）施工、未经安全教育培训合格上岗、特种作业人员无证上岗
等行为。

（3）完善岗位安全作业指导

依据岗位职责，结合岗位特点，完善岗位安全作业指导文件，实现岗位作业操作精细化、规范化、标准化。岗位安全作业指导文件包括但不限于岗位描述、岗位职责、安全职责、作业标准、安全风险辨识、系统内设备工艺等基本参数、工艺流程、应急处置措施等关键要素。

（4）建立岗位安全技能提升机制

鼓励员工参与合理化建议、全员创新等活动，积极参加职业资格认定、职业技能鉴定等相关考试和各类安全技能竞赛，促进知识更新，拓展知识领域，持续提升员工岗位安全技能。

（5）丰富员工安全文化体系

整合利用企业现有展板、横幅、宣传栏等传统媒体平台和公众号、企业网站、短视频软件等新媒体平台，创新安全信息传播载体，构建安全文化传播平台。搭建线上线下各类安全知识竞赛、安全技能竞赛、安全主题宣讲、安全隐患随手拍等安全活动平台，组织开展形式多样的安全活动，拓展员工参加的深度和广度，营造浓厚安全氛围，让安全文化核心理念内化于心、外化于行、固化于制，成为全体员工的行动自觉。

第 10 章

供热安全典型案例

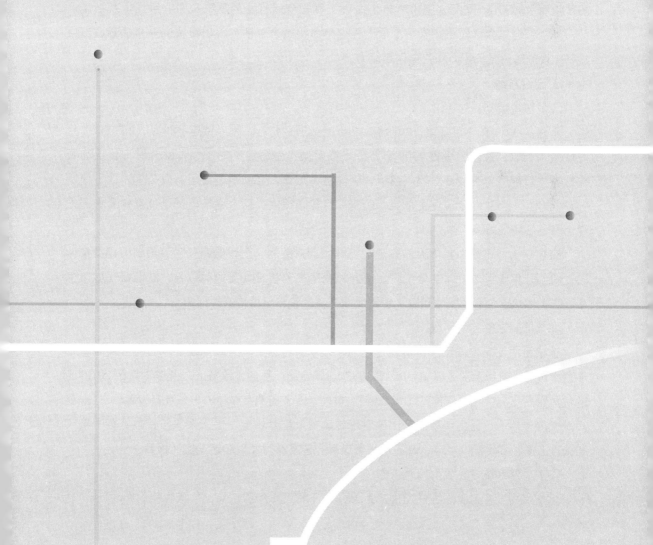

10.1　供热安全工程建设案例

10.1.1　城市生命线供热专项工程案例

1. 工程概况

2017 年，根据合肥市发展改革委、市大建设指挥部办公室《关于城市生命线反馈意见及政府相关批复》，同意合肥市城市生命线工程安全运行监测系统二期项目立项及初步设计，其中包含第六标段供热管网专项工程。生命线热力专项工程建成将进一步提升城市供热基础设施防灾减灾能力和安全保障能力。

2. 建设方案

（1）基本情况

工程从 2017 年 7 月开建，2019 年 10 月完成项目初验，进入试运行阶段，2020 年 8 月完成竣工验收、投运，投资 2500 余万元。参照城市生命线一期工程，由合肥市住房和城乡建设主管部门负责项目立项、招标、总体协调工作；合肥热电集团有限公司（以下简称"合肥热电"）为热力专项业主单位，负责项目需求提供、配合进行监测点位确定及施工过程监督、后期使用等工作。

该项目为城市热力基础设施安全运行提供实时感知、全程监测、预测预警，建立预警联动机制，保障供热管网安全运行，提升安全隐患分析及处置的时效性，从而减少城市生命线工程供热安全事故发生和地下管网泄漏，减轻灾害事故造成的损失。

（2）监测设备

该项目主要对直埋蒸汽管道运行压力、疏水温度及直埋一级高温热水管网重要位置处周边土壤温度进行监测（图 10-1、图 10-2）。在合肥一环内、政务区以及滨湖新区 201.5km 的供热管网（其中蒸汽管网约 161.5km），布设 425 个监测点位（850 个监测传感器），安装高温温度传感器、压力传感器、土壤温度传感器及配套供电、信号采集与传输、信号接收与处理设备，实现蒸汽管道、高温热水管道运行异常及时发现和泄漏实时报警。

（3）监测系统

供热管网安全监测系统开发语言为 Java，开发工具为 Eclipse，数据库为 oracle 11g，系

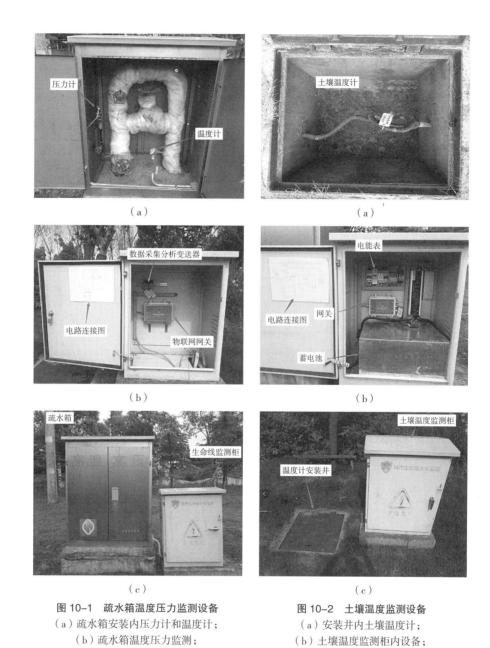

图 10-1　疏水箱温度压力监测设备
（a）疏水箱安装内压力计和温度计；
（b）疏水箱温度压力监测；
（c）疏水箱温度压力监测柜

图 10-2　土壤温度监测设备
（a）安装井内土壤温度计；
（b）土壤温度监测柜内设备；
（c）土壤温度监测柜和温度计安装井

统主要功能如图 10-3 所示，网络拓扑结构如图 10-4 所示。

1）基本信息管理系统：对供热管网各类信息进行集成管理和显示，支持对供热管网基础数据的查询、编辑和保存，便于系统访问人员对供热管网整体状态快速直观了解。

2）三维可视化管理系统：辅助确认报警信息的地理位置。当供热管网发生异常时，通过 GIS 系统迅速找到故障管段并获取管网基础信息，为技术、生产、应急抢险等部门提供参考，及时处理异常问题。

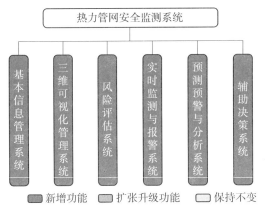

图 10-3　供热管网安全监测系统主要功能

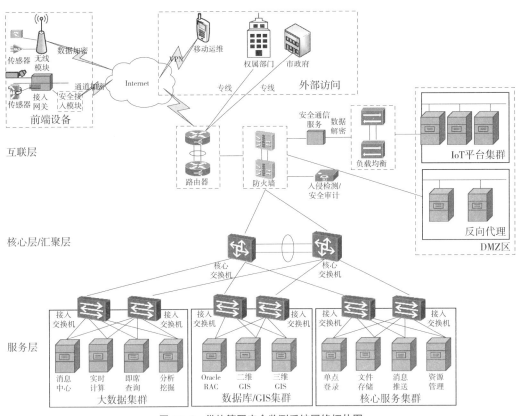

图 10-4　供热管网安全监测系统网络拓扑图

3）风险评估系统：建立供热管网泄漏风险评估数据库和综合风险评估数据库，评估管道本体的健康等级和综合环境因素评估的危害等级，并根据评估等级提出相应处置建议。

4）实时监测与报警系统：监测供热管网的管道运行压力、疏水温度和管道周围的土壤温度，实时监测报警；在预测预警系统中，对实时报警点进行深度分析，不仅可以对管道泄漏位置和泄漏量进行定位与计算，还可有效预防地下空洞形成。

5）预测预警与分析系统：根据运行数据和模型分析，预测区域管线发生事故的可能性，实现事故的早期预警、趋势预测和综合研判。

6）辅助决策系统：在维修时，辅助管理人员发现泄漏影响区域，有助于预防和减少次生衍生灾害产生，提出合理化处置建议。

（4）实施效果

2020 年 1 月 2 日，合肥市城市生命线工程安全运行监测中心（以下简称"监测中心"）通过日常监测值守发现芙蓉路与笔峰路交口西南角压力监测设备监测到蒸汽压力低于压力阈值下限，系统发出报警。经分析初步判断为蒸汽管道泄漏并及时将相关信息推送至合肥热电。合肥热电现场排查确认为第三方施工导致蒸汽管道泄漏，并立即开展抢修处置。该报警分析处置过程如下：

2020 年 1 月 2 日 21：54，芙蓉路与笔峰路交口西南角疏水箱内压力监测设备（具体位置见图 10-5）监测到蒸汽压力异常，系统立即发出报警，报警点压力监测曲线如图 10-6 所示。

值守工程师立即将报警信息推送至数据分析师，数据分析师结合该监测设备历史监测曲线分析发现：自 20：46 蒸汽压力开始缓慢下降，至 21：54 压力已降至阈值下限触发系统报警。随后仅用短短 9min，压力就从 0.5MPa 降至 0，如图 10-6 所示。同时查看位于该监测点上游压力监测设备的历史监测数据，如图 10-7 所示，该监测点压力也出现较大幅度下降。综合研判认为压力监测曲线变化规律符合蒸汽管道泄漏特征，基本确认芙蓉路管线（笔峰路至叠嶂路）蒸汽管道存在泄漏现象。监测中心立即将该报警信息上报合肥热电排查处置。

图 10-5　报警点压力监测设备位置图

24小时 7天 选择日期：2020-01-01 13∶09∶24至2020-01-03 13∶09∶24　　查询

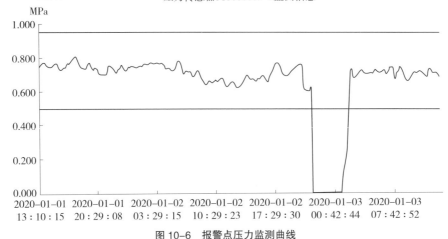

图10-6　报警点压力监测曲线

24小时 7天 选择日期：2020-01-01 13∶18∶13至2020-01-03 13∶18∶13　　查询

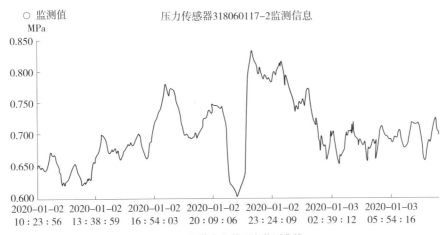

图10-7　报警点上游压力监测曲线

　　合肥热电接到报告后迅速赶往现场排查，发现芙蓉路与笔峰路交口东300m处蒸汽管道泄漏严重，泄漏原因是第三方施工破坏了地下蒸汽管道，导致管道失压触发系统报警。第一时间将排查结果反馈至监测中心，监测中心持续重点监测此区域并展开研判分析，为抢修处置提供技术支撑。经过近4h抢修，蒸汽管道恢复供汽。

　　3. 项目运维

　　该项目建成后，合肥市住房城乡建设主管部门负责城市生命线工程安全运行风险监测预警及联动的统筹协调、监督、预警管理；负责对供热管网设施运行风险处置情况进行监

督管理，督促相关单位加强安全管理，按职责对高风险预警做好应急准备；研究建立城市
生命线工程安全运行长效管理机制。

合肥热电负责对市城市生命线工程监测中心推送的风险隐患及时进行排查、处置和反
馈；共享权属基础设施基础数据、运营管理信息。

基于合肥市城市生命线工程监测中心平台，供热企业通过及时信息推送和月度、季度
定期分析报告，获取疏水阀异常状态、供热管网疑似漏点等风险评估、运行状态分析相关
信息，妥善处置第三方施工破坏导致管道失压等问题，对保障供热管网安全运行发挥了积
极作用。

10.1.2　热电厂配套管网工程管道泄漏监测系统案例

1. 工程概况

承德热力集团有限责任公司上板城热电厂配套管网工程于 2017 年正式投产，共建
设 $DN500 \sim DN1200$ 长输供热管线 24.9km，建设大型隔压换热站两座，设计总供热能力
630MW。建成后负责承德市高新区与主城区南部共 1400 万 m^2 的供热任务。

2. 建设方案

（1）技术方案

管道泄漏监测系统由云监测平台、中央监测设备、现场检测定位设备、太阳能供电系
统、室外固定检查点、室内检查点、井室检查点、信号线引出线、信号线等组成。

系统通过预制在保温管道保温层内的信号线（铜线），测量电化电压和绝缘电阻的变
化，从而判断是否泄漏。固定监测设备通过互联网将监测数据实时上传至云监测平台，用
户使用上网设备可随时查看监测数据。管道泄漏时（钢管内漏、PE 外护管外漏），用户收到
报警信息，通过现场定位设备对故障点进行检测定位，从而快速处理。

（2）系统构成

上板城热电厂配套管网泄漏监测系统将约 24.9km（双向）的供热管道分为 4 个监测区
间，配置 4 台监测设备，1 套云监测平台，可在监控中心、计算机、手机等用户端查看设备
运行情况。管网泄漏监测系统架构如图 10-8 所示。

为了便于日常巡检及发生泄漏时对泄漏点进行定位，该项目安装 48 个检查点，其中
31 个室外检查点，2 个室内检查点，15 个井室检查点（图 10-9），配备现场检测定位设备
一套。

监测点通过监测设备收集保温管道内预警线中的信号并上传到云监测平台（图 10-10），
用户通过云监控平台可实现计算机、无线终端登录监测软件，随时随地了解供热管网系统
运行状态和历史变化趋势。

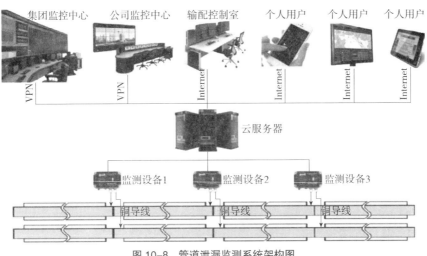

图 10-8　管道泄漏监测系统架构图

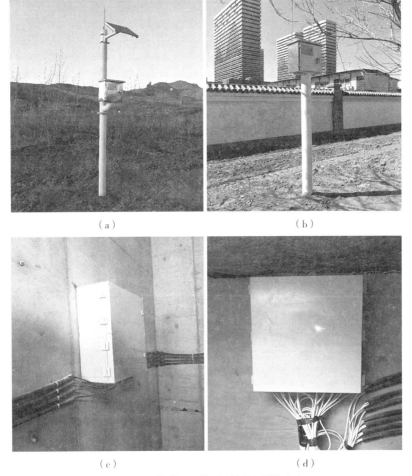

图 10-9　管道泄漏监测系统设备及检查点

（a）中央监测设备；（b）室外检查点；（c）室内检查点；（d）井室检查点

图 10-10　云监测平台

若云监测平台检测到故障会及时发出报警信号，维修人员在报警分区相应检查点，通过现场检测定位设备确定报警点的区间分段（图 10-11），再在分段内定位故障点准确位置，安排合适时间进行维修。

图 10-11　现场检测定位仪

3. 系统使用情况

自 2017—2018 供暖期开始，泄漏监测系统已连续使用 6 个供暖期，实施效果明显。

（1）有效提高保温补口质量

泄漏监测系统的报警线安装基本与保温补口工作同步进行，保温补口的严密性可以通过现场检测仪器随时检查，尤其对于水位较高区域或过河段，要求实施保温补口单位加强保温补口的质量，提高保温补口的严密性。否则，一旦报警线检测电阻值不合格，将要求施工队伍返工，而返工造成的损失由施工方承担，施工方为了降低返工率，提高工作效率，大大提升了保温补口的质量。

由于使用泄漏监测系统，整个工程保温补口气密性 100% 检测，合格率达 100%（图 10-12）。

（2）及时发出预警信号，确保管网安全

直埋预警线监测系统由预埋在直埋保温管道保温层中的特殊导线及监测设备组成。现

图 10-12　保温补口气密性检测

场通过线缆连接的漏点检测模块、通信模块将信号实时上传到监测平台。如果报警线与钢管之间的聚氨酯泡沫层有水（工作钢管漏水或保护层破损导致外部渗水），报警线与钢管间的电阻值由极大变为较小，检漏仪报警，提醒运行人员对报警管线进行现场检查。

2019—2020供暖期运行初期发现平台故障预警（图10-13），到场后发现因自来水施工导致管道保温外保护套遭到破坏，及时制止防止了事故扩大。

实际运行过程中，由于复杂的外部环境，比如管道保温层进潮、报警线与钢管短路等，经常出现误报现象。

（3）精准定位，缩小泄漏抢修时间

系统利用报警线与钢管之间电阻不均匀、现场检测定位设备（时间域反射仪）显示出反射波峰的原理，将测得的波峰反射回来的时间与信号传输速率进行比较运算，可测得起始点到电阻不均匀点的距离，实现对故障点的定位。实际使用中，正常情况下定位精度可精确到米级。

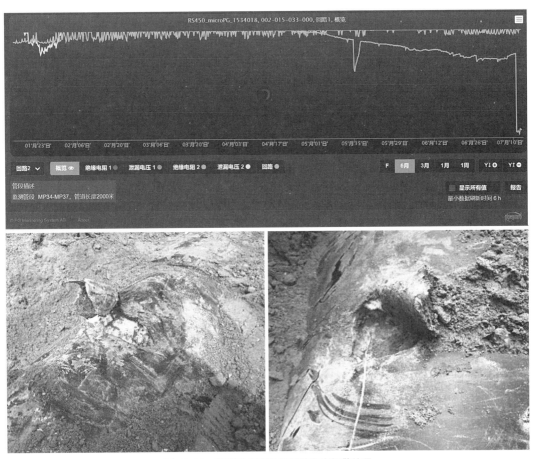

图10-13　监测平台实时监测并发出报警信号

2017—2018 供暖期，监测系统发现两根信号线的信号最强（说明潮湿特性最明显），其中一根信号线在距测量点 291m 位置处，另一根信号线在距测量点 287m 处，开挖至距测量点 291m 处时再次测量定位，最终确定浸水点在距测量点 289m 处。

经过双向测量定位，最终选取距离测量点 289m 处开挖，开挖后发现原补口位置碳化严重，且补口往两侧延伸 50cm 聚氨酯均被水浸泡（图 10-14）。施工人员随机对浸水保温进行切除后重新补口，有效消除了管网隐患，保证了管网的运行安全，并对延长设备使用寿命起到关键作用。

本次抢修从发现故障到精确定位故障点用时 1d，实际位置和定位位置偏差 2/291m，定位误差 0.7%。

该管道泄漏监测系统定位精确，但是对外部环境、保温管的报警线制作和施工质量要求较高，各个环节一旦不符合要求，将导致检测曲线杂乱，无法准确定位故障点，从而失去了安装使用的意义。

自 2018 年投入应用后，系统累计报警近 60 次，通过预警查处泄漏点 14 次，节约耗水 2.5 万余吨；无效报警 44 次，无效报警主要发生在地下水位较高位置，因保温接口处开裂，地下水渗入管道造成误报警。

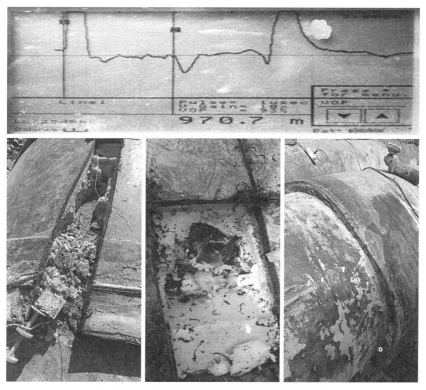

图 10-14　准确定位漏点位置并快速进行开挖修复

10.2 管网泄漏应急抢险工程案例

10.2.1 一级管网失水停泵应急抢险案例

1. 案例背景

太古热源为古交兴能电厂，供热机组共 6 台，热源配套 8 台循环泵，具体参数见表 10-1。兴能电厂通过 37.8km 长输管线（图 10-15），沿途布设 3 处中继泵站，1 处中继能源站，共配套 40 台循环泵维持运行，如图 10-16 所示。太古热区承担太原市区 6000 万～8000 万 m^2 的供热，一旦发生故障，影响极为重大。

太古热源供热能力参数   表 10-1

项目	供热机组	水泵台数	扬程（m）
兴能电厂一期	300MW × 2		
兴能电厂二期	600MW × 2	8（系统 I、II 各 4 台）	110
兴能电厂三期	660MW × 2		

图 10-15　太古长输高温网

2. 事件经过

2023 年 10 月 17 日 3:08，太古一级管网压力骤降，立即进行巡查，并启动管线各补水点补水，同时降低中继泵站一级管网侧循环泵运行频率至 27Hz，一级管网流量由 22000t/h 降至 15000t/h。尝试通过操作远程阀门对系统进行解列，但是因某关键阀门远程操作失败，未能实现解列。

由于系统压力持续下降且集团公司管理范围未发现漏点，循环泵持续降频，于 17 日 5:49 降至 10Hz。

图 10-16　太古长输中继泵站

10 月 17 日 6：22，外协单位告知在其管理范围发现漏点，正在关闭分支阀门以隔离漏点，如图 10-17 所示。

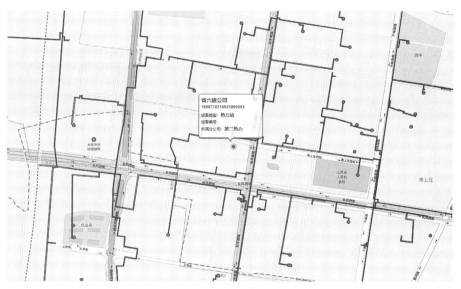

图 10-17　漏点位置

10 月 17 日 6：42，一级管网系统压力已降至 0.03MPa 以下并持续下降，根据公司《事故应急预案》规定，对一级管网系统进行停泵处理。

10 月 17 日 7：00，太原市数字城管中心采集员也发现漏点（图 10-18），可见现场仍在漏水，说明漏点未被完全隔离，已通知相关分公司。

图 10-18　漏点现场

图 10-19　漏点隔离后现场

10月17日8:27，关闭外协单位供热分支阀门进行隔离，并安排各补水点对系统补水（图10-19）。

10月17日9:31，现场发回照片，漏点已找到，责任单位正在跟进处理。

10月17日11:20，现场照片显示路面基本已无积水，施工方正在处理（图10-20）。

3. 事故原因

由于未及时发现一级管网泄漏并进行隔离，造成一级管网失压，为保障管网设备安全，按照《事故应急预案》对系统进行停泵处理。

图 10-20　漏点隔离处理

4. 事故总结

通过本次事故，总结以下经验：

（1）此次支线失水压力变化曲线如图10-21所示，与事实一致，说明数据传输正常，报警功能正常，可以实现热网泄漏监测，且在第一时间发现泄漏。

（2）本次共启动补水点5处，瞬时补水流量最大达到800t/h。由于中继能源站自来水流量较小，导致消防水箱液位过低，只能间歇性补水，无法实现持续补水，需对其进行改造。部分补水点由于人员、设备、物资等原因不能启动补水，上述问题均应在后续管理中及时予以解决。

（3）此次事故中分公司巡检响应及反馈较及时，发现失压后能在2~3h内完成查线并反馈。外协单位由接到巡线通知到发现泄漏点共经过3~4h，且该处漏点位于外协单位公司1km范围内，巡线响应不及时。后续应加强对外协公司的管理，提高事故处理效率。

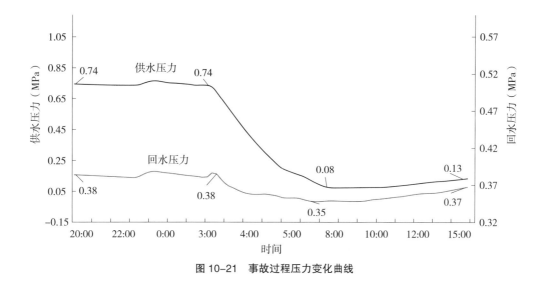

图 10-21　事故过程压力变化曲线

（4）此次事故中，电动阀门无法远程操作。如果电动阀门能远程操作，可以很快发现并隔离漏点区域，减少事故造成的损失，故应加强电动阀门远程操作功能保障。

10.2.2　供热主干线泄漏应急抢险案例

1. 案例背景

供热管道是城市集中供热系统的重要组成部分。随着城市发展，集中供热系统也在快速扩网增容，供热管网的施工质量尤为重要。供热管道施工过程中技术不过关、施工质量差，在后续运行中极易引发爆管，不仅造成经济损失和不良社会影响，也会影响公共安全。

2021 年 12 月 25 日，郑州市金水区东风路文博西路 $DN800$ 供热管道发生泄漏事故（图 10-22），该泄漏造成化工隔压站循环泵停运约 11.38h、北郊燃气锅炉房

图 10-22　事故现场图

全部停运约 5h，共有 757 座热力站受到影响，影响郑州市北部城区 2647.25 万 m^2 用户用热，总故障度高达 43653.2 万 $m^2 \cdot h$，为郑州热力集团有限公司（以下简称"郑州热力"）近年来最大的管网故障。

郑州热力北部电厂热源由国能荥阳电厂零次高温水送至化工隔压站、高新能源站，北区供热区域由化工隔压站与北郊燃气锅炉房联网供热，热源综合供热能力为 1240MW，折合供热面积 2756 万 m^2。一级管网最大总循环流量为 19706t/h，补水能力应不小于 788t/h（按总循环流量的 4% 计算）。定压点为化工隔压站，定压值（监测点）为 0.25MPa，补水点

为兴隆铺补水点、北郊燃气锅炉房。国能零次网定压点和补水点为国能荥阳电厂，定压值（监测点）为 0.25MPa。北部供热区域热源设计参数及供热能力见表 10-2。

北部供热区域热源设计参数表　　表 10-2

| 供热区域 | 热源 | 设计参数 | | | 热源综合能力 | | 补水点 |
		供热能力（MW）	温度（℃）	循环流量（t/h）	综合供热能（MW）	折合供热面积万（m²）	
北区	国能荥阳	900	130/75	5000×2 汽动 2500×4 电动	820	1822	国能荥阳电厂
	北郊一期	290	130/70	2300×2+1150×2	540	1200	兴隆铺补水点
	北郊二期	290	130/70	2600×2+1300×2			
	化工隔压站	73×11	120/65	2400×6	700	1556	

实际运行中，化工隔压站实际供热能力为 313~693MW，循环流量为 8379~10953t/h，北郊燃气锅炉房实际供热能力为 192~540MW，循环流量为 5143~9237t/h。一级管网总循环流量为 13522~20190t/h，平均流量为 0.49~0.71kg/（m²·h），一级管网最高供水温度为 107℃，热源处最高供水压力为 1.12MPa。国能荥阳电厂实际供热能力为 539~820MW，零次网循环流量 12000t/h，最高供水温度为 117℃，最高供水压力为 1.64MPa。泄漏前运行工况见表 10-3。

北部供热区域热源运行工况表（2021 年 12 月 25 日 2：00）　　表 10-3

供热区域	热源	实际供热能力（MW）	循环流量（t/h）	供水压力（MPa）	回水压力（MPa）	供水温度（℃）	回水温度（℃）
北区	北郊一期一次侧	164	3217	1.16	0.67	97	51
	北郊二期一次侧	240	4710	1019	0.66	91	51
	化工隔压站一次侧	684	10169	1.06	0.29	107.7	50.1
	高新隔压站一次侧	352	9347	0.72	0.32	73.9	40.6
	国能荥阳零次侧	823	11243	1.78	0.44	120.1	55.1

2. 事故经过

2021 年 12 月 25 日 2：30，郑州热力调度中心在智慧供热系统监测中发现化工隔压站一次侧流量由 10000t/h 降至 8800t/h，回压参数异常下降，兴隆铺补水点补水量由 66t/h 突然提升至 727t/h，补水量突然增加，回水压力失常，降至 0MPa。调度中心初步判定北部化工隔压站区域发生管网泄漏，紧急启动管网故障应急预案。值班员立即联系管网运行维护公司和北区分公司，要求立即组织排查，同时开展紧急处置。供热调度部门充分发挥大联网优势，紧急调整调配热源。

（1）先期处置

北区分公司以最大能力向管网补水，关闭化工隔压站零次侧阀门，北郊燃气热源厂相应调整锅炉运行台数，高新隔压站提升零次侧流量，充分混合零次回高温水。国能荥阳电厂降低负荷和流量，以应对化工隔压站一次侧泵全停工况，确保化工隔压站零次侧高温（122℃）回水与高新区供热回水充分混合，最大限度降低高温水温度，最大限度减小其对电厂及零次管网的影响。

（2）漏点确认后处置

2：57，管网运行维护公司和北区分公司确认漏点位于东风路文博西路西 10m DN800 管道上。总调度通知北区分公司协助管网运行维护公司解列漏点，关闭 3 处阀门：东风路文化路东侧阀门、文博东路东风路南侧阀门、东风路文博东路东侧阀门（解列涉及热力站点 15 座，面积约 117.55 万 m^2）；联系电厂降低部分流量；北郊一期全部停炉，化工隔压站零次侧阀门全部关闭，兴隆铺补水点停止补水。

（3）管网抢险抢修过程

3：26，管网运行维护公司第一组人员到达现场，做好现场警戒工作，防止次生事故发生，同时关闭阀门解列故障区域。

3：41，管网运行维护公司第二组人员到达东风路文化路东阀门位置，开始关闭操作。因文博东路东风路南侧阀门已被水淹没，解列范围往南扩至文博东路农科路北侧阀门；解列过程又发现东风路文化东侧阀门无法保证操作安全，往西扩 3 处阀门：东风路文化路西侧阀门、文化路东风路北侧阀门、文化路东风路南侧阀门，漏点解列阀门增加至 5 处。

4：52，恒大名都漏点 5 组阀门已全部解列，通知北区分公司以最大能力补水，做好漏点解列区域外供热恢复工作。

6：16，故障区域解列完毕，泄漏处已不再冒水，施工抢修单位立即进行抢修作业。

6：59，管网运行维护公司缩小文博西路漏点解列区域：关闭 3 处阀门（东风路文化路东侧阀门、文博东路东风路南侧阀门、东风路文博东路东侧阀门），解列涉及热力站 3 座，面积约 18.17 万 m^2。

11：09，抢修工作焊接完成，管网开阀注水。

抢修过程供热调度：管网解列抢修时国能荥阳电厂将流量控制在 6000t/h，热负荷为 400MW，考虑管网压力高，将高新隔压站零次流量维持在 6000t/h，高新锅炉房停运。解列完成后，高新燃气锅炉房先启动一台锅炉。

6：35，零次网供热参数稳定，国能荥阳电厂将供水温度提至 105℃，北区补水量维持在 830t/h 左右（兴隆铺补水点补水罐已无水，补水量维持在 430t/h；北郊自来水受限，补水量维持在 400t/h）。

6：51，高新锅炉房启动第二台燃气锅炉。

7：20，国能电厂回水温度最高升至 74.5℃。

7：58，北郊锅炉房启动。

11：06，北郊燃气锅炉房 10 台燃气锅炉全部启动，管网流量、温度达到供热要求，连霍以北区域开始恢复供热。

13：01，东风路文博西路西南角漏点处解列阀门全部开启，解列区域恢复供热。

14：29，化工隔压站开始投运，国能荥阳电厂的流量逐步提升至 9000t/h，回水温度最高 84.9℃。

18：00，郑州北部区域开始恢复供热，为避免北区一级管网供水温度较大波动，降低化工隔压站流量，将供水温度控制在 80℃。

20：00，高温回水已返回国能荥阳电厂，流量逐步提升至 12000t/h，北部区域供热完全恢复。

3. 事故原因

此次大面积停供源自金水区东风路文博西路 $DN800$ 管道发生泄漏，泄漏位置位于管道上方。经过现场勘察和技术分析，泄漏原因为施工时开口焊接不到位，焊缝不紧密，运行过程中焊缝爆裂导致泄漏。事故暴露出供热管网工程建设施工监管不到位，工艺把控不严，施工不规范，焊缝的焊接质量未达到相关技术要求。

4. 事故总结

（1）事故损失

本次泄漏由于漏点位于北区化工路隔压站主干线，泄漏致化工隔压站回水压力直接下降至 0，造成化工隔压站、北郊热源厂停运，郑州市北部区域暂停供热，影响 2647.25 万 m^2 用户用热，泄漏总故障度高达 43653.2 万 $m^2 \cdot h$。

（2）改进措施及建议

1）供热管网建设一定要重视施工质量，加强施工监管，严格落实国家有关规定和技术标准，有效开展施工技术交底和工程技术核定工作，严把工程验收关，确保投运后管网安全运行。

2）完善老旧管网安全检测和评估制度，利用先进技术装备，对老旧管网安全现状进行检测评估。根据检测评估结果、管网建设年限及管网故障次数，确定隐患管网改造项目，加大老旧管网改造力度，能改尽改，不断消除管网安全隐患，补齐供热短板，提升供热管网的安全性和稳定性。

3）严格履行安全生产主体责任，以预防为主，进一步建立、健全、落实各项安全生产制度，层层压实各级安全生产责任，严防各类事故发生。

4）在非供暖期常态化开展供热管网满水湿保养和定期冷态运行是提升供热系统可靠性的重要手段。坚持"冬病夏治"工作，进行大修技改、维护保养。非供暖期主要对管位周边施工、管网非法开口巡查，现场下达张贴施工保护告知书，避免管网非正常损害。

5）加强供热管网隐患排查治理，结合双重预防体系，根据管网运行不同阶段巡检要求，第三方巡检、生产班组、施工单位相互协作，闭环管理。在供暖期加强对零次网、一级管网、一次支网、二级管网、庭院管网、检查井、架空管道的详细排查；重点加强人员密集区（如学校、医院、商场等）、重要路段、重点部位的巡查，并把老旧管网或运行期无法整改的隐患风险列为重点对象，加强巡视，保证故障及时被处置，并建立巡查台账，做好巡查记录。

6）加强供热管网运行调度监控，提高应急处置能力。加强对管网运行参数的监控和调整，提升预测预判能力。制定优化运行方案和应急预案，提高应急响应速度，将管网泄漏造成的损失减小到最低。巡检人员检查中发现问题、隐患、险情即刻就地进行警示警戒维护，防止次生事故发生，及时逐级上报并组织检修或抢修。

7）为切实提高管网巡检效果，及早发现隐患，保障人民群众出行安全，应扩大智慧巡检系统和智慧井盖的应用。

10.2.3　地铁施工破坏供热管道应急抢险案例

1. 案例背景

2021 年 2 月 3 日 16：25，天津市城安热电有限公司（以下简称城安热电）一级管网瞬时补水量异常升高，回水压力骤降，排查确定梅江东道地铁施工单位使用大型机械施工，破碎锤击穿 280mm 保护盖板后打漏热力管线 DN900-600 供水抽头，造成供热管网外力破坏泄漏以及晚高峰期间解放南路交通中断。该事件直接导致 9 座换热站、17.7 万 m^2、2196 户供热中断 5h，间接影响纯正路支线和解放南路末端 38 座换热站、138 万 m^2、2.4 余万户用热，造成经济损失约 41.6 万元。

2. 事故经过

（1）前期对接工作。

1）召开技术交底会。2020 年 11 月下旬，城安热电主动与项目施工单位就地铁梅江道东站项目供热管网保护和切改工作进行接洽，组织工程管理部、输配管理中心及安全环保部等相关部门与地铁工程项目部召开技术交底会，听取地铁施工方介绍相关区域内施工计划，明确供热管网防外力破坏要求，研究了供热管网防外力破坏实施方案，建立了联络机制，确保联络畅通。

2）函告落实管网保护机制。2020 年 12 月 4 日，为了强化落实管网保护机制，城安热电向地铁工程项目部发送《关于落实地铁施工区域供热管网安全保护机制函》，12 月 5 日取得对方回函，回函上明确表示会完善施工区域供热管网安全保障工作，确保施工区域供热管网安全措施有效。

3）签订管网保护协议。2020 年 12 月 7 日，城安热电与地铁工程项目部签订管线保护协议。通知地铁工程项目部开工前必须委托具有资质的测绘单位对区域内供热管网进行实地勘测，并在开工前通知城安热电，为巡视人员每日进场巡视和旁站提供条件。

4）坚持每日巡视。2020 年 12 月 23 日起，地铁工程项目部在供热管网区域外开始施工，输配管理中心人员以及供热维服人员每天进行施工现场巡线。2021 年 2 月 3 日上午，城安热电输配管理中心人员再次与地铁工程项目部确认 DN900-600、DN900-125 两个供水抽头位置，并一再强调供热附近严禁私自施工；如必须施工，应在施工前及时通知输配管理中心人员旁站监督施工。

5）管网信息测绘核对标识。2021 年 1 月 19 日，城安热电输配管理中心人员现场指认供热管线敷设位置，并在路面用自喷漆标定位置（图 10-23）。输配管理中心人员根据城安热电《管线及附属设施预防外力破坏实施办法》的规定，告知施工单位在供热管网区域施工前，务必通知输配管理中心人员现场旁站监督。

图 10-23　地铁施工区域供热管线标识

（2）事发经过

1）及时发现异常并确定泄漏点。2021 年 2 月 3 日 16：25，天津能源集团供热调度中心、城安热电调度中心同时接到系统报警，发现一级管网瞬时补水量异常升高，回水压力骤降，城安热电调度中心立即通知输配管理中心前往地铁项目、陈热老厂区等重点点位进行现场排查。第一时间与以上重点点位项目负责人联系，协助排查泄漏点具体位置。同时，城安热电联系天津能源集团供热调度中心启动各补水点，维持一级管网运行稳定。

16：32，输配管理中心接到地铁工程项目负责人通知，梅江道地铁施工区域内破路施工造成供热管线外力破坏。

2）立即启动应急响应。16：34，城安热电立即启动应急响应，按照应急预案，成立主要领导任组长的应急领导小组，并赴泄漏点位进行现场指挥。

3）紧急部署降流量、关阀隔离工作。16：35，应急领导小组调配输配管理中心、西青供热服务中心现场应急抢险组和三支应急操作队伍，组织各操作人员携带应急照明和通风设备、供电设备、硫化氢检测仪、安全带、固定支架、呼吸面具等抢修工器具，紧急赶赴泄漏点位、解放南路珠江道交口、解放南路河西区重点工程指挥部以及解放南路梅江道交口，开展现场管控、阀门关闭准备工作，并检查阀门状态，同步办理有限空间作业票。

4）指挥应急人员及时到场查明情况。16：42，公司领导到达现场；16：50，现场第一批抢修人员到达现场。经现场查勘获知，15：50，地铁施工单位在未告知城安热电的情况下私自施工，进行路面破除作业；16：23 在破除路面作业过程中使用破碎锤击穿 280mm 保护盖板后进而打穿热力管线 $DN900-600$ 供水抽头，造成管网泄漏（图 10-24）。

5）现场应急疏导处置。16：55，城安热电现场指挥组配合地铁施工单位与交通管理单位、排水单位进行现场对接，对漏水周边道路进行交通疏导，对积水进行疏排，并调配融雪剂现场喷洒，同时对施工现场进行封堵围堰，防止泄漏高温水扩散外排（图 10-25）。

图 10-24　保护盖板被破坏

6）启动降流量关阀隔离措施。17：10，经现场研判，总指挥下令，城安热电调度中心向天津能源集团供热调度中心申请降低陈热电厂出厂流量、二级泵站出口流量，申请关闭一次侧相关阀门。18：00，关闭全部供水阀门，开启放水阀进行一次供水管网泄压放水。18：10，区域内换热站一次侧压力降至 0，但现场漏点仍存在微小渗漏，不具备焊接条件。经现场查验判断，河西区重点工程指挥部院内 $DN900$ 阀门、解放南路与黑牛城道交口西南侧 $DN800$ 阀门严密性不够。18：15，现场总指挥下令，向天津能源集团供热调度中心申请继续扩大阀门关闭范围。经批准后，于 18：50 完成阀门关闭。

图 10-25　突发事件导致晚高峰期间
解放南路交通中断

7）同步开展抢修堵漏准备工作。18：20，城安热电确定应急抢修方案，采取对外力破坏缺陷点位焊接封堵阀门措施进行快速封堵，增设大口径管道自吸泵加大排水量，加快泄压速度。同步完成动火安全作业证、临时用电安全作业证、动土安全作业证签署，以及抢修人员、材料和设备设施的准备工作。为最大限度减小对缺陷区域外用户的影响，启动联网应急调整，并隔绝停热换热站，保证解放南路回水管正常运行。21：35，管道具备焊接堵漏条件。22：15，完成漏点封堵，$DN250$ 球阀焊接，顺利完成抢修工作（图 10-26）。

图 10-26　完成现场供热抢修工作

8）快速恢复正常运行。22：25，利用一次回水向供水管网补压。22：40，供水管定压完毕，依次开启关闭阀门。22：50，恢复正常供热。

3. 事故原因

（1）直接原因

地铁项目施工单位在现场作业时未按照双方协议约定提前通知城安热电进行现场监护，且未按照其施工方案实施管线区域人工探挖，直接使用大型机械野蛮施工，导致管线破损。

（2）间接原因

地铁项目建设单位向地铁项目施工单位落实管线交底工作不到位，管线防外力破坏机制不完善；地铁项目施工单位未严格履行安全生产主体责任，安全管理存在漏洞，未落实技术交底要求；地铁项目监理单位履行监理责任不力，未及时发现并制止施工单位违规行为。

4. 事故总结

事故发生后，城安热电举一反三，深入开展防外力破坏专项大排查大整治工作，对管线周边各施工现场进行专项检查，完善现场管线定位标志及视频监控设施，层层压实排查整治责任。严格落实管线周边施工现场每日巡视和旁站监护，做到"动工即知，动土即盯"。进一步强化管线周边施工单位交底机制，要求项目施工单位委托城安热电认可的测绘单位开展区域内管网信息勘测，确保双方要求明确、信息共享，共同做好施工区域内供热管线防护工作。

10.2.4 供热主干线补偿器泄漏应急抢险案例

1. 案例背景

唐山市热力集团有限公司（以下简称唐山热力）陡电及北郊热源厂管网承担供热面积1000余万 m^2，已正常运行6个供暖期。供暖期开始后，随着室外气温逐步降低，供水温度逐步提高，管网压力也逐步提高。因电厂电负荷波动，造成供水温度波动超过正常范围，管道内压力也随之发生较大变化，管道本身因热胀冷缩产生的应力也逐步变化，从而导致管网薄弱点或补偿器发生泄漏。

2023年1月29日7：30，唐山热力管网公司在正常巡视过程中发现井室内有少量蒸汽冒出。当时室外温度约为 $-7℃$，管网内供水温度约为 $95℃$，怀疑该处发生管网泄漏，但在井室内并未发现漏点，立即组织人员在井室附近进行开挖查漏并抢修。

2. 泄漏原因分析

为该区域供热的电厂机组为抽凝机组，在供热严寒期所需供水温度较高时，因电厂发电量受电网负荷变化,该热源厂供水温度也随之变化,且波动范围超过每小时升高或降低5℃的标准。泄漏发生后,电厂压力变化不大,但该热网的补水量从25t/h升高至45t/h。在供热严寒期,供水温度持续升高过程中,热网的补水量应保持不变,初步判断产生该漏点与供热期间电厂供水温度多次快速波动有关。

3. 抢修方案制定

唐山热力陡电及北郊热源厂管网供热区域内直埋管道 $DN1200$ 供水波纹补偿器发生泄漏,此处管网为城市主干线,且处于严寒期,如果停热泄水抢修,不仅抢修时间长,并且会造成550余万 m^2 的用户停暖。经现场情况研判,仅补偿器一侧漏水,使用 $DN1200$ 补偿器专用卡具进行带压抢修封堵,保障供热运行。抢修人员在焊工配合下固定补偿器专用卡具,采用注胶密封法用注胶枪将胶棒注入卡具与管道之间的缝隙,直至完全填充,完成抢修任务(图10-27、图10-28)。待供暖期结束后,对该补偿器进行更换。

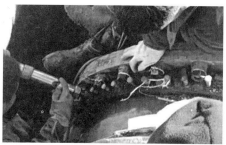

图 10-27　抢修现场固定补偿器专用卡具　　　图 10-28　采用注胶密封法进行注胶堵漏

4. 经验总结

针对本次事故,唐山热力进行分析和总结,确定应加强以下工作:

1)加强调度室与电厂的协调与沟通。供热初期供水温度波动应严格遵守每小时升温或降温不超过5℃,并且按照唐山热力调度温度曲线和流量对电厂进行调度,降低温度波动对管网安全造成的影响。

2)加强管网巡视,全面排查管网检查井,采用热成像仪对井室及地面进行巡视,配合加强人工巡检力度,避免因漏点较小但持续漏水造成较大的热量损失,力争早发现、早处理。对供热年限较长可能造成管壁过薄、存在供热安全隐患的管道在停热后进行维修或更换。

3)唐山热力管网公司应做好大口径及异形件的备品备件工作,避免因产品备件缺失影响抢修从而造成大面积长时间停热,提高抢修效率,缩短抢修时间,降低停热风险。

10.3　供热设备设施故障应急抢险案例

10.3.1　供热管网主循环泵故障案例

1. 事故经过

2017 年 12 月 21 日 19：49，太古长输高温网 2 号循环泵泵站 4 台供水循环泵电机冷却风机同时故障停运。经排查，由于 3 号循环泵电机冷却风机缺相短路所致。查明原因后，于 20：03 立即恢复 1 号循环泵、2 号循环泵、4 号循环泵电机冷却风机供电，设备正常运转。由于 3 号循环泵电机冷却风机故障，3 号循环泵停运等待水泵厂家进一步明确故障原因。

19：50　2 号循环泵泵站车间内噪声突然降低，值班人员立即对车间现场进行检查，发现供水 1~4 号循环泵电机冷却风机同时停运，立刻电话通知调度中心。

19：50　调度中心要求值班人员将系统控制权切换至就地控制，并尝试 PLC 就地启动电机冷却风机，并通知专业电工进行排查。为保障设备安全，调度中心运行人员通过 2 号循环泵泵站监控数据观察对应电机定子和轴承温度，当温度高于 70℃时开始降低该故障泵组的运行频率。经观察，1~4 号循环泵电机温度开始升高，最高为 64℃（其余电机为 53℃左右）。

19：58　2 号循环泵泵站 PLC 室运行人员尝试远程启动 1 号循环泵、2 号循环泵电机冷却风机（3 号、4 号循环泵电机冷却风机因不能远程启动，一直处于就地启动状态），启动失败。

19：59　经排查，导致风机停机原因为 3 号循环泵电机冷却风机空气断路器和 1~4 号循环泵冷却风机总进线空气断路器两级跳闸。

20：00　工作人员将系统总空气断路器合闸，将 1 号循环泵、2 号循环泵电机冷却风机操作权限切换至就地，通过风机就地控制柜成功启动 1 号循环泵、2 号循环泵电机冷却风机，对 3 号循环泵电机冷却风机空气断路器合闸，供水总空气断路器再次跳闸，确定故障点为 3 号循环泵电机冷却风机。

20：03　工作人员再次将供水总空气断路器合闸，并通过风机就地控制柜启动 1 号循环泵、2 号循环泵、4 号循环泵电机冷却风机。

20：15　将供水 3 号循环泵降频停泵，并对其电机风机进行仔细检查。

21：44　工作人员确认 3 号循环泵电机冷却风机存在短路，从而造成空气断路器跳闸，联系水泵厂家协助检修。

22：03　关闭供水 3 号循环泵进出口阀门。

22：22 工作人员断开 35kV 变电站 3 号循环泵 10kV 供电出线。

22：26 通过监测数据观察电机定子及轴承温度，1 号、2 号、4 号循环泵电机温度均恢复正常。

12 月 26 日，水泵厂家代表到达现场，拆解 3 号水泵电机后发现此电机轴承磨损电机端盖，导致转子磨损定子铁芯，内部存在大量铁屑，造成电机内部短路。

故障空气断路器及风机如图 10-29 所示。

图 10-29　故障空气断路器及风机

2. 事故原因

由于 2 号泵站变频器未设置电机冷却风机故障停机延时 60s 停循环泵的连锁保护，因此从故障发生至 1 号循环泵、2 号循环泵、4 号循环泵电机冷却风机恢复运行的 14min 时间内，4 台循环泵继续运行，但电机温度较正常温度上升 10℃左右。在此期间，电机定子及轴承温度尚在安全范围，对电机尚未造成较大影响。

通过分析事故经过，确定冷却风机短时间（10min 以内）停机不会影响循环泵电机正常运行，所以应在冷却风机停机故障后及时通过声光报警反馈给现场值班人员，按预定方案排除故障或人工停机，无须连锁停机。必须对各泵站变频器设置的停电机风机连锁、停循环泵时间参数进行调整或改造连锁内容，即延长变频器风机连锁停泵时间，延长至 15min 及以上，或取消风机与变频器电机连锁，降低或消除风机停机导致系统停泵事故的发生概率。

3. 事故总结

通过本次事故，总结以下经验：

（1）检点各泵站，对存在冷却风机不能完全实现远程启动的，必须要求软件及设备厂家查清原因，实现远程控制。

（2）必须增加泵站 PLC 室及调度中心冷却风机故障声光报警，当出现风机故障停机时有报警提示，并弹出对话框显示报警内容。

（3）出现冷却风机短路故障是一次偶然事件。当冷却风机配电线路出现短路，短路电流超过现场冷却风机配电箱总进线开关和分支开关的瞬动电流值，造成越级跳闸，使其他分支回路断电，造成事故扩大。建议将冷却风机控制箱进线开关更换为隔离或负荷开关，由泵站总配电柜相关回路开关保护，减少一级空气断路器级间的配合。

（4）各泵站 35kV 变电站必须明确低压风机各级别空气断路器位置，运行人员熟悉风机空气断路器跳闸时的检查流程，以便在故障状态下快速反应。

（5）当冷却风机停运时，需要时刻关注电机温度，需要明确调度中心电机显示温度对应的现场位置。按照厂家设备说明，电机润滑脂报警温度为 95℃，轴承最高报警温度为 80℃，电机绝缘等级为 F 级温度小于 80℃，按照最低要求则取测量温度小于 80℃，再选取安全裕量 5℃，即当测点观测温度高于 75℃时采取设备保护措施，应及时降频甚至停泵。

（6）由于高温管网运行温度接近常压沸点，按照控制策略，当泵站需要降频停运供水泵时，需要观察管网局部高点的压力不应低于 0.5MPa，如低于该压力，要联系电厂提高定压，确保运行安全。

（7）针对此次冷却风机故障，启动编制故障应急预案，组织运行人员定期演练，缩短故障恢复时间。在日常运行中应加强巡视，保证供热系统稳定运行。

10.3.2　架空管道脱落事故应急抢险案例

1. 案例背景

随着我国城镇化进程的推进，各地集中供热事业发展迅速，供热能力不断提高，同时也产生大量超期服役的老旧供热管网。老旧供热管网由于运行时间较长，技术水平落后，管网中的组件（如管道、阀门、支架、保温等）会有不同程度的腐蚀或损坏，严重影响供热安全，尤其是架空敷设的老旧管网，事故风险等级较高。

郑州热力的集中供热管网运行至今已有 40 年，存在一定比例的运行 20 年以上的老旧管网。2017 年 11 月 29 日，郑州市庆丰街二七城建局支线因支架倒塌引发供热管道断裂泄漏。该段支线始建于 1996 年，于 1997 年投运，管径为 DN200，至事故发生时已运行 20 年。泄漏管道采用架空敷设方式，架空高度约 3m，长度约 140m。泄漏时热源参数为 0.73MPa/0.25MPa，事故影响站点 16 座，造成供热区域 20 多万 m² 用户停热 11 小时 5 分钟，二七城建局 4 万 m² 用户停热 8 天，共有 5 名路人被轻微烫伤，11 辆车辆不同程度损毁，2 处房屋内财产受损（图 10-30）。

图 10-30　阀门解列后事故现场

2.事故经过

2017 年 11 月 29 日 20：16，郑州市庆丰街二区城建一次支网发生泄漏事故。20：31，接到报警信息后郑州热力立即启动管网泄漏事故应急预案，管网运行维护公司抢险人员立即赶往事故现场紧急抢险，初步判定泄漏原因为该支线架空管道脱落断裂。事故发生在小区旁胡同里，现场有大量热水聚集（图 10-31），最深处热水及膝，现场浓烟环绕，能见度非常低，部分车辆被

图 10-31　事故抢险现场

掉落管道砸坏，部分行人被高温水烫伤，热水也蔓延至旁边一间仓库和一家公司办公室，导致部分计算机、文件、灯饰受损。

事故发生后郑州热力领导第一时间赶赴现场，组织制订抢险方案，指挥抢险处置工作。

（1）抢险抢修方案

首先对现场进行封锁，禁止无关人员出入，防止再次产生二次伤害。对脱落管道实施切割处理，将该支线未脱落管道及支架全部拆除，事故段架空管道拆除后运离现场，紧急调配同管径新的供热管道入场，全部通过直埋方式进行敷设。

（2）供热保障方案

在该支线前端加装一组 DN200 阀门，将事故段解列，尽快恢复其他用户供热，减少停热面积，保障区域用户供热。

（3）抢险过程

为防止次生事故发生，郑州热力抢险人员立即设置警戒带、反光锥，对现场进行封锁隔离，确保周边行人安全。郑州热力部分抢险人员现场协助消防、医护人员救助受伤人员，

部分抢险人员立即前往周边解列阀门，紧急关闭淮河路大学路和淮河路京广路口两处阀门。

21：01，事故区域阀门解列完毕，现场得到控制。半小时后积水逐渐退去，烟雾消散，抢修人员开始清理现场，恢复附近交通。现场初步具备施工条件时，抢修人员立即展开抢修工作。

经过抢修人员连夜持续抢修奋战，11h后现场架空管道拆除完毕、阀门加装完毕。

11月30日8：08，除二七城建支线用户外，其余受影响用户恢复正常用热。

12月7日，新更换管道敷设完成，该支线用户恢复正常供热。

事故发生后，郑州热力深刻吸取事故教训，立即对各供热分公司下达管网安全隐患排查紧急通知，要求对架空管网安全隐患进行拉网式全面排查，确保隐患全部整改。

3. 事故原因

（1）直接原因

二七城建局支线投运已达20年之久，架空管道支架根部存在严重锈蚀，每年供暖期受室外气温变化以及电厂调峰影响，供热介质的温度、压力也处于不断变化中，导致管道不断产生热应力，从而推动管道发生位移。2017—2018供暖期，11月15~28日室外气温较高，达5~16℃，而到29日气温大幅下降，仅-1~6℃。为保障用户的供热质量，热源单位根据室外气温变化提高供热温度，因此产生的热应力使架空管道发生轴向位移，部分支架由于根部已锈蚀穿透且无滑动托架（图10-32），无法承受管道的轴向位移力从而断裂倾倒，悬空管道在轴向力与自身重力作用下向下脱落，因失去支撑发生管道断裂，引发泄漏事故。

图10-32　支架根部锈蚀

（2）间接原因

运行和维护单位日常管理工作不到位，对设备设施缺乏必要维护保养，对风险隐患不能及时排查，没有及时消除安全隐患。

4. 事故总结

（1）事故损失

此次事故影响站点16座，造成供热区域20多万 m^2 用户停热11小时5分钟，二七城建局4万 m^2 用户停热长达8天，累计退热费8万余元。此次事故还引发二次伤害，共有5名路人被轻微烫伤、11辆车辆不同程度受损、西侧仓库和二七市场管理处办公室内被水淹，部分物品受损，最终各项损失及赔付高达300余万元。

（2）经验教训

1）供热企业一定要提高安全意识，严格按照双重预防体系运行标准加强对供热设备设施的风险管控和隐患排查，对排查出的风险隐患建立相应台账，严格落实责任人，明确整改措施、整改时间，确保发现一处消除一处，把事故遏制在萌芽状态。

2）对设备设施，特别是易发生锈蚀、损坏等隐患的设备设施必须制定相应维护保养措施，并严格执行，建立相应维护保养台账。

3）供暖期加强对管网的巡检排查频次，特别是架空管网、高参数运行管网、易发生泄漏老旧管网、人员密集路段等重点管网。

4）加大老旧管网改造力度，对运行年限较久的管网应改尽改，制定相应改造计划，限期完成整改。

5）在管网设计阶段，充分勘察现场情况，尽量采取直埋敷设。若必须采取架空敷设时，应给管网应力预留充分余量，让支架能够承受其应力变化。

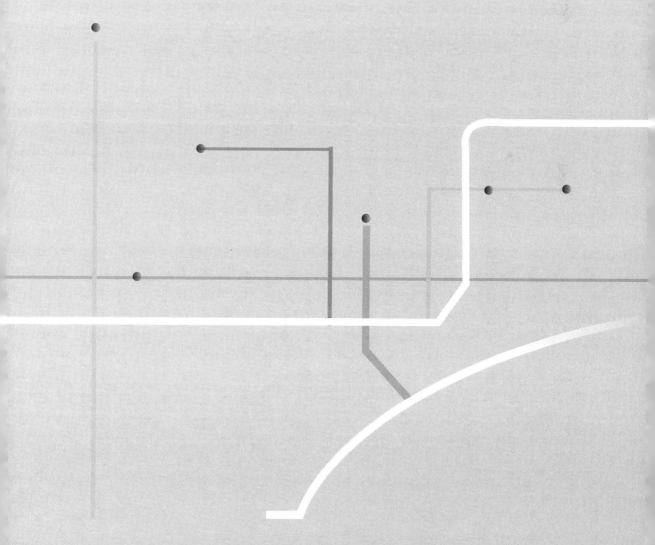

附

录

附录 1　北京市供热突发事件应急预案（2024 年修订）

1. 总则

为提高本市应对供热突发事件能力，科学、有效、快速处置供热突发事件，预防和减少供热突发事件对城乡居民基本生活需求的影响，维护社会稳定，依据《中华人民共和国突发事件应对法》《北京市实施〈中华人民共和国突发事件应对法〉办法》《北京市供热采暖管理办法》《北京市突发事件总体应急预案（2021 年修订）》等文件，制定本预案。

1.1　本市供热风险分析

本市供热发展较早，部分地区供热管网年久老化现象严重，城市集中供热安全形势总体严峻。城市集中供热运行过程中，受行业自身和外界因素影响，主要存在以下风险因素：热源、锅炉、换热站等压力容器存在爆炸风险，老化管网存在破裂泄漏风险，容易引发人员伤亡和导致无法正常供热；自然灾害、燃气供应不足、停水停电、施工破坏、人为因素、其他行业事故等因素容易导致无法正常供热。

1.2　适用范围

本预案适用于发生在本市行政区域内的集中供热突发事件应对和处置工作。

本预案中的供热突发事件包括：因供热设备设施故障、事故及水、电、气供应中断或短缺影响供热的事件和极端天气或持续低温天气对正常集中供热造成影响的事件。

自采暖、农村取暖等供热突发事件以及因供热引发的聚集群体性上访和人员伤亡事件，由城市管理、农业农村等相关部门和属地政府，根据具体情况开展应对工作。

1.3　工作原则

人民至上、生命至上。牢固树立以人民为中心的发展思想，切实把人民群众利益放在首位，最大程度保障人民群众供热需求和供热安全。

统一指挥，分级负责。在市委、市政府领导下，市城市公共设施事故应急指挥部具体指挥协调本市供热突发事件应对工作。各部门、各区（地区）按照职责分工，协同配合，做好供热突发事件应急处置工作。供热单位做好先期处置，配合属地政府（地区管委会）做好应急处置。

预防为主、科学应对。以确保冬季安全稳定供热为核心，充分发挥供热行业的力量和资源，建立信息互通、技术协作、资源共享的工作机制，排查、协调解决影响冬季稳定供热的各类风险和隐患。

1.4　供热突发事件分级

根据供热突发事件可能造成的危害程度、波及范围、影响力大小等情况，由高到低划分为特别重大、重大、较大、一般四个级别。具体分级标准见附件。发生供热突发事件导致人员伤亡和经济损失的，按照国家有关规定确定事件等级。

北京市供热突发事件分级标准

附件

项目	特别重大供热突发事件	重大供热突发事件	较大供热突发事件	一般供热突发事件
定义	突然发生、事态非常严重，对首都社会稳定、经济秩序造成严重危害或威胁的紧急事件	突然发生、事态严重，对多个行政区的社会稳定、经济秩序造成严重危害或威胁的紧急事件	突然发生、事态较为严重，对单个行政区内的社会稳定、经济秩序造成一定危害或威胁的紧急事件	突然发生、事态相对严重，仅对单个行政区较小范围内的社会稳定、经济秩序造成一定危害或威胁的紧急事件
具体范围	（1）因水、电、气等能源供应中断、严重短缺等原因，造成全市范围内无法正常供热的事件；（2）因供热设备设施故障、事故，导致停热、低温运行，影响居民供热面积达1000万 m^2（含1000万 m^2）以上，预计12小时内无法恢复的事件；（3）持续极端天气造成全市范围内供热系统能力不足影响正常供热的事件	（1）因水、电、气等能源供应局部中断和短缺等原因，造成多个行政区内无法正常供热的事件；（2）因供热设备设施故障、事故，导致停热、低温运行，影响跨行政区居民供热面积达500万 m^2（含500万 m^2）以上、1000万 m^2 以下，预计12小时内无法恢复的事件	（1）因水、电、气等能源供应中断等原因，造成区域锅炉房无法正常供热的事件；（2）因供热设备设施故障、事故，导致停热、低温运行，影响居民供热面积达100万 m^2 以上（含100万 m^2）、500万 m^2 以下，预计6小时内无法恢复的事件	（1）因水、电、气等能源供应短缺等原因，造成区域锅炉房无法正常供热的事件；（2）因供热设备设施故障、事故，导致停热、低温运行，影响居民供热面积达60万 m^2 以上（含60万 m^2）、100万 m^2 以下，预计6小时内无法恢复的事件

1.5　预案体系

本市供热突发事件应急预案体系分市、区、供热单位三级管理。本预案为市级专项应急预案。市相关部门依据本预案和各自职责制定配套预案或措施。各区（地区）制定区级供热突发事件专项应急预案。各供热单位根据本预案制定本单位应急预案。

2. 组织机构与职责

2.1　市级指挥机构及职责

市城市公共设施事故应急指挥部负责具体指挥协调本市供热突发事件应对工作。

　　市城市公共设施事故应急指挥部由总指挥、副总指挥和成员单位主管负责同志组成。总指挥由市政府分管副市长担任，副总指挥由市政府分管副秘书长和市城市管理委主要负责同志担任。

　　主要职责：

　　（1）研究本市应对供热突发事件的政策措施和指导意见。

　　（2）具体指挥本市较大、重大、特别重大供热突发事件应急处置工作，依法指挥、协调或协助供热单位、相关区（地区）开展一般供热突发事件应急处置工作。

　　（3）分析总结本市供热突发事件应对工作，制定工作规划和年度工作计划。

　　（4）负责市级供热专业应急救援队伍的建设和管理。

　　（5）承担市应急委交办的其他事项。

2.2　工作机构及职责

　　市城市公共设施事故应急指挥部下设办公室，设在市城市管理委，办公室主任由市城市管理委主要负责同志担任。

　　主要职责：

　　（1）负责组织落实市城市公共设施事故应急指挥部决定，协调应对供热突发事件相关工作。

　　（2）负责组织制定（修订）供热突发事件专项应急预案，指导区（地区）制定（修订）供热突发事件应急预案。

　　（3）负责按程序发布蓝色、黄色预警信息，向市应急办提出发布橙色、红色预警信息的建议。

　　（4）负责应对供热突发事件的宣传教育和培训。

　　（5）负责收集、分析工作信息，及时上报重要信息。

　　（6）负责本市供热突发事件应急演练。

　　（7）负责本市供热事故隐患排查和应急资源管理工作。

　　（8）负责专家顾问组的联系工作。

2.3　成员单位

　　市城市公共设施事故应急指挥部处置供热突发事件的成员单位包括：市城市管理委、市委宣传部、市委网信办、市财政局、市政府外办、市市场监管局、市公安局、市民政局、市交通委、市水务局、市卫生健康委、市公安局交管局、市应急局、属地政府（地区管委会）。

2.4　区级指挥机构及职责

　　区级城市公共设施事故应急指挥机构（以下简称区级指挥机构），负责本辖区供热突发事件应对工作，指挥协调本辖区一般供热突发事件应急处置工作，配合市城市公共设施事故应急指挥部做好较大及以上供热突发事件应急处置工作。

2.5 供热单位职责

供热单位是供热突发事件预防及应对工作的责任主体，要制定供热突发事件应急预案，并与本预案相衔接；做好应急物资和专项资金准备；建立与保障供热安全相适应的应急抢修队伍，具备相应的应急抢险能力；及时报告并快速处置供热突发事件。

2.6 专家顾问组

市城市公共设施事故应急指挥部办公室聘请专家，成立应对供热突发事件专家顾问组，为首都中长期供热安全规划、保障全市供热安全稳定等方面提供意见和建议；对供热突发事件的发生和发展趋势、处置方案、灾害损失和恢复方案等进行研究、评估，并提出相关建议；为处置供热突发事件提供科学有效的决策咨询方案。

3. 监测与预警

3.1 监测

3.1.1 本市建立供热突发事件风险管理体系，健全供热安全隐患排查整改工作机制，实行分类分级管理和动态监控，市、区城市管理部门加强供热行业安全生产管理工作。

市、区城市管理部门建立健全风险防控和监测体系，推进供热行业信息化建设，利用大数据、物联网和人工智能等新技术逐步完成对重点供热设施设备、重点部位和区域以及影响生产作业安全的状态监测，建设并完善视频监控、远程监测、自动报警、智能识别等安全防护系统。

3.1.2 市、区城市管理部门和供热单位依靠全市供热信息服务管理系统、服务报修电话、生产调度监测系统、网络舆情等监测供热突发事件，并及时汇总、分析、处理事件信息，预测可能发生的情况。

3.1.3 市城市公共设施事故应急指挥部办公室定期召开安全形势分析会议，研判突发事件应对的总体形势，提出防范措施建议。

3.1.4 对于涉密的重要信息，负责收集数据的部门应遵守相关管理规定，做好信息保密工作。

3.1.5 市、区两级城市管理部门按照相关规定通过在供热行业开展安全生产标准化建设、隐患排查整改、安全风险辨识评估等工作，对发现的供热安全隐患（风险）实行分类分级管控和动态更新，形成闭环管理机制。

各供热单位通过事故风险评估，实现供热行业安全风险辨识、评估和管控的全过程综合管理，进一步夯实全市供热安全基础。

3.2 预警

3.2.1 预警内容与分级

供热突发事件预警信息包括突发事件的类别、预警级别、起始时间、可能影响范围、警示事项、应采取的措施和发布机关等。

按照发生供热突发事件可能性的大小、影响范围、强度以及可能发生的突发事件级别，将本市供热突发事件预警分为四级，分别用蓝色、黄色、橙色和红色标示，红色为最高级别。

蓝色预警：存在安全隐患，预判可能发生一般供热突发事件。

黄色预警：情况比较紧急，预判可能发生较大供热突发事件。

橙色预警：情况紧急，预判可能发生重大供热突发事件。

红色预警：情况危急，预判可能发生特别重大供热突发事件。

3.2.2 预警发布

（1）蓝色、黄色预警由市城市公共设施事故应急指挥部办公室按程序发布，并报市应急办备案。

橙色预警由市城市公共设施事故应急指挥部办公室提出预警建议，由市应急办按程序报请市政府分管领导批准后发布。

红色预警由市城市公共设施事故应急指挥部办公室提出预警建议，由市应急办按程序报请市应急委主任批准后发布。

（2）对于需要向公众发布的供热突发事件预警信息，按程序审批后，通过市预警信息发布中心统一对社会发布。对于仅在供热领域内部发布的警示性信息，由市城市公共设施事故应急指挥部办公室在可能受影响的范围内发布。其他任何组织和个人不得擅自对社会发布供热突发事件预警信息。

各区可根据本地区实际情况，发布本地区预警信息，并报市城市公共设施事故应急指挥部办公室备案。

供热突发事件预警信息可通过手机短信、微博、微信、广播、电视、网站、电子显示屏等渠道发布。

3.2.3 预警调整与解除

市城市公共设施事故应急指挥部办公室应密切关注供热突发事件进展情况，并依据事态变化情况和专家建议，适时调整或解除预警，调整与解除程序与发布程序一致。

3.2.4 国家或本市相关法律、法规或规范性文件另有规定的，依照其规定执行。

3.2.5 预警提示

当气象部门发布暴雪、寒潮、持续低温等预警信号后，市城市公共设施事故应急指挥部办公室应向各区（地区）、各供热单位等发布预警提示，做好供热保障工作。

3.2.6 预警响应

（1）发布蓝色、黄色预警后，市城市公共设施事故应急指挥部办公室、相关成员单位根据即将发生突发事件的特点和可能造成的危害采取以下措施：

市城市公共设施事故应急指挥部办公室根据实际需要视情组织各成员单位做好应急准备工作，及时向副总指挥报告有关情况，并上报市应急办；分析研判，及时收集信息，随时进行分析评估，预测事件发生可能性的大小、影响范围和强度，采取有效措施预防突发事件发生；定时向社会发布与公众有关的突发事件预测信息和分析评估结果。

各区级指挥机构或其办公室启动应急机制，组织区（地区）有关部门和单位做好应急准备工作。

其他成员单位密切关注事态发展，做好应急准备工作。有关单位、专业机构、监测网点和负责信息报告的人员加强监测预警、预报工作。

（2）发布橙色、红色预警后，市城市公共设施事故应急指挥部办公室、相关部门和各区（地区）在采取蓝色、黄色预警响应措施的基础上，还应针对即将发生的突发事件的特点和可能造成的危害，采取下列一项或多项措施：

市城市公共设施事故应急指挥部办公室及时向总指挥报告有关情况。责令应急救援队伍和应急救援与处置指挥人员、值班人员、专家学者、技术骨干等进入待命状态，并动员后备人员做好参加应急救援和处置工作的准备，及时发布采取的特定措施。

有关成员单位调集应急救援所需物资、设备、工具，准备应急设施，确保其处于良好状态，随时可以投入正常使用；加强对重点单位、重要部位和重要基础设施的安全保卫。

预警解除后，各相关部门应视情逐步停止预警响应措施，有序恢复相关队伍和工作人员的日常工作状态，妥善安置应急物资和受影响人员，必要时向社会发布有关情况。

4. 应急处置与救援

4.1　先期处置

4.1.1 按照"谁先到谁处置，逐步移交指挥权"的原则，第一时间到达现场的有关单位，按照本预案规定和突发事件现场实际情况，快速组织开展先期处置工作。随着处置主责单位的到达和现场指挥部的成立，做好工作交接。

4.1.2 供热突发事件发生后，事发供热单位要立即组织本单位抢修队伍进行抢修，采取防止事态扩大措施；组织疏散、撤离、安置受到威胁的人员；因供热突发事件导致停暖时间较长时，配合事发地区政府（地区管委会）做好老、幼、病、孕等特殊人群应急取暖工作；向市或区城市管理部门报告；对因本单位问题引发的影响社会稳定事件，有关单位要迅速派出负责人赶赴现场开展劝解、疏导工作。

4.1.3 街道办事处（乡镇人民政府）要组织做好老、幼、病、孕等特殊人群应急取暖工作；第一时间做好群众安抚、社会稳定等工作，及时向区政府（地区管委会）报告事件情况。

4.1.4 事发地居（村）委会和其他组织要按照当地政府（地区管委会）安排，配合做好老、幼、病、孕等特殊人群应急取暖工作；开展群众安抚等工作。

4.1.5 事发地区政府（地区管委会）接到供热突发事件信息后，应立即组织相关人员赶赴现场，开展先期处置工作。向事发供热单位核实事件准确信息以及现场抢险救援相关情况，及时上报市城市公共设施事故应急指挥部办公室；根据现场救援需求及时协调相关资源参与抢险救援；为市级指挥机构开展抢险救援工作提供保障等。

4.1.6 市、区城市管理部门组织做好接诉即办相关工作，及时将突发事件情况说明反馈至政务服务部门。

4.2　信息报送

4.2.1 供热突发事件信息报送工作坚持"早发现、早报告、早控制、早解决"的工作方针，信息报送应贯穿于突发事件的预防与应急准备、监测与预警、应急处置与救援、事后恢复与重建等应对活动的全过程。

4.2.2 市城市公共设施事故应急指挥部成员单位和有关单位，应按照有关规定及时向市城市公共设施事故应急指挥部办公室上报供热突发事件信息。市城市公共设施事故应急指挥部办公室按照有关规定及时向市委总值班室、市政府总值班室、市应急办上报供热突发事件信息。

4.2.3 获悉供热突发事件信息的公民、法人或其他组织，可通过北京供暖服务热线电话 96069、市民服务热线 12345 报送供热突发事件信息，相关单位接到信息后应立即向事发地属地区政府（地区管委会）、市城市公共设施事故应急指挥部办公室报告供热突发事件信息。

4.2.4 对于能够判定为较大及以上供热突发事件等级的，事故本身比较敏感或发生在重点地区、特殊时期的，可能产生较大影响的突发事件或突出情况信息，事发供热单位、属地区政府要立即报告市城市公共设施事故应急指挥部办公室，详细信息最迟不得晚于事故发生后 2 小时报送，同时通报市委宣传部、市委网信办等部门。

4.2.5 对于暂时无法判明等级的供热突发事件，属地区政府应迅速核实，最迟不晚于接报后 30 分钟向市城市公共设施事故应急指挥部办公室报送。对于仍在处置过程中的重大、特别重大事故，每 30 分钟续报人员伤亡、处置进展和发展趋势等信息，直到应急处置结束。

4.2.6 上报供热突发事件信息的内容应包括：时间、地点、事件情况、影响程度（人员伤亡、受影响人员或面积、设备设施受损、可能造成的社会影响等情况）、发展趋势、已采取的措施（事发现场的先期处置、相关单位开展工作等情况）、事件初步原因、信息来源等。

4.3　分级响应

本市供热突发事件应急响应由高到低分为四级：一级、二级、三级、四级。突发事件发生后，在先期处置的基础上，由相关责任主体按照基本响应程序，开展应急处置工作。

当超出相关责任主体自身处置能力时，可向上一级应急指挥机构提出请求。

具有下列事件情形的，可视情况提高应急响应等级：发生在重点地段或重要节假日、重大活动和重要会议期间的事件（保障区域范围内）；影响重点地区和重点用户正常采暖的事件，涉外、敏感、可能恶化的事件；涉及两个及以上区、需要市级应急指挥机构统一组织协调的事件。

4.3.1 四级响应

初判突发事件不会超过一般级别，事态比较简单，达到仅对单个行政区较小范围内的供热造成一定影响时，由区级政府启动响应，有关区领导应迅速赶赴现场任总指挥，成立由区级处置主责部门牵头的区级现场指挥部，组织协调各方力量开展抢险救援行动。

根据需要，市城市公共设施事故应急指挥部办公室可派出工作组赶赴现场指导区级做好应急处置工作。

区级指挥机构组织属地相关部门和供热单位按现场专业处置方案实施处置，并向市城市公共设施事故应急指挥部办公室报告处置情况。当区应急救援力量不能满足事故处置要求时，区级指挥机构应及时向市城市公共设施事故应急指挥部办公室报告，由市城市公共设施事故应急指挥部办公室协调应急救援力量进行支援。指挥部成员单位根据实际需要协助做好相关工作。供热单位依据本单位的专业供热应急预案对供热突发事件快速处置。

4.3.2 三级响应

初判突发事件可能到达较大级别，事态较为严重，对较大范围内的供热造成一定影响时，由市城市公共设施事故应急指挥部在四级响应的基础上启动三级响应，负责统一指挥处置，根据需要协调市级相关部门开展救援处置。市城市管理委分管负责同志或主要负责同志赶赴现场，会同市相关部门和有关单位、属地区政府组成现场指挥部，并将区级现场指挥部纳入统一领导。

根据需要，分管副秘书长赶赴现场任总指挥，行使重要事项决策和行政协调权；市城市管理委相关负责同志任执行指挥，行使专业处置权。

事件发生地的属地政府（地区管委会）相关区领导、供热单位主要领导现场确定处置方案。区级指挥机构有关成员单位按照本预案的职责分工协助做好相关工作。供热单位依据本单位的专业供热应急预案对供热突发事件快速处置。

4.3.3 二级响应

初判突发事件可能到达重大级别，事态严重，对多个区域的供热造成影响时，或需要调度多个市专项指挥部共同处置，且处置时间较长、处置难度较大，以及相关市领导认为有必要的其他情况时，由市城市公共设施应急指挥部提出建议，市应急委在三级响应的基础上启动二级响应，统一指挥处置，市城市公共设施事故应急指挥部落实具体处置工作。

根据需要，分管市领导赶赴现场任总指挥，分管副秘书长或市城市管理委主要负责同志任执行指挥。

事件发生地的属地政府（地区管委会）主要领导赴现场指挥处置工作，有关成员单位的主管领导及供热单位主要领导确定现场专业处置方案。市城市公共设施事故应急指挥部有关成员单位按照本预案的职责分工协助做好相关工作。供热单位依据本单位的专业供热应急预案对供热突发事件及时报告、快速处置。

4.3.4 一级响应

初判突发事件可能到达特别重大级别，事态非常严重，或对大范围内的供热造成影响时，以及市委、市政府主要负责同志认为有必要的其他情况时，在二级响应的基础上启动一级响应，由市委、市政府统一指挥处置。

市委、市政府主要负责同志担任总指挥，市城市公共设施应急指挥部组建现场指挥部并落实具体处置工作。市城市公共设施事故应急指挥部有关成员单位按照本预案的职责分工协助做好相关工作。供热单位依据本单位的专业供热应急预案对供热突发事件及时报告、快速处置。

当出现极端天气或持续低温天气时，在全市天然气、煤炭、燃油、电力等能源供应正常的情况下，供热单位应在确保供热系统安全的前提下，按照设计工况连续运行，在确保供热系统安全的前提下，尽最大可能提高供热出力保障供热。

4.4　现场指挥部

4.4.1 现场指挥部组建

根据供热突发事件应急处置需要，市、区级指挥机构适时组建现场指挥部。

现场指挥部由总指挥、执行指挥和各工作组组长组成，实行总指挥负责制。总指挥行使重要事项决策和行政协调权；执行指挥行使专业处置权，执行指挥应由熟悉供热突发事件应急预案，有较强的组织、指挥和协调能力，并具有一定供热突发事件应急处置与救援经验的人员担任，现场指挥部构成情况详见附件（附件略）。

指挥部可设综合协调组、专业处置组、治安交通组、医疗救护组、新闻宣传组、综合保障组、专家顾问组等工作组，组长由牵头单位负责人担任。各工作组组成及职责分工如下：

（1）综合协调组：由市城市管理委牵头，各相关成员单位参加，主要负责传达现场指挥部领导决定，协调督促相关单位落实指挥部领导下达的指令；承担外联和现场指挥部内部协调、现场会务、资料收集、上报事故相关信息等工作；随时跟踪事态进展情况，必要时报请上级协调调配其他应急资源参与处置工作。

（2）专业处置组：由市城市管理委牵头，属地政府（地区管委会）、供热单位（市级供热突发事件应急救援的专业队伍）及其他相关单位等配合。提出抢险核心区域警戒范围；会同专家根据现场情况研究制定具体处置方案，经总指挥同意后组织实施；承担传达现场指挥部决定，统筹协调现场各部门开展应急处置、信息传递、现场协调等工作。

（3）治安交通组：由市公安局牵头，市交通委、市公安局交管局、属地政府（地区管委会）等配合。负责实施安全警戒、人员控制和维持现场秩序；疏导周边交通，制定公交绕行方案；开辟应急通道，保障应急处置人员、车辆和物资装备应急通行；必要时负责组织刑事案件侦破等工作。

（4）医疗救护组：由市卫生健康委牵头，属地政府（地区管委会）等配合。负责组织开展对受伤人员医疗救护等工作。

（5）新闻宣传组：由市委宣传部牵头，市委网信办、市城市管理委、供热单位等配合。负责接待协调新闻媒体；根据突发事件相关信息，制定新闻发布方案，拟订新闻通稿，组织新闻发布工作；监测舆情，开展舆论引导工作。

（6）综合保障组：由属地政府（地区管委会）牵头，市民政局、市水务局、供热单位等配合。负责为现场指挥部提供办公场地、通信设备和后勤服务保障；依托全市应急移动指挥通信系统，搭建与市应急指挥中心音视频传输平台；疏散人员，安抚安置受灾群众，引导受灾群众开展自救互救，做好善后工作；做好供排水配合和保障工作，指导属地民政部门做好符合条件人员的临时救助工作。

（7）专家顾问组：由市城市公共设施事故应急指挥部办公室牵头联系组建应对供热突发事件专家顾问组，负责对重大和特别重大供热突发事件的发生和发展趋势、处置方案、灾害损失和恢复方案等进行研究、评估，并提出相关建议，为处置供热突发事件提供科学有效的决策咨询方案。

4.4.2 现场指挥协调

在市、区政府相关负责同志赶到现场后，事发单位应立即向市、区现场指挥部移交指挥权，汇报事故情况、救援进展、风险以及影响控制事态的关键因素等，调动本单位所有应急资源，服从政府和上级现场指挥部的统一指挥，积极落实各项指令要求，持续开展救援工作，并做好应急处置全过程的后勤保障工作等。

市级现场指挥部成立后，区级现场总指挥和必要人员纳入市级现场指挥部，区级现场指挥部继续指挥区级现场应急处置工作。国家层面应急指挥机构在本市设立前方指挥部，或向本市派出工作组时，市级现场指挥部与其对接并接受业务指导，做好保障工作。

4.5 处置措施

4.5.1 区域集中供热设备设施故障导致停热处置措施

（1）供热单位相关负责人和应急抢修队伍第一时间赶赴事故现场开展先期处置工作，及时报告事故情况，组织自救互救，配合做好秩序维护、交通引导、居民解释等工作。

（2）事发地街道、社区配合供热单位封闭事故发生地，维持现场秩序，做好居民解释等工作。

（3）区城市管理部门视情启动相应级别应急响应，组织协调区应急抢修队伍参与应急抢修，组织协调区相关部门恢复能源补给，监督供热单位高效保质恢复供热，做好接诉即办相关工作。

（4）市城市管理部门视情启动相应级别应急响应，组织协调市应急救援队伍参与应急抢修。

（5）其他相关部门根据单位职责和应急处置需要配合做好应急处置工作。

4.5.2　城市热网设备设施故障导致停热（管网泄漏）处置措施

（1）供热单位相关负责人和应急抢修队伍第一时间赶赴事故现场开展先期处置工作，启动应急补水，查找、抢修管网漏点，摸排影响范围，及时报告事故情况，配合做好秩序维护、交通引导、居民解释等工作。

（2）事发地街道、社区配合供热单位封闭事故发生地，维持现场秩序，做好居民解释等工作。

（3）区城市管理部门视情启动相应级别应急响应，组织协调区应急救援队伍参与应急抢修，协调应急抢修抢险手续，做好接诉即办相关工作。

（4）市城市管理部门视情启动相应级别应急响应，组织协调市应急救援队伍参与应急抢修，协调应急抢修抢险手续。

（5）市公安局维护现场秩序，协助专业应急救援队伍进入现场进行处置。

（6）市交通委负责交通运输保障以及抢险涉及的掘路等配合工作。

（7）市公安局交管局负责管线泄漏现场的交通管制、为抢险提供交通绿色通道。

（8）地下管线相关单位协助对接泄漏管线周边管线情况，避免发生其他管线的次生破坏。

（9）各电厂、调度相关单位配合做好城市热网运行调度工作。

（10）其他相关部门根据单位职责和应急处置需要配合做好应急处置工作。

4.5.3　城市热网设备设施故障导致停热（热源事故）处置措施

（1）市城市管理部门启动热电气联合调度机制，市冬季热电气联调联供指挥部协调相关单位，加强沟通对接，共同制定并实施应对方案，保证能源运行安全。

（2）市、区城市管理部门做好接诉即办相关工作。

（3）供热单位市热力集团优先考虑启动距离较近的尖峰热源或应急热源，调度联网运行的其他电厂增加供热量，以满足各热力站供热运行需求，减少对供热影响；做好应急处置、信息报送、接诉即办等工作。

4.6　扩大响应

当供热突发事件造成的危害程度十分严重，超出本市应对能力，需要国家相关部门或其他省市提供援助和支持时，由市应急委按规定报请市委、市政府主要领导审定后，以市委、市政府名义提请党中央、国务院决定。

当党中央、国务院启动或成立国家级应急指挥机构，并根据有关规定启动响应级别响应时，市相关部门和单位在国家应急指挥机构的统一指挥下，做好各项应急处置工作。

4.7　信息发布和舆论引导

4.7.1 信息发布

供热突发事件的信息发布，应按照党中央、国务院及本市相关规定开展。供热突发事件发生后，事发地区政府（地区管委会）、市城市公共设施事故应急指挥部办公室要快速反应，及时发声。发生重大、特别重大供热突发事件后，应最迟在 5 小时内发布权威信息，在 24 小时内举行新闻发布会，并持续发布权威信息。其他突发事件、一般、较大供热突发事件，由事发地区政府（地区管委会）报请市委宣传部并组织发布相关信息。未经批准，参与供热突发事件处置的各有关单位和个人不得擅自对外发布信息。

4.7.2 舆论引导

宣传部门会同网信、公安、城市管理等部门及事发地区政府负责收集、整理网络、市民热线等舆情信息，及时核实、解决公众反映的问题，予以积极回应和正面引导，对于不实和负面信息，及时澄清并发布准确信息。

4.8　应急结束

4.8.1 供热突发事件处置工作基本完成，事件危害被基本消除，已恢复正常供热，应急处置工作即告结束。

4.8.2 应急响应的结束，按照"谁启动，谁解除"的原则，由事故处置指挥机构按程序宣布应急结束，逐步停止有关应急处置措施，有序撤离应急队伍和工作人员。

4.8.3 应急结束后，应将情况及时通知参与事件处置的各相关单位，必要时还应通过广播电台、电视台等新闻媒体同时向社会发布应急结束信息。

4.9　应急接管

供热单位无法保障安全稳定供热，严重影响公共利益，经城市管理部门协调、督促后仍无效的，经市或者区政府（地区管委会）批准，市或者区城市管理部门可以委托符合条件的供热单位对该供热单位的供热设施实施应急接管。

5. 后期处置

5.1　善后处置

应急响应结束后，城市管理部门和事发地区政府（地区管委会）负责后期处置工作，根据供热突发事件造成的后果及实际情况，制定善后处理措施并组织实施。必要时，经市委、市政府批准，启动市突发事件应急救助指挥部或成立市善后工作领导小组。

组织做好供热系统的恢复与调试，对受影响居民室内温度进行抽测登记，按照相关规定组织做好供热赔退等工作。根据实际，做好供热设施维修改造。

5.2 调查与评估

突发事件应急处置结束后，依据《中华人民共和国突发事件应对法》《生产安全事故报告和调查处理条例》《关于实行党政领导干部问责的暂行规定》以及《北京市实施〈中华人民共和国突发事件应对法〉办法》《北京市安全生产条例》等文件，由市政府或区政府（地区管委会）组织开展事故调查处理及责任追究工作，行业主管部门做好配合。

一般突发事件应急处置结束后，应由区级城市公共设施事故应急指挥部办公室开展应对工作总结评估，并上报至市级。较大突发事件应急处置结束后，根据需要，由市城市公共设施事故应急指挥部办公室组织开展应对工作总结评估。重大或特别重大供热突发事件应急处置结束后，由市城市公共设施事故应急指挥部牵头，开展突发事件应对工作总结评估，形成总结评估报告。

6. 保障措施

6.1 队伍保障

本市供热应急队伍体系由市、区、供热单位三级队伍组成。市城市公共设施事故应急指挥部根据本市供热应急救援处置需要，负责建设和管理市级供热应急救援队伍。各区（地区）根据本辖区供热应急救援处置需要，组织建立区级供热应急救援队伍，明确指挥领导和联络人，确保通信联络24小时畅通。各供热单位应建立本单位供热突发事件应急抢修队伍或者具备应急救援能力，发生供热突发事件后，第一时间开展先期处置。

6.2 物资保障

市政府负责组织有关部门及单位建立供热能源应急储备机制，按照行业标准及相关规定要求，做好天然气、燃油、燃煤、用水、用电等各类供热资源的储备和供应。其中供热燃煤和燃油等市级应急储备资源所需资金列入城市管理部门预算。

各供热单位应按供热规模配备相应的应急设施、装备、车辆、通信联络、专业防护、个人防护设备等，并确保正常运行状态，服从现场指挥部指令。

6.3 技术保障

市城市公共设施事故应急指挥部办公室建立全市供热应急专家顾问库；组织科研单位、供热单位和专家及时追踪、交流、学习国内外先进的供热应急处置技术，并推广应用。

6.4 社会保障

属地政府（地区管委会）组织街道（乡镇）、供热单位开展供热安全社会宣传，提高供热公共安全意识。在发生供热突发事件时，属地政府（地区管委会）要承担维护地区社会稳定的责任，组织用户配合供热单位做好应急处置。

6.5 资金保障

6.5.1 应急接管单位为保障基本供热服务所产生的运行费用，由接管单位临时垫付，被接管单位负责足额偿还。

6.5.2 对于"无主""权属不清"的供热设施进行应急抢险抢修，或者市委、市政府交办的应急抢险抢修，其涉及的施工、监理、设计及配合其他部门临时处置发生的费用，按照"谁组织、谁负担"的原则由市、区政府（地区管委会）安排所需资金，具体按照市、区政府（地区管委会）制定的应对突发事件专项准备资金管理办法执行。

6.5.3 市、区城市管理部门（市、区级指挥机构办公室）所需的突发事件预防或应急准备、监测与预警等工作经费列入部门预算，同级财政部门应当予以保障。

6.5.4 供热单位用于处置管理范围内供热突发事件的各项费用，列入本单位成本。

7. 预案管理

7.1 预案制定

本预案由北京市政府负责制定，市城市公共设施事故应急指挥部办公室负责解释。

7.2 预案修订

当相关法律法规制定或修订，应急指挥机构及其职责发生重大调整，重要应急资源发生变化，或者应急处置和各类应急演练中发现问题需要作出重大调整时，要适时对本预案进行修订。

7.3 预案备案

市相关部门依据本预案和各自职责制定配套预案或措施报市城市公共设施事故应急指挥部办公室备案。各区（地区）供热突发事件应急预案经本级政府审议通过后，报市级城市管理部门备案。供热单位应急预案应根据相关规定报送至供热项目所在区城市管理部门备案审查。

7.4 预案宣传、培训和演练

市城市公共设施事故应急指挥部办公室、市相关部门、各区（地区）按相关规定做好供热突发事件应急预案的宣传、培训和演练工作。

7.5 预案实施

本预案自印发之日起实施。原《北京市供热突发事件应急预案》（京应急委发〔2012〕21号）同时废止。

附录 2　供热企业综合应急预案典型案例

1. 总则

1.1　适用范围

本预案是某供热企业应对各种供热生产安全事故而制定的综合性工作方案，是该公司应对供热生产安全事故的总体工作程序、措施和应急预案体系的总纲。适用于某供热企业办公楼及下属子公司发生或可能发生的人员伤亡、重大财产损失，或者导致公司生产运行中断的生产安全事故、事件等突发事件的应急响应和处置。

1.2　响应分级

1.2.1 事故分级

根据突发事故的紧急程度、危害程度、影响范围、人员及财产损失情况，以及预警级别划分，将本公司生产安全事故分为四个等级（内控）。

（1）Ⅰ级（特别重大）生产安全事故：

1）1 人以上死亡事故；

2）3 人以上重伤事故；

3）直接经济损失 300 万元以上 1000 万元以下的事故。

4）造成集中供热面积 100 万 m^2 以上即将或完全停热，并可能在 24 小时内无法恢复的工况。

（2）Ⅱ级（重大）生产安全事故：

1）3 人以下重伤事故；

2）或者直接经济损失 300 万元以下、100 万元以上的事故；

3）造成集中供热面积 100 万 m^2 以下、30 万 m^2 以上即将或完全停热，并可能在 24 小时内无法恢复的工况。

（3）Ⅲ级（较大）生产安全事故：

1）造成人员轻伤；

2）或者直接经济损失 100 万元以下、50 万元以上的事故；

3）造成集中供热面积 30 万 m^2 以下、20 万 m^2 以上即将或完全停热，并可能在 24 小时内无法恢复的工况。

（4）Ⅳ级（一般）生产安全事故：

1）无人员伤亡；

2）直接经济损失 30 万元以上、50 万元以下的事故；

3）造成集中供热面积 20 万 m^2 以下、10 万 m^2 以上，即将或完全停热，并可能在 24 小时内无法恢复的工况。

预计连续停止供热 48 小时以上的突发事件升级处理。

（5）其他：虽无人员伤亡或财产损失较小，但事故性质恶劣，造成社会极坏影响的事故，根据实际情况，可按较大事故或者重大事故论处。

本节所称"以上"包括本数，所称"以下"不包括本数。

1.2.2 事故响应分级

按照事故的性质，根据可控性、严重程度和影响范围及处理事故所需的资源援助范围，将事故应急响应分为部门（子公司）级、集团公司级、社会级共三级响应，详见附表 2-1。

响应分级表　　　　　　　　　　　　　　　　　附表 2-1

响应分级	响应条件	控制事态的能力
部门（子公司）级	事故危害和影响局限于单一区域或单一岗位，不需要集团公司配置资源便能处置	部门（子公司）内部可以控制
集团公司级	事故危害和影响超过单一区域，但仍局限于公司范围，调集公司内部资源可以处置	集团公司内部可以控制，但可能需要外部力量保障
社会级	事故危害和影响超过集团公司范围，需要上级单位或地方政府统筹协调社会资源才能处置	需要借助外部力量才能控制

（1）部门（子公司）级响应

集团公司各部门、各子公司发生Ⅳ级生产安全事故，启动子公司专项预案或现场处置方案，以部门（子公司）为单位组织应急处置，并上报本公司生产管理部调度中心与安全管理部，做好扩大响应的准备。

未发生人员死亡或重伤的安全事故的应急响应由子公司组织实施；无法自行组织抢修的供热运行事故应报送本公司调度中心协助救援抢修。

（2）集团公司级响应

集团公司各部门、各子公司发生Ⅲ级生产安全事故，立即启动集团公司及子公司综合应急预案或专项应急预案，立即组织应急处置，同时向某供热企业应急指挥办公室报告事故基本情况、事态发展和救援进展情况，集团安全管理部立即指派人员前往事故现场参与应急救援，进行协调与调查。

保持集团公司与子公司应急指挥部的通信联系，随时掌握事态发展情况。

（3）社会级响应

集团公司、各部门、各子公司发生Ⅰ级、Ⅱ级生产安全事故时，立即启动集团公司及子公司综合应急预案或专项应急预案，进行先行处置，向上级部门与消防、医疗等部门联系开展救助工作。

　　集团公司应急总指挥或副总指挥，应立即赶往现场成立指挥部，采取下列一项或者多项应急救援措施，并按照有关规定在1小时内向上级部门与事故发生地县（区）级以上人民政府应急管理部门和其他有关部门报告事故基本情况、事态发展和救援进展情况。

2. 应急组织机构及职责

2.1　应急组织机构

　　（1）根据公司生产运行特点，成立集团公司应急指挥小组及应急指挥办公室。应急指挥办公室设在集团公司调度中心（电话：××××××××），应急指挥小组总指挥负责全面组织集团应急指挥工作，负责批准应急预案的启动与停止工作。应急指挥办公室负责对应急抢险工作中的相关事务，进行统一协调与组织。

　　（2）应急总指挥同时担任现场总指挥工作。当总指挥和副总指挥因故不在时，由事故现场的最高领导者担任现场总指挥。现场最高职务者有权在遇到险情时，进行力所能及的初期处理后，组织疏散撤离。

　　（3）夜间、节假日由值班带班领导行使应急总指挥职责。

　　（4）各子公司分别设置应急救援指挥部和各应急工作组。

　　（5）公司应急组织机构见附图2-1。

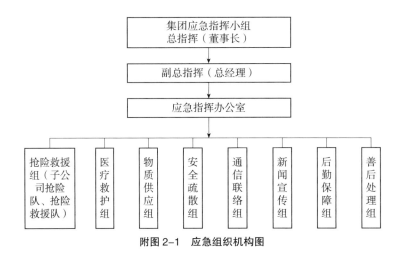

附图 2-1　应急组织机构图

2.2　应急组织机构职责

2.2.1 总指挥职责

（1）下达本企业应急预案启动和终止指令。

（2）负责组织应急救援的实施工作。

（3）指挥事故现场人员、协调资源配置和应急队伍。

（4）负责第一时间或指定他人如实向上级主管部门报告事故情况。

（5）当上级主管部门到达事故现场后，负责汇报事故及企业自救等情况，移交指挥权，协助指挥。

（6）审批公司应急救援费用。

（7）负责组织事故善后处理工作。

2.2.2 副总指挥职责

（1）协助总指挥工作。

（2）总指挥不在抢险救援现场时，担任总指挥，履行总指挥的职责。

2.2.3 各组职责

各应急小组职责详见附表2-2。

应急各小组职责　　　　　　　　　　　　　　附表2-2

小组名称	组长单位	职责
抢险救援组	生产管理部及下属调度中心	负责联系组织施工抢修队伍，协助现场救援，对损坏的设备、设施全面抢修，并提供现场临时用电。根据现场情况，对泄漏点进行堵、截或导流，对泄漏物进行处理，对污染场地进行砂土覆盖或清洗处理，出现污染物的同时通知相关部门进行排污处理
	下属子公司及抢修单位抢险救援队	
医疗救护组	工会	做好与外部医疗单位的联系工作，加强救护知识学习，做好日常医疗抢救设备及物品的采购和保管工作
物资供应组	供应部	负责抢险抢修、个体防护等物资和工具的供应、发放
通信联络组	数控部	负责数控设备的指导与调配工作，做好各队之间的联络和对外联系通信工作，保障应急工作的通信畅通
新闻宣传组	政工部	负责对接相关媒体单位，按照现场工作开展情况组织文宣类工作
安全疏散组	安全管理部	负责协助组织警戒隔离工作，配合上级公安部门进行治安管理，禁止无关人员进入现场，指导群众疏散任务，参与组织事故救援与调查处理工作
后勤保障组	综合办公室	负责协助通信联络，根据应急指挥部指令或现场需求，协助将应急物资及联系方式送至事故现场，做好外来支援人员、伤员家属等相关人员的交通、食宿安排，执行应急指挥部的其他指令
善后处理组	综合办公室	对伤亡人员进行统计，确认伤亡人员信息，及时与伤亡人员家属取得联系；负责伤亡人员的处理和抚恤工作，负责伤亡人员亲属的接待安抚工作；负责涉及伤亡人员的善后协调处理和社会稳定工作；协助媒体的协调，减弱或消除事故后果和影响，保证社会稳定；负责事故草拟稿内容的起草并配合政府及有关部门进行发布；执行应急指挥部的其他指令

3. 应急响应

3.1 信息报告

3.1.1 信息接报

（1）公司内部信息报告与接收

公司设立 24 小时值班电话，号码为：×××××××××。

1）公司应急指挥成员的手机 24 小时开机，发生紧急情况时通过手机联系、传达有关应急信息和命令。

2）自动报警装置：发生火灾可在办公楼自动声光报警。

3）人工报警：各部门现场人员或子公司辖区现场人员发现火灾、触电、人员被困、管网泄漏等事故时，可通过现场呼叫、电话报警。

4）人工接报流程：最早发现事故人员立即通告周围人员，并向本部门领导和公司 24 小时值守电话报告；对于Ⅳ级（一般）生产安全事故，且部门有能力处置时，部门负责人可直接行使指挥权；对于Ⅲ级（较大）及以上生产安全事故，部门（子公司）领导须立即向集团总指挥报告并通知相关部门组长。总指挥或委托人（副总指挥、值班领导）应到达事故现场，同时视事故程度立即发出应急救援指令，按照应急响应级别，启动相应应急预案。

5）微小事故在公司内部通报。

（2）公司外部信息报告

1）报告流程、时限及责任人：发生火灾、触电、人员被困等重大伤亡事故，现场人员在报告公司应急管理办公室后，均可第一时间向公安（110）、消防（119）、医疗（120）等部门报告，请求支援。总经理或委托人第一时间电话向区应急管理局等政府部门通过电话或派人员报告事故情况。

2）新闻宣传组成员按照总经理的指令向周边企业或社区进行信息通报，告知可能的危害和注意事项。

（3）报告内容

1）内部报告基本内容

事故地点、时间以及设备设施；事故类型：管网泄漏、换热站停电、停水等可能引发供热中断的情况，以及火灾、触电、窒息等可能造成人员伤亡的等情况；有无人员伤亡与被困人员，对环境的影响范围；已采取的应急措施。

2）政府部门报告基本内容

①单位名称、事故发生时间、装置、设备；

②事故类型：管网泄漏、换热站停电、停水等可能引发供热中断的情况，以及火灾、触电、窒息等可能造成人员伤亡的情况；

③事故伤亡情况、严重程度，有无被困人员，对环境的影响程度；

④已采取的相关应急措施和将要采取的措施；

⑤事故发生的原因、影响范围和事态发展趋势；

⑥报警人姓名与联系电话。

3.1.2 信息处置与研判

（1）响应启动的程序和方式

总指挥接到汇报后，根据事故性质、严重程度、影响范围和可控性，迅速根据响应分级条件做出判断，确定报警和响应级别。当重大人身伤害事故或事故救援无效、失去控制扩大时，则自动启动公司级应急预案。响应的调整发布，可通过电话、人员通知等渠道逐点通知方式进行。信息发布应当及时、准确、全面。在响应信息调整发布前，须经总指挥批准。

（2）部门负责人或总指挥接到汇报后，经到达事故现场的应急领导小组成员三人以上研判达到响应启动条件的，可做出预警启动的决策，做好响应准备，各应急小组委派专人在事故现场跟踪事态发展。

（3）响应启动后，现场参与抢险的各组人员跟踪事态发展，及时调整响应级别。科学分析事故现场是否得到控制，事件条件是否消除，是否有继发可能，避免响应不足或过度响应。

3.2 预警

3.2.1 预警启动

公司应急指挥办公室通过以下途径获取及发布预警信息：

（1）政府等上级部门下达预警通知后，公司立即启动相应应急措施，应急总指挥下达应急指令。

（2）周边单位发生大型事故，发现事故人员立即电话告知公司应急办公室启动公司应急预警系统，并时刻关注事故发展态势，防止对本公司造成连锁事故。

（3）企业内部预警启动：总指挥授权或指定人员进行信息发布。

预警级别见附表 2-3。

预警级别 附表 2-3

预警级别	IV级	III级	I级、II级
预警启动方式和内容	现场人员立即报告部门（子公司）负责人，负责人视现场情况，按照程序进行现场处置，落实巡查、监控措施；如隐患未消除，应报告分管副总做好应急准备，同时报告集团公司应急指挥办公室	部门（子公司）负责人直接向副总指挥汇报，副总指挥组织做好启动应急准备，并简要将情况汇报总指挥	现场负责人或应急副总指挥现场核实情况后立即报告总指挥，总指挥立即将现场情况汇报上级集团及应急局相关部门，做好应急准备

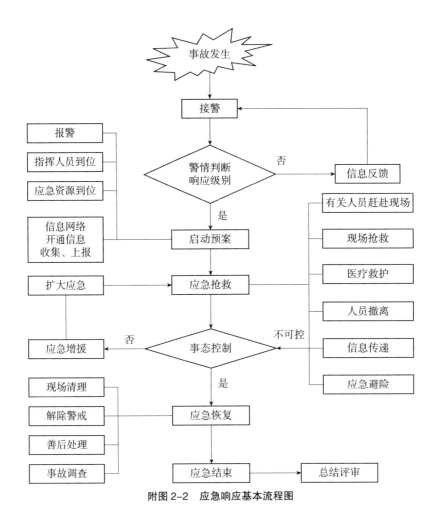

附图 2-2　应急响应基本流程图

预警方法：电话、对讲机、通信软件等。应急响应基本流程如附图 2-2 所示。

3.2.2 响应准备

（1）接到政府或邻近单位事故预警后，公司应急救援指挥部在分析研究信息的基础上，发布相应预警指令，并连续跟踪事态发展，直至预警解除。

（2）制定临时预防措施，加强防护，停止相关作业，疏散人员。

（3）公司各应急小组人员到位，并准备可能用到的应急物资，做好应急抢险的准备，公司应急办公室及各小组负责紧密关注事态的发展，及时向公司应急救援指挥部上报发展趋势。

（4）一旦达到事故标准，立即启动相应应急响应，并按照现场处置方案、专项预案和综合预案及时予以处置。

（5）预警信息的发布和解除应采用最为快捷的方式，可通过短信、信息网络、电话等方式、方法。

（6）预警信息主要包括预警条件、起始时间、可能影响范围、警示事项、应采取的措施和发布单位等。

3.2.3 预警解除

社会级预警由政府相关部门宣布预警解除。公司级预警由公司应急救援总指挥宣布预警解除。

以下条件具备后方可解除预警：

（1）引发应急的故障、事件或条件已被排除，或对现场（包括人员、环境、设备设施、系统）安全已不再构成威胁。

（2）确认事故隐患发生区域已清除隐患，现场处于稳定和安全状态。

（3）事发现场导致次生、衍生事故隐患得以消除或有效控制。

（4）对相同区域或附近区域进行确认，未受到影响且符合生产条件。

（5）工作人员未受到伤害，精神面貌正常无情绪变化，能正常工作。

（6）接到地方政府发布的解除应急响应的信息。

公司应急救援指挥部确认上述情况后，由公司应急救援总指挥通知公司相关职能部门和事发部门解除预警。

3.3　响应启动

本预案应急响应启动后程序性的工作，包括应急会议召开、信息上报、协调应急资源、后勤及财力保障、信息公开工作。

3.3.1 响应程序

（1）部门（子公司）级响应：Ⅳ级生产安全事故发生后，由事故发生单位应急救援指挥部组织处理，利用本单位的应急资源进行抢险救灾，必要时申请集团人力和物力支持，事故报告上报公司备案。

（2）集团公司级响应：Ⅲ级安全事故发生后，由集团应急指挥办公室组织相关部门进行处理，发生事故部门负责人、各小组负责人、部门技术人员召开简短会议，利用本单位的应急资源与救援合作协议单位进行抢险救灾，有必要时申请上级集团有限公司人力和物力支援，事故报告上报上级集团备案。

（3）社会级响应：Ⅰ级、Ⅱ级安全事故发生，应急办公室接到电话或口头通知后，立即联系各应急指挥小组成员迅速赶赴事故现场，同时立即上报上级集团和区应急局等相关部门；在应急总指挥或副总指挥到达现场后会同各小组人员召开应急会议。应急办公室应做好电话报告的原始记录，并在规定时间内形成书面报告，以传真、电子邮件等方式，向上级单位报告，开展应急救援的同时积极配合上级单位事故应急处置工作。

3.3.2 应急会议

公司应急指挥小组立即召开应急会议，针对事故的大小与类型做出响应，总指挥负责对应急行动的统一指挥和协调，副总指挥协助总指挥开展应急救援的具体指挥工作，各子公司现场指挥进行应急任务和人员的分配。会议内容主要是制定应急救援、处置方案，需要协调的应急资源、布置工作任务、向上级单位报告内容等，会议必须简短、高效。

3.3.3 信息上报

事故发生后，公司应急救援指挥部按照应急响应分级，由公司主要负责人在1小时内将事故上报至当地政府相关部门，并根据事态发展做好续报工作。事故报告内容包括：事故发生的时间、地点、事故原因的初步判断、事故发生的简要经过、伤亡人数和直接经济损失的初步估计、事故抢救处理情况和采取的措施等。

3.3.4 资源协调

应急指挥小组根据现场事态及需求，及时组织调配、协调应急救援队伍、设备及物资，调配渠道包括公司应急救援队、仓库物资、下属单位救援队及装备物资，如有必要，授权应急办公室协调外部资源，保证在最短的时间内完成对事故现场的应急行动。

3.3.5 信息公开

（1）事故信息的发布坚持实事求是、及时准确的原则，由新闻宣传组对事故信息收集整理后，在有关部门监督指导下向社会及新闻媒体发布。

（2）事故信息报告应主题鲜明，言简意赅，用词规范，逻辑严密，条理清楚。一般包括以下要素：事故发生的时间、地点、事故单位名称、事故发生的简要经过、伤亡人数、事故发生原因的初步判断、事故的影响范围、发展趋势及采取的处置措施。

3.3.6 后勤及财力保障

在做好以上准备的同时，还要做好后勤、物资、交通、医疗、治安、技术等各方面的保障措施，保证在事故发生后道路通畅，便于车辆通行，及时与医院、公安部门和上级应急部门联系，做好伤员救治、现场治安及救援技术指导等方面的保障工作。

3.4 应急处置

应急预案启动后，应急指挥小组组织、协调各应急救援人员和专业应急队伍，开展抢险救援、警戒疏散、人员搜救、医疗救治、现场监测、技术支持、工程抢险及环境保护等应急处置工作，按规定向政府报告、请求支援等。应急处置详见各专项应急预案及现场处置方案。

3.4.1 现场应急指挥责任主体及指挥权交接

（1）事故响应单位是应对事故先期处置的责任主体，在应急处置初期，响应单位值班领导、班组长等管理人员有直接处置权和指挥权，在遇到险情或事故征兆时可立即下达撤人命令，组织现场人员及时、有序撤离到安全地点，减少人员伤亡。

（2）事故发生后，事发单位应立即启动应急响应，由事发现场最高职位者担任现场指挥员，在确保安全的前提下采取有效措施组织抢救遇险人员及疏散周边人员、封锁危险区域、实施交通管制，防止事态扩大。

（3）事发单位负责人到达现场后，接管事发单位现场指挥权，根据现场应急处置工作需要，开展警戒疏散、医疗救治、现场检测、技术支持、工程抢险和环保措施等方面的工作，并及时向集团公司应急指挥办公室汇报应急处置情况。

（4）集团公司主要负责人到达现场后，接管现场指挥权，并通过信息化平台进行各项指挥、调度。

（5）当上级应急救援部门到达后，总指挥移交指挥权限，协助政府部门进行应急救援工作。

3.4.2 应急行动

各应急小组根据公司应急指挥小组指令和本组专项行动方案开展应急救援行动。

（1）警戒疏散：由安全疏散组组织现场安全警戒、车辆疏通，禁止无关人员和车辆进入危险区域，在人员疏散区域进行治安巡逻，维持现场秩序，对现场及周围人员进行防护指导、人员疏散及周围物资转移等工作。

（2）人员搜救、医疗救治：医疗救护组进行现场伤员的搜救，尽快发现受伤及被困人员，减少人员伤亡。经采取初步急救措施后，等医院急救人员到达后将伤、病人及时转送有关医院抢救、治疗。

（3）现场监测、技术支持：新闻宣传组和通信联络组加强对事故现场的监控，根据事态发展，出现急剧恶化的特殊险情时，在充分考虑各应急小组意见的基础上，及时采取紧急处置措施，防止次生灾害发生。

（4）工程抢险抢修：抢险救援组人员根据现场实际情况制定工程抢险具体技术方案，明确危险点，进行抢险抢修，尽可能对事故装置和相关联的装置进行处理，维持系统的稳定运行，防止事故进一步扩大。

（5）环境保护：下属子公司及抢修单位抢险救援队负责对大气、水体、土壤等进行环境即时监测，确定危险物质的成分及浓度，确定污染区域范围，对事故造成的环境影响进行评估，制定环境修复方案并组织实施。

3.4.3 应急人员的安全防护

各应急小组人员应对事故现场的安全情况进行科学评估，保障人身安全。现场应急救援人员应熟悉急救知识和技能，根据需要携带相应的专业防护设备，采取妥当的安全防护措施，至少 2 人一组集体行动，以便相互照应。

3.5 应急支援

如果事态严重，仅依靠公司的力量无法可靠控制事故时，公司应急指挥小组在启动公司级应急预案的同时，向上级单位求助，同时上报当地政府相关部门，由上级应急救援部门统一指挥应急处置工作，公司应急救援指挥部积极配合。

（1）对发生人员死亡的安全生产事故，及时向当地政府有关部门和一切可救助的力量求助。子公司发生人员、工程等安全事故时，根据救援需要及时协调交通运输保障，报请当地政府有关部门对事故现场进行道路交通管制，根据需要开设应急救援特别通道，确保救灾物资、器材和人员运送及时到位，满足应急处置工作需要。

（2）在发生传染病疫情、群体性不明原因疾病、食品药品安全和职业危害、饮用水安全、动物疫情等突发公共卫生事件时，现场指挥应当请求当地卫生行政主管部门支援，负责组织开展紧急医疗救护和现场卫生处置工作。

（3）当上级应急救援部门到达后，总指挥移交指挥权限，各应急小组积极配合外部专业力量实施救援。

3.6　响应终止

3.6.1 响应终止的条件

（1）事故现场得以控制，事故已消除，导致次生、衍生事故隐患已消除。

（2）事故现场的设备、设施、建筑等已检查确认无危险隐患或无可能发生次生危害。

（3）遇险人员全部得救，受伤人员已经得到妥善安置。

（4）事故对社会、环境以及经济损失的影响减至最低程度。

（5）事故现场已根据有关要求进行保护。

3.6.2 响应终止

（1）由公司启动预案的，由应急救援总指挥宣布应急结束。

（2）由公司所属子公司启动预案的，由子公司负责人宣布应急结束。

（3）当扩大应急时，由政府相关部门宣布应急结束。

公司应急指挥小组组织有关部门进行总结，完成事故应急救援总结报告，并报送上级单位和政府安全监督管理部门。

4. 后期处置

4.1　现场保护

事故发生后，在事故处理期间，安全疏散组实行警戒，禁止无关人员进入；事故现场拍照、录像，除事故调查管理部门或外事联络事后处理人员外，需经总指挥批准；事故现场的设备、设施等物件证据不得随意移动和清除，抢险时必须移动的，需做好标记。

4.2　污染物处理

事故造成的污染物不得随意丢弃，应进行妥善收集。污染物、废弃物处理严格按照法律法规进行，必要时请生态环境部门参与处理。

4.3　人员安置

公司及医疗救护组积极组织对伤员的医疗救治，并对伤亡人员家属进行安抚，及时支付医疗救治费用，落实工伤保险事宜，依法给予一定的赔偿。事故处理结束后，集团应急指挥办公室应向本单位员工说明事故消除情况，妥善安置和慰问受害及受影响人员，稳定员工情绪。

4.4　事故后果影响消除

事故现场的清理（包括对损坏设备的拆除、修复、检测等），由应急抢险救援组和物资供应组负责，若自身力量无法完成，应当向公司申请借助外界专业力量。填写损失情况调查表，确定哪些设备或区域需进行修理或更换及其优先顺序，明确法律责任及行政责任；获得保险公司提供的保险额度，以减小事故损失。

4.5　应急救援评估

集团应急指挥办公室须在应急结束后，组织参与救援人员进行分析总结应急救援经验教训，对应急救援能力等方面进行全方位的评估，对不足之处提出改进应急救援工作的建议，完成应急救援工作总结报告存档上报或备查，向事故调查组移交有关事故资料。

救援总结至少包括以下内容：

（1）应急处置过程；

（2）应急处置过程中动用的各种资源；

（3）应急处置过程中遇到的问题、取得的经验及吸取的教训；

（4）对应急预案的修改建议。

5. 应急保障

5.1　通信与信息保障

（1）通信联络组负责各应急人员的联络，在接到事故指令后，在最短时间内通知救援队伍做好救援准备。期间负责保持各小组成员通信联络通畅。

（2）公司各应急小组员工、上级部门和政府相关部门的通信信息由安全管理部及时复核更新，更新后的信息应利用邮箱、内网、微信群等方式向公司各部门传达。各岗位、人员负责维护使用的电话，确保有效；各应急专业组手机必须保持24小时开机，号码如有变更，应及时通知应急指挥部。

5.2　应急队伍保障

（1）集团公司按照要求，成立由抢险救援组、医疗救护组、物资供应组、通信联络组、新闻宣传组、安全疏散组六个小组成员组成的公司应急队伍，并与抢修单位签署《应急救援协议》，对出现抢险救援需求的情况联合抢修单位开展救援抢修工作。

（2）子公司按照自身的应急预案，组织联动单位救援队和岗位班组救援队参与救援。

（3）各应急小组保证足够的应急人员数量，且应保证能够有效运作。对应急救援人员配备相应的应急救援设备和个体防护设备，定期进行相关培训和演练，不断提升应急救援能力。

5.3　物资装备保障

物资供应组落实配备设备设施、备品备件、消防、通信、交通、工具、应急照明、防护、急救等各类应急抢险物资装备。负责应急物资装备的购买和储备工作，确保应急物资装备运输和转移环节通畅。同时负责检查应急物资装备的数量和完好情况，保证应急物资装备不用作他用，对于过期的应急物资装备要24小时内及时更新和补充，保证发生事故时应急物资随时取用。

5.4　其他保障

5.4.1　经费保障

根据《企业安全生产费用提取和使用管理办法》足额提取安全生产费用，由财务部门预留抢险资金，保障救援。应急专项经费在成本中列支，专门用于完善和改进企业应急救援体系建设、监控设备定期检测、应急救援物资采购、应急救援演习和应急人员培训等，保障应急状态时公司的应急经费及时到位。安全生产费用应经集团应急指挥小组领导同意后拨付使用，保障及时到位、专款专用。

5.4.2　技术保障

（1）集团公司办公大楼事故隐患单一，在事故发生时根据演练的情况，由总经理及各部门负责人统一意见进行应急救援。

（2）子公司通过各负责人及各专业人员成立技术指导组，事发全程进行指导，事故扩大后求助集团公司和政府应急部门等进行技术支持。

5.4.3　医疗救护保障

（1）医疗救护组负责落实急救药箱药品，急救器材的配备与更新。组织现场应急人员与医疗急救人员定期进行医疗急救知识与技术的培训。

（2）一般事故医院救治力量可以5分钟到达。各子公司根据各自预案情况选择就近的医院。

5.4.4　交通运输、治安、后勤保障

安全疏散组专人负责公司内视频监控，及时根据监控进行信息传递，组织现场安全警戒，保证消防通道畅通，可以安排公司的应急车辆待命。禁止无关人员和车辆进入危险区域，在人员疏散区域进行治安巡逻，维持现场秩序，对现场及周围人员进行防护指导、人员疏散及周围物资转移等。

附录3 供热企业运行事故专项应急预案典型案例

1. 适用范围

本供热运行事故专项应急预案适用于某供热企业因供热设施故障、供热管网泄漏、停水停电或因低温严寒天气等严重影响城市正常供热事件的应急处置工作，以及经政府决定，确需启动供热系统应急预案的其他突发性重大供热事件的应急工作，是综合应急预案的组成部分。供热事故专项应急预案是综合应急预案的细化与延伸，综合应急预案是供热事故应急预案的支持性文件。

2. 应急组织机构及职责

2.1 应急救援指挥部组成及职责

总指挥：公司负责人

副总指挥：公司分管安全负责人

组员：领导班子成员及各部门负责人

（1）应急救援指挥部职责

1）负责本预案的制定、修订。组建应急救援队伍，并组织预案实施和演练。检查、督促做好各类事故的预防措施和应急救援的各项准备工作。

2）负责应急救援的指挥决策工作。接到事故报警后，迅速研究、拟定救援方案，并组织、协调各方面的救援力量实施紧急救助，防止事故扩大，尽量避免或减少人员伤亡和经济损失。

3）负责指挥现场救援工作，并及时向当地政府报告救援工作的进展情况。

4）根据救援工作的难易程度，协调现场救援力量，并决定是否向上级有关救援部门发出请求援助支持。

5）负责应急救援、协调指挥现场救援力量的调配。

6）负责应急救援工作的后勤保障工作。

7）负责应急救援情况的总结、上报及相关处理事宜。

（2）总指挥职责

担任执行总指挥，统管公司应急救援行动，及时向上级部门通报事故进展情况。

（3）副总指挥职责

协调应急救援组织各机构的运作和关系，负责事故现场应急指挥、人员调度、资源、设备的有效利用，包括社会资源的利用。

（4）应急救援指挥部成员职责

在应急救援指挥部统一指挥下，听从指挥、服从安排、快速反应，全力做好事故现场抢险、医疗救治、警戒疏散、物资保障、技术支持、新闻发布、善后处理等应急处置工作。

2.2　应急救援指挥部办公室组成及职责

应急救援指挥部办公室主任：安全管理部部长

成员：安全管理部成员

职责：

（1）负责公司应急救援指挥部日常运行事务；

（2）接收突发事件报告，全面跟踪、了解事故发展动态及处置情况；

（3）收集应急处置信息并研判，及时向应急救援指挥部汇报应急救援进展情况；

（4）及时向各应急工作小组传达应急救援指挥部应急工作指令；

（5）分配应急资源，现场监督、指导应急救援安全措施的部署和落实；

（6）组织建立公司突发事件应急专家库；

（7）负责召集应急会议，做好会议记录，形成纪要；

（8）负责应急救援指挥部交办的其他任务。

2.3　各应急工作组组成及职责（略）

3. 响应启动

3.1　供热事故分级

根据突发事故的紧急程度、危害程度、影响范围、人员及财产损失情况，以及预警级别，将本公司供热事故分为四个等级（内控标准）。

（1）Ⅰ级：造成集中供热面积 100 万 m^2 以上即将或完全停热，并可能在 24 小时内无法恢复的工况。

（2）Ⅱ级：造成集中供热面积 100 万 m^2 以下、30 万 m^2 以上即将或完全停热，并可能在 24 小时内无法恢复的工况。

（3）Ⅲ级：造成集中供热面积 30 万 m^2 以下、20 万 m^2 以上即将或完全停热，并可能在 24 小时内无法恢复的工况。

（4）Ⅳ级：造成集中供热面积 20 万 m^2 以下、10 万 m^2 以上，即将或完全停热，并可能在 24 小时内无法恢复的工况。

预计连续停止供热 48 小时以上的突发事件升级处理。

本节所称"以上"包括本数，所称"以下"不包括本数。

（5）其他：虽无人员伤亡或财产损失较小，但事故性质恶劣，造成社会极坏影响的事故，根据实际情况，可按较大事故或者重大事故论处。

3.2　分级响应

（1）Ⅰ级供热事故发生，应急救援指挥部办公室接到电话或口头通知后，应立即联系各应急救援指挥部成员迅速赶赴事故现场，同时立即上报上级集团公司和政府等相关部门；在应急救援总指挥或副总指挥到达现场后会同各小组人员召开应急会议。应急救援指挥部办公室应做好电话报告的原始记录，并在规定时间内形成书面报告，以传真、电子邮件等方式，向上级单位报告，开展应急救援的同时积极配合上级单位进行事故应急处置工作。

（2）Ⅱ级、Ⅲ级供热事故发生后，由集团应急救援指挥办公室组织相关部门进行处理，发生事故部门负责人、各小组负责人、部门技术人员召开简短会议，利用本单位的应急资源与救援合作协议单位进行抢险救灾，有必要时申请上级集团公司人力和物力支援，事故报告上报上级集团备案。

（3）Ⅳ级安全事故发生后，由事故发生单位应急救援指挥办公室组织处理，利用本单位的应急资源进行抢险救灾，如自身无法完成现场管网泄漏应急处置，应向集团抢险救援组（调度中心）申请人力和物力支援，事故报告上报应急救援指挥部办公室备案。

（4）按照应急小组职责分工，各小组负责应急抢险现场的抢险人员分工、抢险物资调拨、饮食饮水保障、抢险费用审批、舆情宣传发布等。

4. 处置措施

（1）供热子公司在发现热源厂、能源站、中继泵站、隔压站及一级管网发生事故后，须立即现场落实并向调度中心汇报事故情况。汇报工作由安全生产办公室副主任及以上岗位人员完成，汇报内容包括事故发生的时间、地点、原因、预计故障部位、主管网（有无分支）或分支管网、产权单位、事故性质、预计影响程度等。热源厂、能源站、中继泵站、隔压站等站内故障应向调度中心汇报预计恢复供热时间；一级管网故障的，恢复供热时间应及时向调度中心汇报。换热站、二级管网发生故障需抢修时，需由片区主任及以上岗位人员负责汇报抢修相关事宜。

（2）调度中心接到抢修申请后立即向抢修单位下达抢修任务。抢修任务下达后40分钟内，抢修队伍须将主要抢修机械、设备运达抢修现场，执行抢修任务。

（3）子公司根据事故地点的详细情况分析，优先考虑进行抢险救援作业，如无法实施则报请上级领导征求意见，由调度中心与上游热源联系并下达调度指令，进行开关阀门操作。

（4）各部门根据《异常工况报送及处置管理办法》及时做好信息上报工作。客服管理部根据工况信息类型，及时将工况信息上报至上级热线、主管部门数管中心，并做好媒体对接工作。

（5）供热子公司通知基建管理部协调相关部门办理抢修手续；基建管理部立即与交警、市政相关部门联系，告知需抢修位置、面积、工期；需封闭道路施工的，与交警部门沟通协调查看现场；涉及绿化的，与园林部门联系，沟通移苗、恢复等相关事宜；通知自来水、燃气、电力等管线单位到现场指定相关管线位置，以保证其管线安全；并于 24 小时内补齐相关手续资料。通知供应部提供抢修可能需要的材料、设备型号、数量及是否需相关设备厂家按时到场指导。

（6）供热子公司应在事故上报后 20 分钟内在抢修现场设置施工围挡并疏导现场交通；抢修任务报至抢修单位后，其工程管理部应安排相应抢修队伍 40 分钟内到达现场，抢修单位抢修队伍须将主要抢修机械、设备运达抢修现场。供热子公司自行抢修的，在 20 分钟到达抢修现场后即刻组织抢修。各供热子公司应在抢修作业的每个重要节点向调度中心汇报一次。

为保证在 40 分钟内到达抢修现场展开抢修工作，抢修单位应结合交通状况、管网老旧程度等因素，合理设置抢修队、抢修机械、设备。

抢修过程应严格执行相关规定。

（7）供热子公司制定抢修方案，现场指挥抢修时，快速路、主干路补偿器泄漏，需更换的，关闭阀门时应考虑阀门关闭不严的情况，并提前提供抢修工作面。

（8）快速路、主干路抢修工作需关闭 $DN400$ 以上（含 $DN400$）阀门时，供应部负责通知厂家按时到现场指导。

（9）抢修过程中严格执行相关操作规程及安全生产管理规定，按要求填写各项票据，杜绝安全生产次生事故发生。

（10）抢修工作完成后及时清理现场，设备、材料按要求办理退库，做到工完、料尽、场地清。抢修结束后立即恢复交通，及时按照原道路标准恢复路面。

（11）供热子公司在抢修完成后 5 日内报抢修委托单至生产管理部。

（12）所有抢修过程应有详细记录，抢修记录由所属供热子公司如实记录并存档，记录内容包括：接到抢修任务时间、到达抢修现场时间、抢修参与人员、事故地点、事故原因、设备或管网损坏情况、执行的操作指令、抢修过程及抢修完成时间、更换的设备设施或零部件、影像资料等。Ⅳ级事故，供热子公司应于抢修完毕 5 日内向集团公司生产管理部与安全管理部报送书面的事故分析及抢修报告；Ⅲ级事故，由集团公司安全管理部牵头出具事故调查报告；Ⅱ级及以上事故，由集团公司相关部室配合上级单位出具事故调查报告。

（13）全部应急抢险工作结束后，应急救援指挥部办公室宣布预案终结。

5. 应急保障

5.1 应急队伍

供热企业与抢修单位建立应急救援合作关系，签署《应急救援合作协议》，负责处理管网泄漏、工程抢险等方面的应急救援工作。

下属子公司按照本单位人员分工，均成立应急救援指挥领导小组，建立应急抢险救援队（通常为义务消防、防汛队伍）。为便于在集团公司调度下，各子公司开展互助救援，各子公司均签署应急救援合作协议，以三家单位或两家单位为互助对象，在发生险情时开展应急救援工作。

5.2 应急救援指挥部办公室人员通信录

供热企业安全事故应急救援机构负责人名单及通信方式：

姓名	职务	手机号码	固定电话
/	/	/	/

5.3 应急物资

以各子公司《应急救援协议》中抢险物资清单为准。

附录 4 供热企业高处坠落现场处置方案典型案例

1. 事故风险描述

（1）事故类型

高处作业坠落事故可分为临边作业高处坠落事故、洞口作业高处坠落事故、攀登作业高处坠落事故、悬空作业高处坠落事故、操作平台作业高处坠落事故、交叉作业高处坠落事故等。

（2）危害程度

高处作业中易发生高处坠落事故，造成坠落人员身体摔伤，严重的可导致人员死亡。

（3）事故征兆

洞口、临边等防护设施不齐全；脚手架搭设不规范、脚手板材质或铺设不符合要求；起重吊装架、吊篮架、提升架等安装不良、装置失灵导致坠落或失稳；不具备高空作业资格（条件）的人员从事高处作业，作业人员未按规定正确佩戴安全带、戴安全帽等劳动防护用品或其存在缺陷等。

2. 应急工作职责

现场应急小组由现场所有工作人员组成，现场职位最高的人员在部门负责人或公司应急救援指挥未到之前，担任应急组长，第一时间进行应急处置。

（1）组长职责

1）接到报告后第一时间赶到现场了解事故情况，并负责现场的应急组织、指挥、协调工作。

2）随时向应急救援指挥部办公室报告事故信息及事故现场处置情况。

3）事故险情扩大的情况下，向应急救援指挥部办公室报告请求响应升级。

4）遇到险情时第一时间下达人员撤离命令的决策权和指挥权。

5）事故处置完毕后，组织做好现场的保护、清理和恢复生产工作。

（2）事故第一发现人职责

事故发现人员立即上报现场负责人，并在保证自身安全的情况下进行应急处置。

（3）现场其他人员职责

在现场应急组长的指挥下，配合进行设备关停、应急抢险、现场警戒、无关人员疏散、人员救护、信息通报、后期清理等。

3. 应急处置

（1）应急处置程序

1）事故报警：现场工作人员发现事故后应立即上报现场负责人，进行事故初步判断，按照本现场处置方案所提供的方法进行自救或实施救护。现场负责人接报后应立即赶到现场，根据事故的事态发展，上报部门负责人。

2）应急预案启动：部门负责人接到上报后，应立即赶赴事故现场，启动相关应急预案。

3）事故扩大：若事故扩大、情况严重无法采取有效措施时，应立即向社会救援机构报告，并全力支持和配合专业救援人员的工作。

4）应急预案衔接：事故处置过程中有效衔接公司综合应急预案，保证事故的有效处置。

（2）应急处置措施

1）事故发生后，现场人员立即向周围人员呼救，多人同时搬运将伤者脱离危险区，迅速判断受伤人员情况，并拨打 120 尽快将受伤人员送往就近医院救治。

2）对较浅的伤口，可用干净的衣物、纱布包扎止血。动脉创伤出血，还应在出血位的上方动脉搏动处用手指压。

3）较深创伤大出血时，在现场做好应急止血包扎后，应立即送往医院救治。在止血的同时密切观察伤员的神志、脉搏、呼吸等体征情况。

4）对怀疑有脊椎骨折的伤员，应用夹板或者硬纸板垫在伤员的身下，以免脊椎移位。如伤员不在危险区域，暂无生命危险的，最好等待医务人员搬运。

5）如怀疑有脑颅损伤时，首先要伤员保持呼吸通畅，使伤员侧卧或者仰卧偏头，防止分泌物、呕吐物吸入气管，导致呼吸道堵塞。

6）如伤员呼吸和心跳均停止时，应立即按心肺复苏法进行抢救，在医务人员未能接替抢救前，现场人员不得放弃现场抢救。

（3）事故报告

1）现场处置小组组长为报警负责人，负责向本单位应急救援指挥部办公室和社会医疗机构报告。公司 24 小时应急救援电话：××××××××，医疗机构联系方式：120。

2）事故报告要求：事发部门领导及时向应急救援指挥部办公室汇报人员伤亡情况以及现场采取的急救措施情况，当事故进一步扩大出现人员死亡时，由总经理在 1 小时内向地方政府、应急管理等上级主管部门汇报事故信息。

3）事故报告内容：本单位概况，事故发生的时间、地点以及事故现场情况，已经造成或者可能造成的伤亡人数（包括下落不明、涉险的人数）和初步估计的直接经济损失，已经采取的措施等。

4. 注意事项

（1）当发生高处坠落事故后，应优先对呼吸道梗阻、休克、骨折和出血者进行处理，应先救命，后治伤。

（2）重伤员运送应用担架，严禁擅自移动伤者。

（3）抢救失血者，应先进行止血；抢救休克者，应采取保暖措施，防止热损耗；抢救脊椎受伤者，应将伤者平卧放在帆布担架或硬板上，严禁只抬伤者的两肩与两腿或单肩背运。

（4）备齐必要的应急救援物资，如车辆、医药箱、担架、氧气袋、止血带、通信设备等。

（5）应保护好事故现场，并及时上报事故。

附录5　应急预案实战演练评估

1. 准备情况评估

应急预案实战演练准备情况的评估可从演练策划与设计、演练文件编制、演练保障三个方面进行，具体评估内容参见附表5-1。

应急预案实战演练准备情况评估内容　　　　　　　　附表5-1

评估项目	评估内容
1. 演练策划与设计	1.1 目标明确且具有针对性，符合本单位实际
	1.2 演练目标简明、合理、具体、可量化和可实现
	1.3 演练目标应明确，"由谁在什么条件下完成什么任务，依据什么标准，取得什么效果"
	1.4 演练目标设置是从提高参演人员的应急能力角度考虑
	1.5 设计的演练情景符合演练单位实际情况，且有利于促进实现演练目标和提高参演人员应急能力
	1.6 考虑到演练现场及可能对周边社会秩序造成的影响
	1.7 演练情景内容包括情景概要、事件后果、背景信息、演化过程等要素，要素较为全面
	1.8 演练情景中各事件之间的演化衔接关系科学、合理，各事件有确定的发生与持续时间
	1.9 确定各参演单位和角色在各场景中的期望行动以及期望行动之间的衔接关系
	1.10 确定所需注入的信息及其注入形式
2. 演练文件编制	2.1 制定了演练工作方案、安全及各类保障方案、宣传方案
	2.2 根据演练需要编制了演练脚本或演练观摩手册
	2.3 各单项文件要素齐全、内容合理，符合演练规范要求
	2.4 文字通顺、语言精练、通俗易懂
	2.5 内容格式规范，各附件项目齐全、编排顺序合理
	2.6 演练工作方案经过评审或报批
	2.7 演练保障方案印发到演练各保障部门
	2.8 演练宣传方案考虑到演练前、中、后各环节宣传需要
	2.9 编制观摩手册中各项要素齐全，并有安全告知
3. 演练保障	3.1 人员分工明确，职责清晰，人员数量满足演练要求
	3.2 演练经费充足，保障充分
	3.3 器材使用管理科学、规范，满足演练需要
	3.4 演练场地符合演练策划情景设置要求，现场条件满足演练要求
	3.5 演练活动安全保障条件准备到位并满足要求

续表

评估项目	评估内容
3. 演练保障	3.6 充分考虑演练实施中可能面临的各种风险，制定必要的应急预案或采取有效的控制措施
	3.7 参演人员能够确保自身安全
	3.8 采用多种通信保障措施，有备份通信手段
	3.9 对各项演练保障条件进行了检查确认

2. 实施情况评估

应急预案实战演练实施情况的评估可从预警与信息报告、紧急动员、事故监测与研判、指挥和协调、事故处置、应急资源管理、应急通信、信息公开、人员保护、警戒与管制、医疗救护、现场控制及恢复和其他 13 个方面进行，具体评估内容见附表 5-2。

应急预案实施情况评估内容

附表 5-2

评估项目	评估内容
1. 预警与信息报告	1.1 演练单位能够根据监测监控系统数据变化状况、事故险情紧急程度和发展势态或有关部门提供的预警信息进行预警
	1.2 演练单位有明确的预警条件、方式和方法
	1.3 对有关部门提供的信息、现场人员发现险情或隐患进行及时预警
	1.4 预警方式、方法和预警结果在演练中表现有效
	1.5 演练单位内部信息通报系统能够及时投入使用，能够及时向有关部门和人员报告事故信息
	1.6 演练中事故信息报告程序规范，符合应急预案要求
	1.7 在规定时间内能够完成向上级主管部门和地方人民政府报告事故信息程序，并持续更新
	1.8 能够快速向本单位以外的有关部门或单位、周边群众通报事故信息
2. 紧急动员	2.1 演练单位能够依据应急预案快速确定事故的严重程度及等级
	2.2 演练单位能够根据事故级别，启动相应的应急响应，采用有效的工作程序，警告、通知和动员相应范围内人员
	2.3 演练单位能够通过总指挥或总指挥授权人员及时启动应急响应
	2.4 演练单位应急响应迅速，动员效果较好
	2.5 演练单位能够适应事先不通知突袭抽查式的应急演练
	2.6 非工作时间以及至少有一名单位主要领导不在应急岗位的情况下能够完成本单位的紧急动员
3. 事故监测与研判	3.1 演练单位在接到事故报告后，能够及时开展事故早期评估，获取事件的准确信息
	3.2 演练单位及相关单位能够持续跟踪、监测事故全过程
	3.3 事故监测人员能够科学评估其潜在危害性
	3.4 能够及时报告事态评估信息

续表

评估项目	评估内容
4. 指挥和协调	4.1 现场指挥部能够及时成立，并确保其安全高效运转
	4.2 指挥人员能够指挥和控制其职责范围内所有的参与单位及部门、救援队伍和救援人员的应急响应行动
	4.3 应急指挥人员表现出较强的指挥协调能力，能够有效掌控救援工作全局
	4.4 指挥部各位成员能够在较短或规定时间内到位，分工明确并各负其责
	4.5 现场指挥部能够及时提出有针对性的事故应急处置措施或制定切实可行的现场处置方案并报总指挥部批准
	4.6 指挥部重要岗位有后备人选，并能够根据演练活动进行合理轮换
	4.7 现场指挥部制定的救援方案科学可行，调集了足够的应急救援资源和装备（包括专业救援人员和相关装备）
	4.8 现场指挥部与当地政府或本单位指挥中心信息畅通，并实现信息持续更新和共享
	4.9 应急指挥决策程序科学，内容有预见性、科学可行
	4.10 指挥部能够对事故现场有效传达指令，进行有效管控
	4.11 应急指挥中心能够及时启用，各项功能正常、满足使用
5. 事故处置	5.1 参演人员能够按照处置方案规定或在指定的时间内迅速到达现场开展救援
	5.2 参演人员能够对事故先期状况做出正确判断，采取的先期处置措施科学、合理，处置结果有效
	5.3 现场参演人员职责清晰、分工合理
	5.4 应急处置程序正确、规范，处置措施执行到位
	5.5 参演人员之间有效联络，沟通顺畅有效，并能够有序配合，协同救援
	5.6 事故现场处置过程中，参演人员能够对现场实施持续安全监测或监控
	5.7 事故处置过程中采取了防止次生或衍生事故发生的措施
	5.8 针对事故现场采取必要的安全措施，确保救援人员安全
6. 应急资源管理	6.1 根据事态评估结果，能够识别和确定应急行动所需的各类资源，同时根据需要联系资源供应方
	6.2 参演人员能够快速、科学使用外部提供的应急资源并投入应急救援行动
	6.3 应急设施、设备、器材等数量和性能能够满足现场应急需要
	6.4 应急资源的管理和使用规范有序，不存在浪费情况
7. 应急通信	7.1 通信网络系统正常运转，通信能力能够满足应急响应的需求
	7.2 应急队伍能够建立多途径的通信系统，确保通信畅通
	7.3 有专职人员负责通信设备的管理
	7.4 应急通信效果良好，演练各方通信顺畅

续表

评估项目	评估内容
8. 信息公开	8.1 明确事故信息发布部门、发布原则，事故信息能够由现场指挥部及时准确地向新闻媒体通报
	8.2 指定了专门负责公共关系的人员，主动协调媒体关系
	8.3 能够主动就事故情况在内部进行告知，并及时通知相关方（股东／家属／周边居民等）
	8.4 能够对事件舆情持续监测和研判，并对涉及的公共信息妥善处置
9. 人员保护	9.1 演练单位能够综合考虑各种因素并协调有关方面确保各方人员安全
	9.2 应急救援人员配备适当的个体防护装备，或采取了必要自我安全防护措施
	9.3 有受到或可能受到事故波及或影响的人员的安全保护方案
	9.4 针对事件影响范围内的特殊人群，能够采取适当方式发出警告并采取安全防护措施
10. 警戒与管制	10.1 关键应急场所的人员进出通道受到有效管制
	10.2 合理设置了交通管制点，划定管制区域
	10.3 各种警戒与管制标志、标识设置明显，警戒措施完善
	10.4 有效控制出入口，清除道路上的障碍物，保证道路畅通
11. 医疗救护	11.1 应急响应人员对受伤人员采取有效先期急救，急救药品、器材配备有效
	11.2 及时与场外医疗救护资源建立联系取得支援，确保伤员及时得到救治
	11.3 现场医疗人员能够对伤病人员伤情做出正确诊断，并按照既定的医疗程序对伤病人员进行处置
	11.4 现场急救车辆能够及时准确地将伤员送往医院，并带齐伤员有关资料
12. 现场控制及恢复	12.1 针对事故可能造成的人员安全健康与环境、设备与设施方面的潜在危害，以及为降低事故影响而制定的技术对策和措施有效
	12.2 事故现场产生的污染物或有毒有害物质能够及时、有效处置，并确保没有造成二次污染或危害
	12.3 能够有效安置疏散人员、清点人数、划定安全区域并提供基本生活等后勤保障
	12.4 现场保障条件满足事故处置、控制和恢复的基本需要
13. 其他	13.1 演练情景设计合理，满足演练要求
	13.2 演练达到了预期目标
	13.3 参演的组成机构或人员职责能够与应急预案相符合
	13.4 参演人员能够按时就位、正确并熟练使用应急器材
	13.5 参演人员能够以认真的态度融入整体演练活动中，并及时、有效地完成演练中应承担的角色工作内容
	13.6 应急响应的解除程序符合实际并与应急预案中规定的内容相一致
	13.7 应急预案得到了充分验证和检验，并发现了不足之处
	13.8 参演人员的能力得到了充分检验和锻炼

附录 6　应急预案桌面演练评估

应急预案桌面演练的评估可从演练策划与准备、演练实施两个方面进行，具体评估内容见附表 6-1。

应急预案桌面演练评估内容　　　　　　　　　　　附表 6-1

评估项目	评估内容
1. 演练策划与准备	1.1 目标明确且具有针对性，符合本单位实际
	1.2 演练目标简单、合理、具体、可量化和可实现
	1.3 设计的演练情景符合参演人员需要，且有利于促进实现演练目标和提高参与人员应急能力
	1.4 演练情景内容包括情景概要、事件后果、背景信息、演化过程等要素，要素较为全面
	1.5 演练情景中各事件之间的演化衔接关系设置科学、合理，各事件有确定的发生与持续时间
	1.6 确定了各参演单位和角色在各场景中的期望行动以及期望行动之间的衔接关系
	1.7 确定所需注入的信息及其注入形式
	1.8 制定了演练工作方案，明确了参演人员的角色和分工
	1.9 演练活动保障人员数量和工作能力满足桌面演练需要
	1.10 演练现场布置、各种器材、设备等硬件条件满足桌面演练需要
2. 演练实施	2.1 演练背景、进程以及参演人员角色分工等解说清晰、正确
	2.2 根据事态发展分级响应迅速、准确
	2.3 模拟指挥人员能够表现出较强的指挥协调能力，能够有效掌控演练过程中各项协调工作全局
	2.4 按照模拟真实发生的事件表述应急处置方法和内容
	2.5 通过多媒体文件、沙盘、信息条等多种形式向参演人员展示应急演练场景，满足演练要求
	2.6 参演人员能够准确接收并正确理解演练注入的信息
	2.7 参演人员根据演练提供的信息和情况能够作出正确的判断和决策
	2.8 参演人员能够主动搜集和分析演练中需要的各种信息
	2.9 参演人员制定的救援方案科学可行，符合实际事故情况处置要求
	2.10 参演人员应急过程中的决策程序科学，内容有预见性、科学可行
	2.11 参演人员能够依据给出的演练情景快速确定事故的严重程度及等级
	2.12 参演人员能够根据事故级别，确定启动的应急响应级别，并熟悉应急动员的方法和程序
	2.13 参演人员熟悉事故信息的接报程序、方法和内容
	2.14 参演人员熟悉各自应急职责，并能够较好地配合其他小组或人员开展工作
	2.15 参与演练各小组负责人能够根据各位成员意见提出本小组的统一决策意见

续表

评估项目	评估内容
2. 演练实施	2.16 参演人员对决策意见的表达思路清晰、内容全面
	2.17 参演人员做出的各项决策、行动符合角色身份要求
	2.18 参演人员能够与本应急小组人员共享相关应急信息
	2.19 参演人员能够全身心地参与到整个演练活动中
	2.20 演练的各项预定目标都得以顺利实现